복소함수론 제2판

Theory of Functions of Complex Variables

이선홍 지음

KM 경문사

머리말 (제2판)

2015년 3월에 출간된 본서를 보완하여 새로 내어 놓는다.

우선적으로 제1판에서 나타난 여러 오류를 바로 잡아야 할 필요가 있었다. 그리고, 각 단원별로 여러 예제들을 추가하였다.

이번 판에서는 책을 좀 더 읽기 편하게 여러 노력을 하였다. Tikz패키지를 이용하여 모든 그림을 새로 그렸으며, 내용을 더 쉽게 이해할 수 있도록 정의와 정리에 대한 설명문을 달아 놓았다. 함수의 미분에 대하여, 함수의 실수부와 허수부들의 관계에서 나타나는 편미분을 더욱 엄밀하게 수정보완하여 코시-리만의 방정식을 설명하였다. 함수의 경로적분에 대한 이해를 좀 더 쉽고 명확하게 하기 위하여, 경로적분의 정의를 단계별로 접근하였다.

제1판에서 외래어인 '콤팩트'를 사용하였으나, 이번 판에서는 '옹골찬'으로 바꾸어 모든 용어를 우리말로 쓰게 되었다. 독자들이 쉬운 우리말로 다양한 복소함수의 세계를 마음껏 탐구하기를 기원한다.

이 책의 교정과 출판에 도움을 준 경문사에 감사드리며, 독자 여러분의 많은 관심과 조언을 기대한다.

2019년 10월
가좌캠퍼스에서 저자 씀

머리말

저자는 10여 년간 복소함수론을 강의하여 온 경험을 바탕으로 이 책을 저술하였다. 복소함수론은 복소함수들의 미분과 적분을 바탕으로 하여 복소함수들의 여러 성질들을 탐구하는 분야이다. 인류는 자연수를 발견(또는 발명)한 이후로, 수를 정수, 유리수, 실수 등으로 확장하였으며, 18세기에는 복소수까지 발견하였다. 대수학의 기본정리에 의하면, 상수함수가 아닌 n차 다항함수들의 n개의 해들이 모두 복소수이다. 이 정리에 의하면, 복소수 영역에서는 다항함수들을 쉽게 다룰 수가 있다. 또한 복소수 영역에서는 지수함수와 로그함수 그리고 삼각함수들을 좀 더 통합적으로 이해할 수 있다.

이 책에는 대학교에서 두 학기에 걸쳐서 복소함수론을 공부하는 데 필요한 기본적인 내용이 담겨 있다. 미분적분학을 이수하고 다변수함수론의 기본적인 내용을 알고 있다면, 이 책을 읽는 데 어려움이 없을 것이다.

이 책은 총 여섯 개의 장으로 구성된다. 첫 장에서는 명제와 집합을 다룬다. 현재 대학에서 수학을 접근하는 방법이 대부분 공리론적 방법임을 생각한다면, 명제와 집합의 중요성은 매우 크다고 할 수 있다. 이 장을 통하여 현재의 고등학교 수학에서 나오는 조건명제의 혼란스러움이 바로 잡혔으면 한다. 두 번째 장에서는 복소수의 소개와 복소평면의 위상을 다룬다. 16세기에 이미 복소수의 필요성이 등장하였지만, 18세기 말 복소수가 복소평면의 점으로 이해되면서 비로서 인류는 복소수를 이해하기 시작했으며, 현대에는 덧셈과 곱셈을 포함한 완성체로서의 복소수를 여러 분야에서 활발히 이용하고 있다. 제3장에서 복소함수의 미분을 다룬다. 복소함수를 실함수로 바라보면, 복소함수가 미분가능하다는 것은 이 함수의 실수부와 허수부에 대한 코시-리만 방정식이 성립한다는 것과 밀접한 관계가 있음을 확인할 수 있다. 또한 이때, 실수부와 허수부가 모두 조화함수가 된다는 것을 알 수 있다. 제4장에서는 복소함수의 선적분을 정의하고, 미분적분학의 기본정리의 확장판인 코시의 정리를 증명한다. 또한 이를 이용하여 코시의 적분공식을 유도한다. 코시의 적분공식을 응용하면 미분가능한 함수는 해석함수임을 증명할 수 있고 코시의 부등식을 보일 수 있다. 이를 통하여 해석함수는 국소적인 영역이 모든 영역의 함숫값을 결정한다는 항등정리를 증명할 수 있다. 코시의 부등식을 통하여, 유계인 전해석함수는 상수함수라는 리우빌의 정리를 증명할 수 있다. 또한 리우빌의 정리를 이용하여, 상수함수가 아닌 다항함수의 해가 항상 존재한다는 대수학의 기본정리를 증명할 수 있다. 해석함수의 영점들에 대한, 닫힌 곡선의 회전수들에 대한 편각원리도 중요한 정리이다. 편각원리를 이용하여 상수함수가 아닌 해석함수는 열린 사상임을 알 수 있고, 이를 이용하여 최대절댓값의 정리를 증명할 수 있다. 편각원리를 이용하여, 함수의 영점에 대한 루셰의 정리와 후르비츠의 정리도 증명할 수 있다. 제5장에서는 고립된 특이점을 분류하고, 해석함수의 로랑급수를 구한다. 로랑급수이론을 이용하여 해석함수의 선적분에 대한 유수정리를 구할 수 있다. 그리고 유수정리를 이용하여 실함수에 대한 여러 가지의 복잡한 특이적분을 계산할 수 있다. 마지막 장에서는 일대일 대응인 해석함수들을 주제로 하여, 선형분수변환과 리만의 사상정리를 다룬다. 선형분수변환은 확장된 복소평면에서 확장된 복소평면으로의 일대일 대응으로서, 무한대 점과 함숫값이 무한대인 점을 제외하면 해석함수이다. 선형분수변환은 확장된 복소평면에 놓인 원을 원으로 대응하고, 원에 대칭인 점들을 대응원에 대칭인 점들로 대응한다. 단위원판에서 단위원판으로의 일대일 대응인 해석함수들은 항상 선형분수변환임을 알 수 있다. 마지막으로 복소평면의 진부분집합인 단일 연결 영역에서 단위원판으로의 일대일 대응인 해석함수가 항상 존재한다는 리만의 사상정리를 증명한다. 함수족에 대한 여러 성질들을 알아보고, 이를 이용하여 리만의 사상정리를 증명할 것이다.

이 책의 출판을 쾌히 승낙해주신 경문사에 감사드리며, 독자 여러분의 많은 관심과 조언을 기대한다.

2014년 12월
가좌캠퍼스에서 저자 씀

차례

제 1 장

논리와 집합

이 장에서는 논리와 집합에 대한 기본적인 내용을 다룬다. 집합과 논리는 수학에서 가장 기본적인 것으로, 집합은 우리가 탐구하려는 대상이고, 논리는 수학의 법칙[1]이다. 논리의 역사는 기원전 300년경의 고대 그리스에서 시작된 만큼 오래되지만, 집합은 1900년경에 독일의 수학자 칸토어가 소개한다.

---

[1] 수학을 자연을 다루는 언어에 비유하면 논리는 그 언어의 문법이다.

1.1 명제와 집합의 정의

명제와 집합에 대한 기본적인 정의부터 시작하자.

참과 거짓이 분명한 문장이나 식을 **명제**라고 한다. 명제는 참이면서 동시에 거짓일 수는 없다. 명제의 **참**과 **거짓**을 그 명제의 **진릿값**이라고 하며, 참을 T(true)로 거짓을 F(false)로 표시한다.[2]

예제 1.1. 다음이 명제인지를 판별하고 명제이면 진릿값을 구하여라.

(가) $1+1=2$, (나) $x+2=5$,
(다) $3<2$, (라) $x<2$.

풀이 (가) 식 $1+1=2$는 참인 명제이다.
(나) 식 $x+2=5$는 명제가 아니다.
(다) 식 $3<2$는 거짓인 명제이다.
(라) 식 $x<2$는 명제가 아니다. □

구성원이 명확한 모임을 **집합**이라고 하고, 구성원을 집합의 **원소**라고 한다. 보통 집합을 대문자 A, B, C 등으로 나타내고, 원소를 소문자 a, b, c 등으로 나타낸다. 원소 a가 집합 A의 원소임을

$$a \in A$$

로 나타내고 '원소 a가 집합 A에 속한다'고 하고, 그렇지 않음을

$$a \notin A$$

로 나타내고 '원소 a가 집합 A에 속하지 않는다'고 한다.[3]

보기 1.1. 집합 $U=\{1,2,3\}$에 대하여, $1 \in U$는 참인 명제이지만 $4 \in U$는 거짓인 명제이다. 그리고 $x \in U$는 명제가 아니다.

---

[2] 명제, 참, 거짓은 정의되지 않은 용어이다. 새로운 용어를 정의하기 위해서는 기존에 알고 있는 용어를 사용하여야 한다. 기존의 용어를 정의할 때는 다른 기존의 용어를 사용하여야 하고, 그 다른 기존의 용어를 정의할 때는 또 다른 용어가 필요하다. 이렇게 계속 나아가면 결국에는 아무것도 정의할 수 없다. 따라서 가장 기본적이고 모두에게 명확한 몇 가지 용어는 다른 용어를 사용하여 정의하지 않을 필요가 있다. 이때의 몇 가지 용어를 **정의되지 않은 용어**라고 한다.

[3] 집합, ∈은 정의되지 않은 용어이다.

집합 A의 원소들이 $1, 2, 3$ 뿐일 때, 집합 A를

$$A = \{1, 2, 3\}$$

로 나타낸다. 여기서 $\{1, 2, 3\}$과 같이 A의 원소를 나열하여 집합을 표현하는 방법을 **원소나열법**이라고 한다.

집합이나 원소에 대하여 이론을 전개할 때는, 일반적으로 고정된 커다란 집합의 원소로 한정한다. 이때의 커다란 집합을 **전체집합**이라고 한다. 정수 전체의 집합, 유리수 전체의 집합, 또는 실수 전체의 집합 등이 전체집합일 수 있다. 문단상 전체집합이 명확할 때, 전체집합을 특별히 나타내지 않기도 한다.

벤 다이어그램은 집합을 그림으로 나타내는 방법이다. 그림 1.1에서와 같이, 벤 다이어그램에서는 전체집합을 직사각형으로 나타내고, 다른 집합을 직사각형 안의 원으로 나타낸다. 벤 다이어그램을 통하여 집합의 관계를 쉽게 파악할 수 있다.

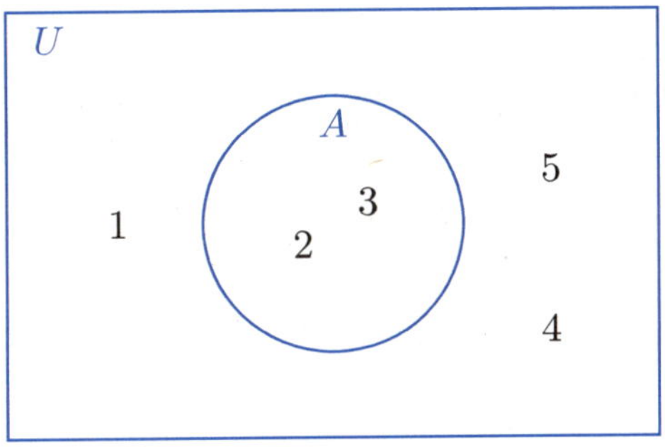

그림 1.1 벤 다이어그램

보기 1.2. 전체집합 $U = \{1, 2, 3, 4, 5\}$와 집합 $A = \{2, 3\}$를 그림 1.1과 같이 벤 다이어그램으로 나타낼 수 있다.

1.2 조건

이 절에서는 조건의 정의와, 조건이 하는 중요한 역할인 조건제시법과 한정명제에 대하여 알아본다.

먼저 조건을 정의하자.

정의 1.1: 조건

집합 A와 변수 x를 포함하는 문장이나 식 $p(x)$에 대하여, 변수 x에 집합 A의 임의의 원소 a가 대입될 때 $p(a)$가 항상 명제이면, $p(x)$는 A에서 x에 대한 **조건**이라고 한다.

예제 1.2. 집합 $U = \{1, 2, 3\}$에서, $x > 2$는 집합 U에서 x에 대한 조건임을 보여라.

풀이 $x > 2$에 x 대신에 U의 원소 $1, 2, 3$을 각각 대입하면, $x > 2$는 각각

$$1 > 2, \quad 2 > 2, \quad 3 > 2$$

이고 이들은 각각 거짓, 거짓, 참인 명제이다. 따라서, $x > 2$는 집합 U에서 x에 대한 명제이다. □

조건은 다음과 같이 매우 중요한 역할을 한다.

(가) 조건제시법: 조건을 이용하여 집합을 구성하고 나타낼 수 있다.

(나) 한정명제: 논리에서 아주 중요한 명제인 전칭명제와 존재명제를 만든다.

이들에 대하여 알아보자.

1.2.1 조건제시법

전체집합 U에서 x에 대한 조건 $p(x)$에 대하여, $p(x)$가 참인 모든 원소의 집합 A를

$$A = \{x \in U \mid p(x)\}$$

로 나타낼 수 있다. 이것을 집합 A에 대한 **조건제시법**이라고 한다.

원소를 아무 것도 가지고 있지 않는 집합을 **공집합**이라 하고 $\emptyset$ 또는 $\{\}$으로 나타내는데 이를 조건제시법을 사용하여

$$\emptyset = \{x \in U \mid x \neq x\}$$

와 같이 나타낼 수 있다.

> **예제 1.3.** 전체집합이 양의 정수 전체의 집합 $\mathbb{N} = \{1, 2, 3, \ldots\}$일 때, 집합 $A = \{3, 4, 5\}$을 조건제시법으로 나타내어라.

풀이 전체집합 $\mathbb{N}$에서 조건 $3 \leq x < 6$이 참인 원소는 $3, 4, 5$뿐이므로, 집합 A를 조건제시법으로

$$A = \{x \in \mathbb{N} \mid 3 \leq x < 6\}$$

와 같이 나타낼 수 있다. □

1.2.2 한정명제

조건을 사용하여 **한정명제**인 전칭명제와 존재명제를 만들 수 있다.

조건 $p(x)$에 대한 전칭명제는 다음과 같이 정의한다.

> **정의 1.2: 전칭명제**
>
> 집합 A에서 x에 대한 조건 $p(x)$에 대하여, 명제
>
> '모든 $x \in A$에 대해서 $p(x)$가 참이다'
>
> 는 **전칭명제**라고 하고
>
> $$\forall x \in A,\ p(x)$$
>
> 로 나타낸다. 모든 원소 $x \in A$에 대하여, $p(x)$가 항상 참이면 전칭명제 $\forall x \in A,\ p(x)$는 참이고, 그렇지 않으면 전칭명제 $\forall x \in A,\ p(x)$는 거짓이다.

즉, $p(x)$가 거짓인 원소가 집합 A에 하나라도 존재하면 전칭명제 $\forall x \in A,\ p(x)$는 거짓이다.

예제 1.4. 집합 $A = \{1, 2, 3\}$에서, 다음 명제가 참인지 거짓인지를 판별하여라.

(가) $\forall x \in A,\ x > 0$, (나) $\forall x \in A,\ x > 1$.

풀이 (가) 집합 $A = \{1, 2, 3\}$에 대하여 명제 $1 > 0$, $2 > 0$, $3 > 0$은 모두 참이므로, 전칭명제 $\forall x \in A,\ x > 0$는 참인 명제이다.

(나) 명제 $1 > 1$는 거짓이므로 전칭명제 $\forall x \in A,\ x > 1$는 거짓이다. □

조건 $p(x)$에 대한 존재명제는 다음과 같이 정의한다.

정의 1.3: 존재명제

집합 A에서 x에 대한 조건 $p(x)$에 대하여, 명제

'$p(x)$가 참인 원소 x가 A에 존재한다'

는 **존재명제**라고 하고

$$\exists x \in A,\ p(x)$$

로 나타낸다. $p(x)$가 참인 원소 x가 A에 하나라도 존재하면 존재명제 $\exists x \in A,\ p(x)$는 참이고, 그렇지 않으면 존재명제 $\exists x \in A,\ p(x)$는 거짓이다.

즉, 모든 $x \in A$에 대해서 $p(x)$가 거짓이면 존재명제 $\exists x \in U,\ p(x)$는 거짓이다.

예제 1.5. 집합 $A = \{1, 2, 3\}$에서, 다음 명제가 참인지 거짓인지를 판별하여라.

(가) $\exists x \in A,\ x > 2$, (나) $\exists x \in A,\ x > 3$.

풀이 (가) 집합 $A = \{1, 2, 3\}$에서 명제 $3 > 2$가 참이므로, 존재명제 $\exists x \in A,\ x > 2$는 참인 명제이다.

(나) A의 모든 원소에 대하여 $x > 3$는 거짓이므로, 존재명제 $\exists x \in A,\ x > 3$는 거짓이다. □

보기 1.3. 자연수 전체의 집합 $\mathbb{N}$의 원소 a와 b에 대하여, $\exists n \in \mathbb{N},\ b = an$이면, a는 b의 약수라고 한다.

예제 1.6. 실수 전체의 집합 $\mathbb{R}$에서, 다음 명제의 진릿값을 판별하여라.

(가) $\forall x \in \mathbb{R}, (\exists y \in \mathbb{R},\ y > x)$, (나) $\exists y \in \mathbb{R}, (\forall x \in \mathbb{R},\ y > x)$.

풀이 (가) 집합 $\mathbb{R}$에서

$$\exists y \in \mathbb{R},\ y > x$$

는 x에 대한 조건이다. 왜냐하면, 임의의 실수 x에 대하여 $\exists y \in \mathbb{R},\ y > x$는 (존재)명제이기 때문이다. 임의의 실수 x에 대하여 x보다 큰 실수 y가 존재하므로 명제 $\forall x \in \mathbb{R}, (\exists y \in \mathbb{R},\ y > x)$는 참이다.

(나) 모든 실수 x보다 큰 실수 y는 존재하지 않기 때문에, 명제 $\exists y \in \mathbb{R}, (\forall x \in \mathbb{R},\ y > x)$는 거짓이다. □

명제

$$\forall x \in \mathbb{R}, (\exists y \in \mathbb{R},\ y > x)$$

는 참이고 명제

$$\exists y \in \mathbb{R}, (\forall x \in \mathbb{R},\ y > x)$$

는 거짓이다. 따라서 명제 $\forall x \in \mathbb{R}, (\exists y \in \mathbb{R},\ y > x)$에서와 같이 모든($\forall$)과 어떤($\exists$)이 연속하여 나와 있는 명제에서 이들의 순서를 함부로 바꾸면 안 된다.

1.3 합성명제와 집합

이 절에서는 주어진 명제를 이용하여 새로운 명제를 만드는 기본적인 방법에 대하여 알아본다. 그러면, 새로운 집합을 정의하는 방법이 자연스럽게 따라온다.

1.3.1 명제의 부정과 여집합

명제 p의 부정에 대하여 알아보고, 여집합을 정의하자.

명제 p에 대하여, p의 부정을 다음과 같이 정의한다.

정의 1.4: 명제의 부정

명제 p에 대하여, 명제

'p는 참이 아니다'

를 p의 **부정**이라고 하고, $\sim p$로 나타내며 'p가 아니다'라고 읽는다. 명제 $\sim p$의 진릿값은 표 1.1과 같다.

p	$\sim p$
T	F
F	T

표 1.1 명제의 부정에 대한 진리표

명제 p의 부정 $\sim p$이 명제인 것과 같이, 집합 A에서의 조건 $p(x)$의 부정 $\sim p(x)$는 집합 A에서의 조건이다.

전칭명제나 존재명제의 부정에 대하여 생각해 보자. 전칭명제 $\forall x \in A,\ p(x)$의 부정의 진릿값은 존재명제 $\exists x \in A, \sim p(x)$의 진릿값과 같다. 왜냐하면, $\forall x \in A,\ p(x)$이 참이면 $\exists x \in A, \sim p(x)$은 거짓이고, $\forall x \in A,\ p(x)$이 거짓이면 $\exists x \in A, \sim p(x)$은 참이기 때문이다. 같은 이유로, 존재명제 $\exists x \in A,\ p(x)$의 부정의 진릿값은 전칭명제 $\forall x \in A, \sim p(x)$의 진릿값과 같음을 알 수 있다.

보기 1.4. 실수 전체의 집합 $\mathbb{R}$에서, 전칭명제 $\forall x \in \mathbb{R},\ x^2 \geq 0$는 참이다. 이 명제의 부정 $\sim (\forall x \in \mathbb{R},\ x^2 \geq 0)$의 진릿값은 존재명제 $\exists x \in \mathbb{R},\ x^2 < 0$의 진릿값과 같고 그 진릿값은 거짓이다.

공집합에 대한 전칭명제는 항상 참으로 인정한다. 즉, 임의의 조건 $p(x)$에 대한 전칭명제 $\forall x \in \emptyset,\ p(x)$를 논리적으로 참으로 인정한다. 왜냐하면, 어떠한 조건에 상관없이 공집합에는 원소가 존재하지 않기 때문에 존재명제 $\exists x \in \emptyset,\ \sim p(x)$는 거짓이다. 그런데, 이 명제의 진릿값은 전칭명제 $\forall x \in \emptyset,\ p(x)$의 부정의 진릿값과 같다. 따라서, 전칭명제 $\forall x \in \emptyset,\ p(x)$는 참이다.

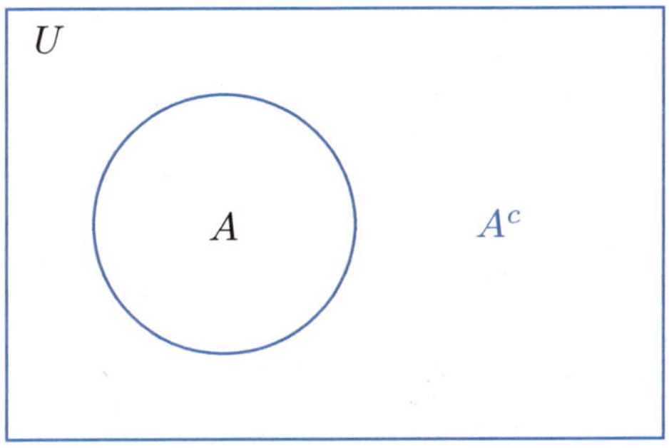

그림 1.2　여집합

이제 여집합을 정의하자.

정의 1.5: 여집합

집합 $A = \{x \in U \mid p(x)\}$에 대하여, 집합

$$\{x \in U \mid\ \sim p(x)\}$$

를 A의 **여집합**이라고 하고 A^c로 나타낸다.

여집합 A^c를 벤 다이어그램으로 나타내면, 그림 1.2와 같다.

보기 1.5. 전체집합 $U = \{1, 2, 3, 4, 5\}$와 집합 $A = \{1, 3, 5\}$에 대하여, 집합 A의 여집합은 $A^c = \{2, 4\}$이다.

1.3.2　논리합과 합집합

논리합과 합집합에 대하여 알아보자.

논리합을 정의하자.

정의 1.6: 논리합

명제 p와 q에 대하여, 새로운 명제

'p는 참이거나 q는 참이다'

를 p와 q의 **논리합**이라고 하고 $p \vee q$로 나타내며 'p 또는 q'라고 읽는다.

논리합 $p \vee q$의 진릿값은 표 1.2와 같다.

p	q	$p \vee q$
T	T	T
T	F	T
F	T	T
F	F	F

표 1.2 논리합에 대한 진리표

일상생활에서 '또는'이란 연결사를

영희는 커피를 마시거나 또는 녹차를 마신다

와 같이 사용한 경우에는, 영희는 커피를 마시거나 또는 영희가 녹차를 마심을 나타내지만, 보통 커피를 마시고 그리고 동시에 녹차를 마시는 경우를 나타내지는 않는다. 그러나, 수학에서 쓰이는 '또는'에는 이 연결사 앞과 뒤의 모든 경우가 동시에 일어나는 경우도 포함한다. 그러므로, p와 q가 동시에 참일 경우에도 명제 $p \vee q$는 참이다.

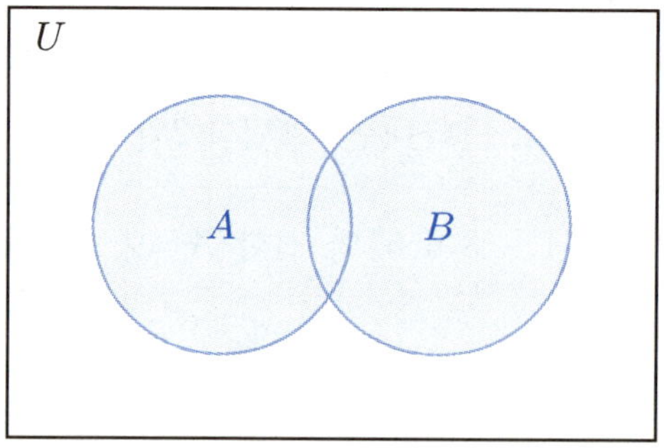

그림 1.3 합집합

논리합을 이용하여 다음의 집합을 정의한다.

정의 1.7: 합집합

집합 $A = \{x \in U \mid p(x)\}$와 $B = \{x \in U \mid q(x)\}$에 대하여, 집합

$$\{x \in U \mid p(x) \vee q(x)\}$$

를 A와 B의 **합집합**이라고 하며 $A \cup B$로 나타낸다.

$A \cup B$를 벤 다이어그램으로 나타내면 그림 1.3와 같다.

1.3.3 논리곱과 교집합

논리곱과 교집합에 대하여 알아보자. 먼저 논리곱을 정의하자.

정의 1.8: 논리곱

명제 p와 q에 대하여, 명제

'p가 참이고 q가 참이다'

를 p와 q의 **논리곱**이라고 하고 $p \wedge q$로 나타내며 'p 그리고 q'라고 읽는다.

p	q	$p \wedge q$
T	T	T
T	F	F
F	T	F
F	F	F

표 1.3 논리곱에 대한 진리표

표 1.3에 나타난 논리곱 $p \wedge q$을 이용하여 교집합을 정의할 수 있다.

정의 1.9: 교집합

집합 $A = \{x \in U \mid p(x)\}$와 $B = \{x \in U \mid q(x)\}$에 대하여, 집합

$$\{x \in U \mid p(x) \wedge q(x)\}$$

를 집합 A와 B의 **교집합**이라고 하며 $A \cap B$로 나타낸다.

교집합 $A \cap B$를 벤 다이어그램으로 그림 1.4와 같이 나타낸다.

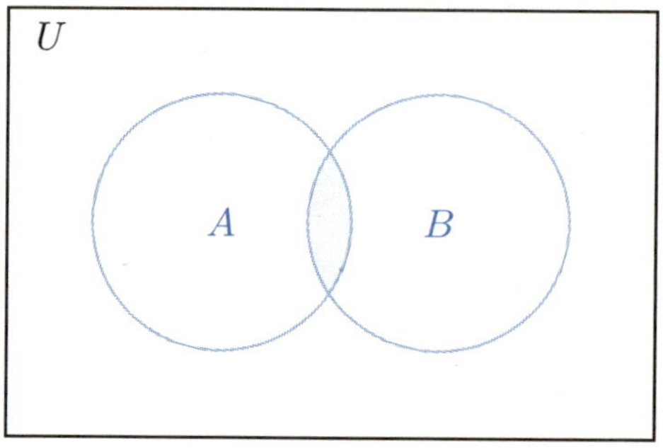

그림 1.4 교집합

예제 1.7. 전체집합 $U = \{1, 2, 3, 4\}$에서 $A = \{1, 2\}$이고 $B = \{2, 3\}$일 때,

$$A \cup B, \qquad A \cap B, \qquad A^c, \qquad B^c$$

를 구하여라.

풀이 $A \cup B = \{1, 2, 3\}, \quad A \cap B = \{2\}, \quad A^c = \{3, 4\}, \quad B^c = \{1, 4\}$ □

예제 1.8. 모든 실수들의 집합 $\mathbb{R}$에서

$$A = \{x \in \mathbb{R} \mid -3 < x \leq 4\}, \qquad B = \{x \in \mathbb{R} \mid 0 \leq x < 6\}$$

일 때, $A \cup B$와 $A \cap B$를 구하여라.

풀이 $A \cup B = \{x \in \mathbb{R} \mid -3 < x < 6\}, \qquad A \cap B = \{x \in \mathbb{R} \mid 0 \leq x \leq 4\}$ □

집합 A와 B에 대하여, $A \cap B = \emptyset$이면 A와 B는 **서로소**라고 한다.

보기 1.6. 전체집합 $U = \{1, 2, 3, 4\}$에서 $A = \{1, 2\}$이고 $B = \{3\}$일 때, $A \cap B = \emptyset$이므로 A와 B는 서로소이다.

집합 U의 원소의 개수가 유한할 때, 즉 $U = \{a_1, a_2, \ldots, a_n\}$일 때, 한정명제를 논리합과 논리곱을 이용하여 나타낼 수 있다. 즉, $p(x)$가 집합 U에서 x에 대한 조건이면,

전칭명제 $\forall x \in U,\ p(x)$의 진릿값은 명제

$$p(a_1) \wedge p(a_2) \wedge \cdots \wedge p(a_n)$$

의 진릿값과 같고, 존재명제 $\exists x \in U,\ p(x)$의 진릿값은 명제

$$p(a_1) \vee p(a_2) \vee \cdots \vee p(a_n)$$

의 진릿값과 같다.

보기 1.7. 전체집합 $U = \{1, 2, 3, 4\}$에서, 전칭명제 $\forall x \in U, 0 < x$의 진릿값은

$$(0 < 1) \wedge (0 < 2) \wedge (0 < 3) \wedge (0 < 4)$$

의 진릿값과 같다. 이때의 진릿값은 참이다. 그리고, 존재명제 $\exists x \in U, 4 < x$의 진릿값은

$$(4 < 1) \vee (4 < 2) \vee (4 < 3) \vee (4 < 4)$$

의 진릿값과 같다. 이때의 진릿값은 거짓이다.

1.4 부분집합과 조건문

이 절에서는 부분집합과 조건문에 대하여 알아본다.

1.4.1 차집합과 부분집합

먼저 차집합을 정의하자.

정의 1.10: 차집합

집합 $A = \{x \in U \mid p(x)\}$와 $B = \{x \in U \mid q(x)\}$에 대하여, 집합

$$\{x \in U \mid p(x) \wedge (\sim q(x))\}$$

를 집합 A와 B의 **차집합**이라고 하며 $A - B$로 나타낸다.

차집합 $A - B$를 벤 다이어그램으로 나타내면 그림 1.5와 같다.

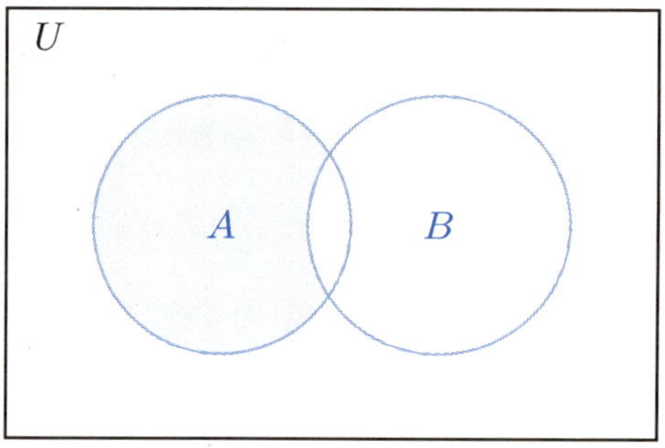

그림 1.5 차집합

전체집합 U는, 서로 서로소인 네 개의 집합

$$\begin{aligned} A - B &= \{x \in U \mid p(x) \wedge (\sim q(x))\}; \\ A \cap B &= \{x \in U \mid p(x) \wedge q(x)\}; \\ B - A &= \{x \in U \mid (\sim p(x)) \wedge q(x)\}; \\ A^c \cap B^c &= \{x \in U \mid (\sim p(x)) \wedge (\sim q(x))\} \end{aligned}$$

의 합집합이다.

부분집합을 정의하자.

정의 1.11: 부분집합

집합 A와 B에 대하여, $A - B = \emptyset$이면 A는 B의 **부분집합**이라고 하고

$$A \subset B$$

로 나타낸다.

보통 A의 모든 원소가 B에 속할 때, A는 B의 부분집합이라고 정의하는 경우가 많다. 이것이 앞의 정의와 같음을 확인하여 보자. 집합 A는 서로소인 두 집합 $A - B$와 $A \cap B$의 합집합이다. 즉,

$$A = (A - B) \cup (A \cap B), \qquad (A - B) \cap (A \cap B) = \emptyset$$

이다. 따라서, $A \subset B$의 진릿값은 $A = A \cap B$의 진릿값과 같다. 다시 말하면, 명제 '$A \subset B$'의 진릿값은 명제 'A의 모든 원소가 B에 속하다'의 진릿값과 같다.

집합의 상등과 진부분집합을 다음과 같이 정의한다.

정의 1.12: 집합의 상등과 진부분집합

집합 A와 B에 대하여, $(A \subset B) \land (B \subset A)$이면 집합 A와 B는 **같다**라고 하며

$$A = B$$

로 나타낸다. $A \subset B$이면서 $A \neq B$이면 A는 B의 **진부분집합**이라고 하고

$$A \subsetneq B$$

로 나타낸다.

예제 1.9. 양의 정수 전체의 집합 $\mathbb{N}$에 대하여,

$$A = \{1, 2, 3\}, \quad B = \{n \in \mathbb{N} \mid n < 4\}, \quad C = \{n \in \mathbb{N} \mid n\text{은 12의 약수이다}\}$$

일 때 집합 A와 B와 C의 관계를 구하여라.

풀이 집합 B와 C를 원소나열법으로 나타내면

$$B = \{1, 2, 3\}, \quad C = \{1, 2, 3, 4, 6, 12\}$$

이므로,

$$A = B, \quad A \subsetneq C, \quad B \subsetneq C$$

이다. □

1.4.2 조건문

다음 명제의 진릿값은 모두 같다.

(가) $A \subset B$,

(나) $\forall x \in U, \sim (p(x) \wedge (\sim q(x)))$,

(다) $\forall x \in U, (\sim p(x)) \vee q(x)$,

(라) $\forall x \in U, (p(x) \wedge q(x)) \vee ((\sim p(x)) \wedge q(x)) \vee ((\sim p(x)) \wedge (\sim q(x)))$.

위의 식을 간단히 나타내기 위하여 다음을 정의한다.

정의 1.13: 조건문

명제 p와 q에 대하여, 새로운 명제 $(\sim p) \vee q$를 p와 q의 **조건문**이라고 하고

$$p \to q$$

로 나타내며 'p이면 q이다'라고 읽는다.

p	q	$p \to q$
T	T	T
T	F	F
F	T	T
F	F	T

표 1.4 조건문의 진리표

조건문 $p \to q$의 진릿값은 표 1.4와 같다. 따라서 명제 $A \subset B$의 진릿값은 전칭명제

$$\forall x \in U,\ p(x) \to q(x)$$

의 진릿값과 같다.

예제 1.10. 집합 $U = \{1,2,3,4\}$에 대하여, $\forall x \in U,\ 1 < x \to 2 < x$의 진릿값을 구하여라.

풀이 $x = 2$일 때, $1 < 2$는 참이지만 $2 < 2$는 거짓이므로 $1 < 2 \to 2 < 2$는 거짓이다. 따라서, $\forall x \in U,\ 1 < x \to 2 < x$는 거짓이다. □

조건문 $p \to q$에 대하여, 논리에 많이 등장하는 다음을 정의하자.

정의 1.14: 조건문의 역과 대우

명제 p와 q에 대한 조건문 $p \to q$에 대하여, 조건문

$$q \to p$$

를 $p \to q$의 **역**이라고 하고 조건문

$$(\sim q) \to (\sim p)$$

를 $p \to q$의 **대우**라고 한다.

명제 p와 q에 대하여, 합성명제 $(p \to q) \wedge (q \to p)$를 간단히

$$p \leftrightarrow q$$

로 나타낸다.

1.4.3 필요조건과 충분조건

충분조건, 필요조건, 필요충분조건을 정의하자.

정의 1.15: 충분조건과 필요조건

집합 U에서 x에 대한 조건 $p(x)$와 $q(x)$에 대하여,

$$\forall x \in U,\ p(x) \to q(x)$$

이면

'$p(x)$는 $q(x)$이기 위한 **충분조건**이다'

라고 하고

'$q(x)$는 $p(x)$이기 위한 **필요조건**이다'

라고 한다.

정의 1.16: 필요충분조건

집합 U에서 x에 대한 조건 $p(x)$와 $q(x)$에 대하여,

$$\forall x \in U,\ p(x) \leftrightarrow q(x)$$

이면,

'$p(x)$는 $q(x)$이기 위한 **필요충분조건**이다'

라고 한다.

예제 1.11. 양의 정수 전체의 집합 $\mathbb{N} = \{1, 2, 3, \ldots\}$에서, 조건 $x > 10$, $x > 5$, $x \geq 6$의 관계를 구하여라.

풀이 조건 $x > 10$와 $x > 5$에 대하여,

$$\forall n \in \mathbb{N},\ x > 10 \to x > 5$$

이므로,

$x > 10$은 $x > 5$이기 위한 충분조건이다

이며

$$x > 5\text{는 } x > 10\text{이기 위한 필요조건이다.}$$

그리고,

$$\forall \in \mathbb{N}, x \geq 6 \leftrightarrow x > 5$$

이므로 $x \geq 6$은 $x > 5$이기 위한 필요충분조건이다. □

1.5 논리식

명제가 대입될 수 있는 변수 x는 **명제변수**[4]라고 한다. 명제 p, q 등과 명제변수 x, y 등 그리고 논리연산 $\sim, \vee, \wedge, \rightarrow$와 괄호 (,) 등을 규칙에 맞게 쓴

$$(p \wedge (\sim x)) \vee (y \wedge (\sim q))$$

와 같은 식을 **논리식**[5]이라고 한다. 즉, 논리식은 유한개의 명제와 유한개의 명제변수와 그리고 논리연산과 (,) 등을 규칙에 맞게 쓴 식이다.

정의 1.17: 논리적으로 동치인 논리식

논리식 A와 B에 대하여, 여기에 포함된 명제변수에 임의의 명제가 대입될 때 A와 B의 진리값이 항상 같으면 논리식 A와 B는 **논리적으로 동치**라고 하고

$$A \equiv B$$

로 나타낸다.

명제의 부정과 관련하여 다음의 논리적으로 동치인 논리식을 알 수 있다.

정리 1.1: 명제의 부정에 대하여 논리적으로 동치인 논리식

명제변수 x와 y에 대하여,

(가) $x \equiv \sim (\sim x)$,

(나) $\sim (x \vee y) \equiv (\sim x) \wedge (\sim y)$,

(다) $\sim (x \wedge y) \equiv (\sim x) \vee (\sim y)$

이다.

[4] 명제와 명제변수는 분명 다르다. 명제변수는 명제를 담을 수 있는 그릇이라고 생각할 수 있다.
[5] 명제변수를 포함하는 식은 명제가 아니라는 관점에서 논리식이라는 용어를 정의한다.

증명 (가) 진리표

x	$\sim x$	$\sim(\sim x)$
T	F	T
F	T	F

에 따라서, $x \equiv \sim(\sim x)$이다.

(나) 진리표

x	y	$x \vee y$	$\sim(x \vee y)$	$\sim x$	$\sim y$	$(\sim x) \wedge (\sim y)$
T	T	T	F	F	F	F
T	F	T	F	F	T	F
F	T	T	F	T	F	F
F	F	F	T	T	T	T

에 따라서, $\sim(x \vee y) \equiv (\sim x) \wedge (\sim y)$이다.

(다) 진리표

x	y	$x \wedge y$	$\sim(x \wedge y)$	$\sim x$	$\sim y$	$(\sim x) \vee (\sim y)$
T	T	T	F	F	F	F
T	F	F	T	F	T	T
F	T	F	T	T	F	T
F	F	F	T	T	T	T

에 따라서, $\sim(x \wedge y) \equiv (\sim x) \vee (\sim y)$이다. □

논리합과 논리곱에 대하여, 다음이 성립한다.

정리 1.2: 논리합과 논리곱에 대한 결합법칙과 교환법칙과 분배법칙

명제변수 x, y, z에 대하여,

(가) (결합법칙) $(x \vee y) \vee z \equiv x \vee (y \vee z)$, $\quad (x \wedge y) \wedge z \equiv x \wedge (y \wedge z)$;

(나) (교환법칙) $x \vee y \equiv y \vee x$, $\quad x \wedge y \equiv y \wedge x$;

(다) (분배법칙) $x \vee (y \wedge z) \equiv (x \vee y) \wedge (x \vee z)$, $\quad x \wedge (y \vee z) \equiv (x \wedge y) \vee (x \wedge z)$

이다.

증명 (가) 진리표

x	y	z	$x \vee y$	$(x \vee y) \vee z$	$y \vee z$	$x \vee (y \vee z)$
T	T	T	T	T	T	T
T	T	F	T	T	T	T
T	F	T	T	T	T	T
T	F	F	T	T	F	T
F	T	T	T	T	T	T
F	T	F	T	T	T	T
F	F	T	F	T	T	T
F	F	F	F	F	F	F

에 따라서, $(x \vee y) \vee z \equiv x \vee (y \vee z)$이다.

같은 방식으로 $(x \wedge y) \wedge z \equiv x \wedge (y \wedge z)$도 증명할 수 있다.

(나) 진리표

x	y	$x \vee y$	$y \vee x$
T	T	T	T
T	F	T	T
F	T	T	T
F	F	F	F

에 따라서, $x \vee y \equiv y \vee x$이다.

같은 방식으로 $x \wedge y \equiv y \wedge x$도 증명할 수 있다.

(다) 진리표

x	y	z	$y \wedge z$	$x \vee (y \wedge z)$	$x \vee y$	$x \vee z$	$(x \vee y) \wedge (x \vee z)$
T	T	T	T	T	T	T	T
T	T	F	F	T	T	T	T
T	F	T	F	T	T	T	T
T	F	F	F	T	T	T	T
F	T	T	T	T	T	T	T
F	T	F	F	F	T	F	F
F	F	T	F	F	F	T	F
F	F	F	F	F	F	F	F

에 따라서, $x \vee (y \wedge z) \equiv (x \vee y) \wedge (x \vee z)$이다.

같은 방식으로 $x \wedge (y \vee z) \equiv (x \wedge y) \vee (x \wedge z)$도 증명할 수 있다. □

1.5.1 항진논리식

명제변수 x와 y에 임의의 명제가 대입될 때 논리식 $x \to (x \vee y)$의 진릿값은 항상 참이다. 이와 같은 논리식을 다음과 같이 정의한다.

정의 1.18: 항진논리식

논리식 A에 대하여, 논리식 A에 포함된 명제변수에 임의의 명제가 대입될 때 논리식 A의 진릿값이 항상 참이면 논리식 A는 **항진논리식**[a]이라고 한다.

[a] 여러 다른 책에서는 '항진명제'라는 용어를 사용한다. 이 글에서는 명제변수를 포함하는 논리식을 명제라고 볼 수 없다는 관점에서 항진논리식이라는 용어를 사용한다.

항진논리식을 이용하여 여러 가지 논증의 방법을 알 수 있다. 다음은 몇 가지 중요한 항진논리식이다.

정리 1.3: 논증의 방법

명제변수 x, y, z에 대하여, 다음은 항진논리식이다.

(가) (배중률) $x \vee (\sim x)$,

(나) (이중부정) $x \leftrightarrow \sim(\sim x)$,

(다) (대우법) $(x \to y) \leftrightarrow (\sim y \to \sim x)$,

(라) (귀류법) $x \leftrightarrow (\sim x \to F)$ (여기서 F는 거짓인 명제이다.),

(마) (긍정식 삼단논법) $[x \wedge (x \to y)] \to y$,

(바) (삼단논법) $[(x \to y) \wedge (y \to z)] \to (x \to z)$.

증명 (가) 진리표

x	$\sim x$	$x \vee (\sim x)$
T	F	T
F	T	T

에 따라서, $x \vee (\sim x)$는 항진논리식이다.

(나) 진리표

x	$\sim x$	$\sim(\sim x)$	$x \leftrightarrow \sim(\sim x)$
T	F	T	T
F	T	F	T

에 따라서, $x \leftrightarrow \sim(\sim x)$는 항진논리식이다.

(다) 진리표

x	y	$x \to y$	$\sim x$	$\sim y$	$\sim y \to \sim x$	$(x \to y) \leftrightarrow (\sim y \to \sim x)$
T	T	T	F	F	T	T
T	F	F	F	T	F	T
F	T	T	T	F	T	T
F	F	T	T	T	T	T

에 따라서, $(x \to y) \leftrightarrow (\sim y \to \sim x)$는 항진논리식이다.

(라) 진리표

x	$\sim x$	$\sim x \to F$	$x \leftrightarrow (\sim x \to F)$
T	F	T	T
F	T	F	T

에 따라서, $x \leftrightarrow (\sim x \to F)$는 항진논리식이다.

(마) 진리표

x	y	$x \to y$	$x \wedge (x \to y)$	$[x \wedge (x \to y)] \to y$
T	T	T	T	T
T	F	F	F	T
F	T	T	F	T
F	F	T	F	T

에 따라서, $[x \wedge (x \to y)] \to y$는 항진논리식이다.

(바) 진리표

x	y	z	$x \to y$	$y \to z$	$(x \to y) \wedge (y \to z)$	$x \to z$	A
T	T	T	T	T	T	T	T
T	T	F	T	F	F	F	T
T	F	T	F	T	F	T	T
T	F	F	F	T	F	F	T
F	T	T	T	T	T	T	T
F	T	F	T	F	F	T	T
F	F	T	T	T	T	T	T
F	F	F	T	T	T	T	T

에 따라서, $A : [(x \to y) \wedge (y \to z)] \to (x \to z)$는 항진논리식이다. □

1.6 집합의 기본적인 성질

이 절에서 집합에 대한 기본적인 성질을 알아본다.

전체집합과 공집합에 대하여, 다음의 정리가 성립한다.

정리 1.4: 전체집합과 공집합에 대한 포함관계

전체집합 U의 임의의 부분집합 A에 대하여,

$$\emptyset \subset A, \qquad A \subset U$$

이다.

증명 임의의 원소 $x \in U$에 대하여, $x \in \emptyset$은 거짓이므로 $x \in \emptyset \to x \in A$는 참이다. 따라서 전칭명제 $\forall x \in U,\, x \in \emptyset \to x \in A$는 참이다. 즉, $\emptyset \subset A$이다.

임의의 원소 $x \in U$에 대하여, $x \in U$는 참이므로 $x \in A \to x \in U$는 참이다. 따라서 전칭명제 $\forall x \in U,\, x \in A \to x \in U$는 참이다. 즉, $A \subset U$이다. □

임의의 부분집합 A와 B에 대하여,

$$A \subset B \quad \leftrightarrow \quad A \cap B = A \quad \leftrightarrow \quad A \cup B = B$$

이므로, 정리 1.4에 따라서 다음이 성립한다.

따름정리 1.5: 전체집합과 공집합에 대한 교집합과 합집합

전체집합 U의 임의의 부분집합 A와 B에 대하여,

$$A \cap \emptyset = \emptyset, \qquad A \cup \emptyset = A$$

와

$$A \cap U = A, \qquad A \cup U = U$$

이다.

전체집합 U의 부분집합 A에 대하여,

$$A \subset A$$

이므로 다음이 성립한다.

따름정리 1.6: 교집합과 합집합에 대한 멱등법칙

전체집합 U의 임의의 부분집합 A에 대하여,

$$A \cup A = A, \qquad A \cap A = A$$

이다.

또한

$$A \subset (A \cup B), \quad A \cap B \subset A$$

이므로, 다음이 성립한다.

따름정리 1.7: 교집합과 합집합에 대한 흡수법칙

전체집합 U의 임의의 부분집합 A와 B에 대하여,

$$A \cap (A \cup B) = A, \qquad A \cup (A \cap B) = A$$

이다.

집합연산에서 다음의 기본성질이 성립한다.

정리 1.8: 교집합과 합집합에 대한 결합법칙

전체집합 U의 임의의 부분집합 A, B, C에 대하여,

$$(A \cup B) \cup C = A \cup (B \cup C), \qquad (A \cap B) \cap C = A \cap (B \cap C)$$

이다.

증명 집합 A, B, C를 조건제시법으로

$$A = \{x \in U \mid p(x)\}, \quad B = \{x \in U \mid q(x)\}, \quad C = \{x \in U \mid r(x)\}$$

와 같이 나타내자. 논리합과 논리곱에 대한 결합법칙에 따라서

$$\begin{aligned}(A \cup B) \cup C &= \{x \in U \mid (p(x) \vee q(x)) \vee r(x)\} \\ &= \{x \in U \mid p(x) \vee (q(x) \vee r(x))\} \\ &= A \cup (B \cup C)\end{aligned}$$

이고

$$\begin{aligned}(A \cap B) \cap C &= \{x \in U \mid (p(x) \wedge q(x)) \wedge r(x)\} \\ &= \{x \in U \mid p(x) \wedge (q(x) \wedge r(x))\} \\ &= A \cap (B \cap C)\end{aligned}$$

이다. □

정리 1.9: 교집합과 합집합에 대한 교환법칙

전체집합 U의 임의의 부분집합 A와 B에 대하여,

$$A \cup B = B \cup A, \qquad A \cap B = B \cap A$$

이다.

증명 집합 A, B, C를 조건제시법으로

$$A = \{x \in U \mid p(x)\}, \quad B = \{x \in U \mid q(x)\}$$

와 같이 나타내자. 논리합과 논리곱에 대한 교환법칙에 따라서

$$A \cup B = \{x \in U \mid p(x) \vee q(x)\} = \{x \in U \mid q(x) \vee p(x)\} = B \cup A$$

이고

$$A \cap B = \{x \in U \mid p(x) \wedge q(x)\} = \{x \in U \mid q(x) \wedge p(x)\} = B \cap A$$

이다. □

정리 1.10: 교집합과 합집합에 대한 분배법칙

전체집합 U의 임의의 부분집합 A, B, C에 대하여,

$$A \cap (B \cup C) = (A \cap B) \cup (A \cap C), \qquad A \cup (B \cap C) = (A \cup B) \cap (A \cup C)$$

이다.

증명 집합 A, B, C를 조건제시법으로

$$A = \{x \in U \mid p(x)\}, \quad B = \{x \in U \mid q(x)\}, \quad C = \{x \in U \mid r(x)\}$$

와 같이 나타내자. 논리합과 논리곱에 대한 분배법칙에 따라서

$$\begin{aligned} A \cup (B \cap C) &= \{x \in U \mid p(x) \vee (q(x) \wedge r(x))\} \\ &= \{x \in U \mid (p(x) \vee q(x)) \wedge (p(x) \vee r(x))\} \\ &= (A \cup B) \cap (A \cup C) \end{aligned}$$

이고

$$\begin{aligned} A \cap (B \cup C) &= \{x \in U \mid p(x) \wedge (q(x) \vee r(x))\} \\ &= \{x \in U \mid (p(x) \wedge q(x)) \vee (p(x) \wedge r(x))\} \\ &= (A \cap B) \cup (A \cap C) \end{aligned}$$

이다. □

집합들의 합집합과 교집합에 대한 다음의 유명한 정리가 있다.

정리 1.11: 교집합과 합집합에 대한 드 모르간의 법칙

전체집합 U의 임의의 부분집합 A, B에 대하여,

$$(A \cup B)^c = A^c \cap B^c, \qquad (A \cap B)^c = A^c \cup B^c$$

이다.

증명 집합 A와 B를 각각 $A = \{x \in U \mid p(x)\}$와 $B = \{x \in U \mid q(x)\}$로 놓을 수 있다.

그러면, 논리식에 대한 드 모르간의 법칙에 따라서

$$\begin{aligned}(A\cup B)^c &= \{x\in U \mid p(x)\vee q(x)\}^c \\ &= \{x\in U \mid \sim(p(x)\vee q(x))\} \\ &= \{x\in U \mid (\sim p(x))\wedge(\sim q(x))\} \\ &= \{x\in U \mid \sim p(x)\}\cap\{x\in U \mid \sim q(x)\} \\ &= A^c\cap B^c\end{aligned}$$

이고

$$\begin{aligned}(A\cap B)^c &= \{x\in U \mid p(x)\wedge q(x)\}^c \\ &= \{x\in U \mid \sim(p(x)\wedge q(x))\} \\ &= \{x\in U \mid (\sim p(x))\vee(\sim q(x))\} \\ &= \{x\in U \mid \sim p(x)\}\cup\{x\in U \mid \sim q(x)\} \\ &= A^c\cup B^c\end{aligned}$$

이다. □

예제 1.12. 전체집합 $U=\{1,2,3,4\}$와 집합 $A=\{2,3\}$와 $B=\{3,4\}$에 대하여,

$$(A\cup B)^c=A^c\cap B^c,\quad (A\cap B)^c=A^c\cup B^c$$

을 보여라.

풀이 집합 A와 B에 대하여,

$$A\cup B=\{2,3,4\},\quad A\cap B=\{3\}$$

이므로

$$(A\cup B)^c=\{1\},\quad (A\cap B)^c=\{1,2,4\}$$

이다. 또한

$$A^c=\{1,4\},\quad B^c=\{1,2\}$$

이므로

$$A^c\cap B^c=\{1\},\quad A^c\cup B^c=\{1,2,4\}$$

이다. 따라서

$$(A\cup B)^c=A^c\cap B^c,\quad (A\cap B)^c=A^c\cup B^c$$

이다. □

일반적인 경우의 합집합과 교집합을 생각하자. 전체집합 U의 부분집합을 원소로 가지는 집합 $\mathcal{F}$에 대하여, $\mathcal{F}$의 모든 원소들의 합집합

$$\{x \in U \ : \exists A \in \mathcal{F},\ x \in A\}$$

를

$$\bigcup_{A \in \mathcal{F}} A$$

로 나타내고, $\mathcal{F}$의 모든 원소들의 교집합

$$\{x \in U \ : \forall A \in \mathcal{F},\ x \in A\}$$

를

$$\bigcap_{A \in \mathcal{F}} A$$

로 나타낸다. 이 경우에 일반적인 드 모르간의 법칙인

$$\left(\bigcup_{A \in \mathcal{F}} A\right)^c = \bigcap_{A \in \mathcal{F}} A^c, \qquad \left(\bigcap_{A \in \mathcal{F}} A\right)^c = \bigcup_{A \in \mathcal{F}} A^c$$

가 성립한다.

1.7 함수

함수는 논리와 집합과 함께 수학의 기본적인 개념을 이룬다. 이 절에서는 함수의 정의와 기본적인 성질을 살펴 본다.

1.7.1 순서쌍과 곱집합

집합 $\{a, b\}$에서 원소 a와 b 사이에는 순서관계가 없다. 따라서, 명제 $\{a, b\} = \{c, d\}$은

$$(a = c \wedge b = d) \quad \vee \quad (a = d \wedge b = c)$$

와 같은 명제이다. 순서가 있는 쌍을 다음과 같이 정의하자.

정의 1.19: 순서쌍

집합 U의 원소 a와 b에 대하여, 집합

$$\{\{a\}, \{a, b\}\}$$

를 a와 b의 **순서쌍**이라고 하고 (a, b)로 나타낸다. 집합 U의 원소들의 모든 순서쌍들의 집합을 $U \times U$로 나타낸다.

조금 이상하게 생각될 수도 있는 위의 순서쌍의 정의는 다음의 정리를 이끌어내기 위한 것이다.

정리 1.12: 순서쌍

집합 U의 임의의 원소 x, y, u, v에 대하여, $(x = u) \wedge (y = v)$는 $(x, y) = (u, v)$이기 위한 필요충분조건이다.

증명 먼저 $(x = u) \wedge (y = v)$라고 가정하자. 그러면,

$$(x, y) = \{\{x\}, \{x, y\}\} = \{\{u\}, \{u, v\}\} = (u, v)$$

이다.

이제 $(x, y) = (u, v)$라고 가정하자. 그러면,

$$\{\{x\}, \{x, y\}\} = \{\{u\}, \{u, v\}\}$$

이므로

$$(\{x\} = \{u\} \wedge \{x, y\} = \{u, v\}) \quad \vee \quad (\{x\} = \{u, v\} \wedge \{x, y\} = \{u\})$$

이다. 따라서,

$$(x = u \wedge y = v) \quad \vee \quad (x = y = u = v)$$

이다. 그러므로 $(x = u) \wedge (y = v$이다. □

이제 순서쌍들을 이용하여 다음의 집합을 정의하자.

정의 1.20: 곱집합

집합 A와 B에 대하여, 집합

$$\{(a, b) \mid a \in A,\, b \in B\}$$

을 A와 B의 **곱집합**이라고 하고, $A \times B$로 나타낸다.

1.7.2 함수

곱집합을 이용하여 다음을 정의할 수 있다.

정의 1.21: 함수

집합 A와 B의 곱집합 $A \times B$의 부분집합 f에 대하여,

(가) $\forall x \in A,\, \exists y \in B,\, (x, y) \in f,$

(나) $\forall x \in A,\, \forall y_1 \in B,\, \forall y_2 \in B,\, (x, y_1) \in f \wedge (x, y_2) \in f \rightarrow y_1 = y_2$

이면 f는 집합 A에서 집합 B로의 **함수**라고 하고 $f\colon A \rightarrow B$로 나타낸다. 이때, 집합 A를 함수 f의 **정의역**이라고 하고, 집합 B를 함수 f의 **공역**이라고 하며, 집합 $f(A) = \{f(x) \in B : x \in A\}$를 함수 f의 **치역**이라고 한다. 또한 $(x, y) \in f$를 $y = f(x)$로 나타낸다.

위의 함수 $f\colon A \rightarrow B$의 정의에서, (가)에 따라서 모든 $x \in A$에 대하여, $y = f(x)$인 원소 $y \in B$가 존재하고, (나)에 따라서 이런 y가 유일하게 존재한다. 따라서,

$$\text{모든 } x \in A\text{에 대하여, } y = f(x)\text{인 } y \in B\text{가 유일하게 존재한다}$$

이면 f는 함수이다.

예제 1.13. 집합 $A = \{1, 2\}$와 $B = \{11, 12, 13, 14\}$에 대하여, 곱집합 $A \times B$를 구하여라.

풀이 곱집합 $A \times B$는

$$A \times B = \{(1,11), (1,12), (1,13), (1,14), (2,11), (2,12), (2,13), (2,14)\}$$

이다. □

예제 1.14. 전체집합 $U = \{1, 2, 3, 4, 5, 6\}$와 집합 $A = \{1, 2, 3\}$, $B = \{3, 4, 5, 6\}$에 대하여, 다음이 집합 A에서 B로의 함수인지를 판별하여라.

(가) $f = \{(1, 3), (2, 4), (2, 5), (3, 6)\}$,
(나) $f = \{(2, 4), (3, 6)\}$,
(다) $f = \{(1, 3), (2, 4), (3, 6)\}$,
(라) $f = \{(1, 1), (2, 4), (3, 6)\}$.

풀이 (가) $(2, 4) \in f$이고 $(2, 5) \in f$이므로

$$((2, 4) \in f \wedge (2, 5) \in f) \wedge (4 \neq 5)$$

인 원소 $2 \in A$와 $4, 5 \in B$가 존재한다. 따라서, 원소 $2 \in A$에 대응하는 서로 다른 두 원소 $4, 5 \in B$가 존재하므로, f는 함수가 아니다.

(나) 원소 $1 \in A$와 모든 $y \in B$에 대하여 $(1, y) \notin f$이므로 f는 A에서 B로의 함수가 아니다.

(다) 모든 $x \in A$에 대하여, $y = f(x)$인 $y \in B$가 유일하게 존재하므로, f는 함수이다.

(라) $1 \in A$에 대하여, $1 = f(1)$이 B에 존재하지 않으므로, f는 A에서 B로의 함수가 아니다. □

함수 $f\colon A \to B$에 대하여, 함수의 정의에 따라서

$$\forall x_1 \in A,\ \forall x_2 \in A,\ x_1 = x_2 \ \rightarrow\ f(x_1) = f(x_2)$$

이다. 이 명제와 다음의 정의에 나오는 명제를 비교하자.

정의 1.22: 일대일 함수

함수 $f\colon A \to B$에 대하여,

$$\forall x_1 \in A, \forall x_2 \in A,\ x_1 \neq x_1, \to\ f(x_1) \neq f(x_2)$$

이면 함수 f는 **일대일 함수**[a]라고 한다.

[a] 일대일 함수를 **단사함수**라고도 한다.

조건 $f(x_1) = f(x_2)\ \to\ x_1 = x_2$은 조건 $x_1 \neq x_1, \to\ f(x_1) \neq f(x_2)$의 대우이므로,

$$\forall x_1 \in A, \forall x_2 \in A,\ f(x_1) = f(x_2)\ \to\ x_1 = x_2$$

은 f가 일대일 함수이기 위한 필요충분조건이다.

예제 1.15. 실수 전체의 집합 $\mathbb{R}$에서 $\mathbb{R}$로의 함수 f가 $f(x) = x^2$일 때, f가 일대일 함수인지 판별하여라.

풀이 실수 1과 -1에 대하여,

$$1 \neq -1 \quad \text{그리고} \quad f(1) = 1 = f(-1)$$

이므로 f는 일대일 함수가 아니다. □

함수 $f\colon A \to B$에 대하여, 모든 $y \in B$가 f의 함숫값인 함수 f를 다음과 같이 정의한다.

정의 1.23: 위로의 함수

함수 $f\colon A \to B$에 대하여,

$$\forall y \in B, \exists x \in A,\ f(x) = y$$

이면 함수 f는 **위로의 함수**[a]라고 한다.

[a] 위로의 함수를 **전사함수**라고도 한다.

정의 1.24: 일대일 대응

함수 $f\colon A \to B$에 대하여, 함수 f가 일대일 함수이면서 위로의 함수이면 f는 **일대일 대응**[a]이라고 한다.

[a] 일대일 대응을 **전단사함수**라고도 한다.

정의 1.25: 위로의 함수와 일대일 대응

함수 $f\colon A \to B$에 대하여,

$$\forall y \in B,\ \exists x \in A,\ f(x) = y$$

이면 함수 f는 **위로의 함수**[a]라고 한다.

함수 f가 일대일 함수이면서 위로의 함수이면 f는 **일대일 대응**[b]이라고 한다.

[a] 위로의 함수를 **전사함수**라고도 한다.
[b] 일대일 대응을 **전단사함수**라고도 한다.

예제 1.16. 실수 전체의 집합 $\mathbb{R}$에서 $\mathbb{R}$로의 함수 f가 $f(x) = x^2$일 때, f가 위로의 함수인지 판별하여라.

풀이 실수 -1에 대하여, $f(x) = -1$인 실수 x가 존재하지 않으므로, f는 위로의 함수가 아니다. □

함수 $f\colon A \to B$가 일대일 대응이면, 임의의 원소 $y \in B$에 대하여 $y = f(x)$인 원소 $x \in A$가 유일하게 존재한다. 그러므로 $y = f(x)$인 $(x, y) \in A \times B$에 대하여 $x = g(y)$로 정의되는 함수 $g\colon B \to A$가 존재한다. 이때 함수 g를 f의 **역함수**라고 한다.

예제 1.17. 함수 $f\colon \mathbb{R} \to \mathbb{R}$이 $f(x) = 2x + 1$이 일대일 대응임을 보이고 f의 역함수를 구하여라.

풀이 임의의 실수 x_1과 x_2에 대하여, $f(x_1 = f(x_2)$이면 $2x_1 + 1 = 2x_2 + 1$이므로 $x_1 = x_2$이다. 따라서, f는 일대일 함수이다. 임의의 실수 v에 대하여,

$$f((v-1)/2) = 2\left(\frac{v-1}{2}\right) + 1 = v$$

이므로, f는 위로의 함수이다. f가 일대일 함수이면서 위로의 함수이므로 f는 일대일 대응이다. 이때, $g(x) = (x-1)/2$인 함수 g가 f의 역함수이다. □

일대일 대응을 이용하여, 원소의 개수가 유한인 집합과 무한인 집합을 다음과 같이 정의할 수 있다.

정의 1.26: 유한집합과 무한집합

집합 A에 대하여, A가 공집합이거나 또는 집합 $\{1, 2, \ldots, m\}$이 A와 일대일 대응인 양의 정수 m이 존재하면 집합 A는 **유한집합**이라고 한다. 유한 집합이 아닌 집합을 **무한집합**이라고 한다.

예제 1.18. 자연수 전체의 집합 $\mathbb{N}$에서 짝수 전체의 집합 A로의 일대일 대응이 존재함을 보여라.

풀이 식 $f(n) = 2n$으로 정의된 함수 $f: \mathbb{N} \to A$가 일대일 대응임을 보이면 된다.

만약 $f(n) = f(m)$이면 $2n = 2m$이므로 $n = m$이다. 따라서, f는 일대일 함수이다. 임의의 짝수 m에 대하여, $m = 2k$인 자연수 k가 존재하므로 $m = f(k)$이다. 따라서, f는 위로의 함수이다. 함수 f가 일대일 함수이면서 위로의 함수이므로 f는 일대일 대응이다. □

함수 f의 공역이 함수 g의 정의역일 때, 자연스럽게 다음의 함수를 정의할 수 있다.

정의 1.27: 합성함수

함수 $f: A \to B$와 $g: B \to C$에 대하여,

$$(g \circ f)(x) = g(f(x))$$

로 정의되는 함수 $g \circ f: A \to C$를 f와 g의 **합성함수**라고 한다.

함수의 합성에 대한 교환법칙이 일반적으로 성립하지 않음을 아래의 예제에서 확인할 수 있다.

예제 1.19. 함수 $f(x) = x + 1$와 $g(x) = x^2 + 1$에 대하여, 합성함수 $g \circ f$와 $g \circ f$를 구하여라.

풀이 합성함수 $g \circ f$는

$$(g \circ f)(x) = g(f(x)) = (x+1)^2 + 1 = x^2 + 2x + 2$$

이고, 합성함수 $f \circ g$는

$$(f \circ g)(x) = f(g(x)) = (x^2 + 1) + 1 = x^2 + 2$$

이다. □

함수의 합성에 대한 교환법칙은 일반적으로 성립하지 않지만 함수의 합성에 대한 결합법칙은 성립한다.

정리 1.13: 함수의 합성에 대한 결합법칙

함수 $f\colon A \to B$, $g\colon B \to C$, $h\colon C \to D$에 대하여,

$$h \circ (g \circ f) = (h \circ g) \circ f$$

이다.

증명 모든 $x \in A$에 대하여

$$\begin{aligned}(h \circ (g \circ f))(x) &= h((g \circ f)(x)) \\ &= h(g(f(x))) \\ &= (h \circ g)(f(x)) \\ &= ((h \circ g) \circ f)(x)\end{aligned}$$

이므로, $h \circ (g \circ f) = (h \circ g) \circ f$이다. □

집합 A에 대하여, 함수 $f\colon A \times A \to A$를 집합 A에서의 **이항연산자**라고 한다. 이때 $\circ$와 같은 연산자를 사용하여 $f(a, b) = c$를 $a \circ b = c$와 같이 나타낸다. 연산자로는 $+, \times, \cdot, \circ$ 등을 사용하기도 한다.

보기 1.8. 실수 전체의 집합 $\mathbb{R}$에서 덧셈과 곱셈은 모두 집합 $\mathbb{R}$에서의 이항연산자이다.

1.8 연습문제

1. 다음 식이 명제인지 판별하여라.

(가) $1+1=2$, (나) $2<1$,
(다) $2<x$, (라) $3+6$,
(마) $2+x=5$, (바) $\{2,3,4\}$.

2. 다음 논리식의 진리표를 구하여라.

(가) $(\sim p)\vee q$, (나) $p\wedge(\sim q)$,
(다) $\sim(p\wedge q)$, (라) $(\sim p)\vee(\sim q)$,
(마) $\sim(p\to q)$, (바) $(\sim p)\to(\sim q)$.

3. 정수 전체의 집합 $\mathbb{Z}$에 대하여, 다음 명제의 진릿값을 구하여라.

(가) $\forall n\in\mathbb{Z},\ n^2>0$,

(나) $\exists n\in\mathbb{Z},\ n^2=0$,

(다) $\forall n\in\mathbb{Z},\ (\exists m\in\mathbb{Z},\ n<m<n^2)$,

(라) $\exists n\in\mathbb{Z},\ (\forall m\in\mathbb{Z},\ n<m<n^2)$.

4. 집합 $A=\{1,2\}$, $B=\{2,3,4\}$, $C=\{2,4,5\}$에 대하여, 다음의 식이 명제인지를 판별하고 명제인 경우 진릿값을 구하여라.

(가) $A\subset C$, (나) $A\cup B$,
(다) $(A\cap B)\subset(C\cap B)$, (라) $(A\cup B)\subset(C\cup B)$.

5. 전체집합 U와 부분집합 A,B,C가

$$\begin{aligned}U&=\{1,2,3,4,5,6,7,8,9,10\},\\A&=\{1,5,9\},\\B&=\{3,5,7,9\},\\C&=\{2,4,6,8\}\end{aligned}$$

일 때, 다음의 집합을 구하여라.

(가) $A\cap B$, (나) $A\cup B$,
(다) $A-B$, (라) $B\cap C$,
(마) $A\cap C^c$, (바) $(B\cup C)^c$.

6. 전체집합 U와 부분집합 A, B, C가

$$U = \{x \mid x\text{는 50미만의 자연수}\},$$
$$A = \{x \in U \mid x\text{는 3의 배수}\},$$
$$B = \{x \in U \mid x\text{는 5의 배수}\},$$
$$C = \{x \in U \mid x\text{는 소수}\}$$

일 때, 다음의 집합을 구하여라.

(가) B^c, (나) $A \cup B$,
(다) $A - B$, (라) $B \cap C$,
(마) $A \cap C^c$, (바) $(B \cup C)^c$.

7. 집합 $A = \{1, 2, 3, 4, 5, 6\}$에 대하여, 원소 $1, 2, 3$을 포함하는 A의 부분집합을 모두 구하여라.

8. 집합 A와 B에 대하여, 다음이 성립함을 보여라.

(가) $A \cap B = A$이면 $A \subset B$이다.

(나) $A \subset B$이면 $A \cup B = B$이다.

9. 집합 A, B에 대하여, 다음의 등식이 성립함을 보여라.

(가) $A - (A - B) = A \cap B$,

(나) $(A - B) \cup (B - A) = (A \cup B) - (A \cap B)$.

10. 집합 A, B, C에 대하여, 다음의 등식이 성립함을 보여라.

(가) $(A - B) - C = A - (B \cup C)$,

(나) $A - (B \cap C) = (A - B) \cup (A - C)$,

(다) $A - (B \cup C) = (A - B) \cap (A - C)$.

11. 명제변수 p와 q에 대하여, p와 q와 $\vee$와 $\sim$ 그리고 (와)만을 사용하여 다음의 논리식과 논리적으로 동치인 논리식을 구하여라.

(가) $p \to q$, (나) $p \wedge q$.

12. 명제변수 p와 q에 대하여, 논리식

$$(\sim (p \to q)) \leftrightarrow (p \wedge (\sim q))$$

가 항진논리식임을 보여라.

13. 명제변수 x, y, z에 대하여, 다음이 항진논리식임을 보여라.

(가) (결합법칙) $(x \wedge y) \wedge z \equiv x \wedge (y \wedge z)$,

(나) (교환법칙) $x \wedge y \equiv y \wedge x$,

(다) (분배법칙) $x \wedge (y \vee z) \equiv (x \wedge y) \vee (x \wedge z)$.

14. 실수 전체의 집합 $\mathbb{R}$에서 k는 상수일 때, 조건 $x = y$는 $kx = ky$이기 위한 어떤 조건인가?

15. 자연수 전체의 집합 $\mathbb{N}$에서, x가 15의 약수인 것은 x가 5의 약수이기 위한 어떤 조건인가?

16. 일반적인 드 모르간의 법칙

$$\left(\bigcup_{A \in \mathcal{F}} A \right)^c = \bigcap_{A \in \mathcal{F}} A^c, \qquad \left(\bigcap_{A \in \mathcal{F}} A \right)^c = \bigcup_{A \in \mathcal{F}} A^c$$

이 성립함을 보여라.

17. 집합 $A = \{1, 2, 3\}$와 $B = \{8, 9\}$에 대하여, 다음 집합을 원소나열법으로 나타내어라.

(가) $A \times B$, (나) $B \times A$,

(다) $A \times A$, (라) $B \times B$.

18. 자연수 전체의 집합 $\mathbb{N}$에 대하여, 부분집합 A와 B가

$$A = \{x \in \mathbb{N} \,|\, x\text{는 10이하의 소수}\},$$
$$B = \{x \in \mathbb{N} \,|\, x\text{는 10이하의 5의 배수}\}$$

일 때, $A \times B$를 구하여라.

19. 집합 $A = \{1, 2, 3\}$와 $B = \{a, b, c\}$에 대하여, 다음 f가 A에서 B로의 함수인지 아닌지 판별하여라.

(가) $f = \{(1, a), (2, a), (3, b), (2, c)\}$,

(나) $f = \{(1, c), (2, b), (3, c)\}$,

(다) $f = \{(1, b), (2, b)\}$,

(라) $f = \{(1, c), (2, c), (3, c)\}$.

20. 양의 정수 전체의 집합 $\mathbb{N}$에서 $\mathbb{N}$으로의 함수 f를

$$f(n) = 3n + 2$$

로 정의할 때, 다음 물음에 답하여라.

(가) f가 일대일 함수임을 보여라.

(나) f가 전사함수가 아님을 보여라.

21. 집합 $A = \{1, 2, 3\}$에서 집합 $B = \{a, b, c\}$로의 함수

$$f = \{(1, b), (2, c), (3, b)\}$$

와 집합 B에서 $C = \{7, 8, 9\}$로의 함수

$$g = \{(a, 9), (b, 8), (c, 7)\}$$

에 대하여, 합성함수 $g \circ f$를 구하여라.

22. 함수 $f\colon A \to B$와 $g\colon B \to C$에 대하여, 다음이 참인지 거짓인지 판별하여라.

(가) $g \circ f$가 일대일 함수이면 f는 일대일 함수이다.

(나) $g \circ f$가 일대일 함수이면 g는 일대일 함수이다.

(다) $g \circ f$가 전사함수이면 f는 전사함수이다.

(라) $g \circ f$가 전사함수이면 g는 전사함수이다.

23. 양의 정수 전체의 집합 $\mathbb{N}$에서 다음의 f가 이항연산자인지 아닌지 판별하여라.

(가) $f(n, m) = n + m$,

(나) $f(n, m) = n - m$,

(다) $f(n, m) = n \cdot m$,

(라) $f(n, m) = n/m$.

제 2 장

복소평면

이 장에서는 복소수와 복소수의 덧셈과 곱셈에 대하여 살펴 본다.

16세기에 3차와 4차 다항식의 근을 구하는 과정에서 복소수의 필요성이 생겨났지만, 그 후 250년 동안 인류는 복소수를 이해하지 못하였다. 제곱을 해서 음수가 되는 수[1]가 존재함을 당시의 사람들은 받아들이기가 결코 쉽지 않았다. 그러나, 18세기 말에 복소수가 복소평면의 점으로 이해된 후, 복소함수론은 비약적인 발전을 이룬다.

이 장에서 우리는 복소수를 명확한 수로 인식할 수 있고 또한

$$\sqrt{-2} \cdot \sqrt{-3} = -\sqrt{6}$$

와 같은 식을 이해할 수 있을 것이다.

---

[1] 예를 들면, $i^2 = -1$이다.

2.1 실수

실수는 수직선에 놓인 점으로 이해할 수 있다. 그리고 수직선에 놓인 점으로서의 실수에 대한 덧셈과 곱셈의 연산을 기하적으로 정의할 수 있다. 이 방법은 매우 직관적이어서 실수에 대한 이해에 많은 도움을 준다.

한편 공리론적 방법을 통한 실수에 대한 접근은 실수의 여러 성질이 성립함을 증명하는 데 매우 유용하다. 이 장에서는 공리론적 방법으로 실수에 대하여 접근한다. 공리론적 방법으로 접근하지만, 위의 직관적인 방법을 항상 생각하자.

덧셈(+)과 곱셈(·)이란 이항연산이 정의된 집합으로서 다음의 공리들 즉,

(가) 체 공리들, (나) 순서 공리들, (다) 완비공리

가 성립하는 집합을 **실수 전체의 집합**이라고 하고 $\mathbb{R}$로 나타낸다. 위의 공리들을 차근차근 알아보자.

2.1.1 체 공리

실수 전체의 집합 $\mathbb{R}$에서 다음과 같은 체 공리들이 성립한다.

먼저 실수 덧셈과 곱셈에 대한 결합법칙이 성립한다.

공리 1: 실수 덧셈과 곱셈에 대한 결합법칙

모든 실수 a, b, c에 대하여,

$$a + (b + c) = (a + b) + c, \qquad a \cdot (b \cdot c) = (a \cdot b) \cdot c$$

이다.

실수 덧셈에 대하여, 다음의 원소를 정의하자.

정의 2.1: 실수 덧셈에 대한 항등원

실수 a에 대하여,

$$\forall x \in \mathbb{R}, \ (x + a = x) \wedge (a + x = x)$$

이면 a는 덧셈에 대한 **항등원**이라고 한다.

실수 곱셈에 대하여, 다음의 원소를 정의하자.

정의 2.2: 실수 곱셈에 대한 항등원

덧셈에 대한 항등원이 아닌 실수 b에 대하여,

$$\forall x \in \mathbb{R},\ (x \cdot b = x) \wedge (b \cdot x = x)$$

이면 b는 곱셈에 대한 **항등원**이라고 한다.

공리 2: 실수 덧셈에 대한 항등원과 곱셈에 대한 항등원의 존재성

덧셈에 대한 항등원과 곱셈에 대한 항등원이 실수 전체의 집합 $\mathbb{R}$에 존재한다.

덧셈에 대한 항등원은 유일하다. 왜냐하면 a_1과 a_2가 덧셈에 대한 항등원이면

$$a_1 = a_1 + a_2 = a_2$$

이므로 $a_1 = a_2$이기 때문이다. 위의 식에서, a_2가 덧셈에 대한 항등원이므로 첫 번째 등호가 성립하고, a_1이 덧셈에 대한 항등원이므로 두 번째 등호가 성립한다. 같은 방법으로 곱셈에 대한 항등원도 유일함을 보일 수 있다. 앞으로 덧셈에 대한 항등원과 곱셈에 대한 항등원을 각각 0과 1로 나타낸다.

정의 2.3: 실수 덧셈에 대한 역원

실수 a와 b에 대하여,

$$a + b = 0 \quad \wedge \quad b + a = 0$$

이면 b는 덧셈에 대한 a의 **역원**이라고 한다.

정의 2.4: 실수 곱셈에 대한 역원

0이 아닌 실수 c와 d에 대하여,

$$c \cdot d = 1 \quad \wedge \quad d \cdot c = 1$$

이면 d는 곱셈에 대한 c의 **역원**이라고 한다.

공리 3: 실수 덧셈에 대한 역원과 곱셈에 대한 역원의 존재성

모든 실수 a에 대하여, 덧셈에 대한 a의 역원이 존재한다. 또한 0이 아닌 모든 실수 c에 대하여, 곱셈에 대한 c의 역원이 존재한다.

덧셈에 대한 역원도 유일하다. 왜냐하면, b와 c를 실수 a의 덧셈에 대한 역원이라고 놓으면

$$b = b + 0 = b + (a + c) = (b + a) + c = 0 + c = c$$

이므로 $b = c$이기 때문이다. 이제부터 덧셈에 대한 a의 역원을 $-a$로 나타낸다. 또한 $a + (-b)$를 $a - b$로 나타낸다.

곱셈에 대한 역원도 유일하다는 사실을 같은 방법으로 보일 수 있다. 영이 아닌 실수 b의 곱셈에 대한 역원을 b^{-1} 또는 $1/b$로 나타낸다. 또한 $a \cdot (1/b)$를 a/b로 나타낸다.

덧셈과 곱셈이 이어서 시행될 때는 다음이 성립한다.

공리 4: 실수 덧셈과 곱셈에 대한 분배법칙

모든 실수 a, b, c에 대하여,

$$a \cdot (b + c) = a \cdot b + a \cdot c, \quad (a + b) \cdot c = a \cdot c + b \cdot c$$

이다.

실수의 덧셈과 곱셈에 대한 교환법칙도 성립한다.

공리 5: 실수 덧셈과 곱셈에 대한 교환법칙

모든 실수 a, b에 대하여,

$$a + b = b + a, \qquad a \cdot b = b \cdot a$$

이다.

집합 F에, 공리 1에서 공리 5까지 성립하는 덧셈 $+$과 곱셈 $\cdot$이 존재하면, $(F, +, \cdot)$는 **체**라고 한다. 모든 유리수 전체의 집합 $\mathbb{Q}$와 일반적인 덧셈 $+$과 곱셈 $\cdot$에 대하여, $(\mathbb{Q}, +, \cdot)$는 체이다.

연산에 대하여 결합법칙이 성립하고 그 연산에 대한 항등원과 역원이 존재함은 연산의 계산 과정에서 필수적인 요소들이다. 방정식 $x+2=5$를 푸는 과정을 살펴보면 다음과 같다. 방정식 $x+2=5$에서

1. 먼저 양 변에 덧셈에 대한 2의 역원인 -2를 더하고: $(x+2)+(-2)=5+(-2)$,
2. 다음 단계에서는 덧셈에 대한 결합법칙을 적용하고: $x+(2+(-2))=3$,
3. 덧셈에 대한 역원을 이용하고: $x+0=3$,
4. 덧셈에 대한 항등원을 이용하면: $x=3$

방정식이 풀린다.

아래의 몇 가지 보조정리를 통하여 덧셈과 곱셈에 대한 기본적인 성질을 살펴보자.

보조정리 2.1: 실수가 영이기 위한 필요충분조건

모든 실수 a에 대하여, $a+a=a$이면 $a=0$이다.

증명 실수 a에 대하여, $a+a=a$이면

$$a=a+0=a+(a+(-a))=(a+a)+(-a)=a+(-a)=0$$

이다. □

보조정리 2.2: 영의 성질

모든 실수 b에 대하여, $0\cdot b=0$이다.

증명 실수 b에 대하여,

$$0\cdot b=(0+0)\cdot b=0\cdot b+0\cdot b$$

이므로 보조정리 2.1에 따라서 $0\cdot b=0$이다. □

보조정리 2.3: 덧셈에 대한 역원의 성질

모든 실수 a에 대하여, $-a = (-1) \cdot a$이다.

증명 실수 a에 대하여,

$$(-1) \cdot a + a = (-1) \cdot a + 1 \cdot a = ((-1) + 1) \cdot a = 0 \cdot a = 0$$

이고

$$a + (-1) \cdot a = 1 \cdot a + (-1) \cdot a = (1 + (-1)) \cdot a = 0 \cdot a = 0$$

이므로 덧셈에 대한 역원의 유일성에 따라서 $(-1) \cdot a = -a$이다. □

2.1.2 순서 공리

실수 전체의 집합 $\mathbb{R}$에는 **순서**라는 관계 $<$가 존재한다.

공리 6: 실수 순서에 대한 삼분법

실수 a에 대하여,

$$a < 0, \quad a = 0, \quad 0 < a$$

중에서 정확히 하나만 성립한다.

실수 2에 대하여, $0 < 2$는 참이지만 $2 < 0$와 $2 = 0$는 거짓이다. 실수 -2의 경우는, $-2 < 0$는 참이지만 $-2 = 0$와 $0 < -2$는 거짓이다.

순서관계를 이용하여 실수를 다음과 같이 분류할 수 있다.

정의 2.5: 음의 실수와 양의 실수

실수 a에 대하여, $a < 0$이면 a는 **음의 실수**라고 하고 $0 < a$이면 a를 **양의 실수**라고 한다.

공리 6에 따라서, 임의의 실수는 음의 실수, 0, 양의 실수 중에서 하나에만 해당한다.

두 실수의 순서관계는 두 실수를 평행이동하여도 변하지 않는다.

공리 7: 평행이동에 따른 두 실수의 순서관계의 불변성

실수 a, b, c에 대하여, $a < b$이면 $a + c < b + c$이다.

예제 2.1. 실수 a에 대하여, $a < 0$이면 $0 < -a$임을 보여라.

풀이 실수 a에 대하여, $a < 0$이라고 가정하자. 그러면, 공리 7에 따라서

$$0 = a + (-a) < 0 + (-a) = -a$$

즉, $0 < -a$이다. □

공리 7로부터 다음을 알 수 있다.

정리 2.1: 양의 실수와 순서

실수 a와 b에 대하여, $0 < b - a$는 $a < b$이기 위한 필요충분조건이다.

증명 $0 < b - a$라고 가정하자. 그러면, 공리 7에 따라서

$$a = 0 + a < (b - a) + a = b$$

즉, $a < b$이다.

역으로 $a < b$라고 가정하자. 그러면, 공리 7에 따라서

$$0 = a - a < b - a$$

즉, $0 < b - a$이다. □

공리 6과 공리 7에 따라서, 다음을 알 수 있다.

정리 2.2: 두 실수 사이의 순서에 대한 삼분법

실수 a와 b에 대하여,

$$a < b, \quad a = b, \quad b < a$$

중에서 정확히 하나만 성립한다.

증명 공리 6에 따라서

$$b - a < 0, \quad b - a = 0, \quad 0 < b - a$$

중에서 정확히 하나만 성립한다. $b - a = 0$은 $b = a$이기 위한 필요충분조건이고, 공리 7에 따라서 $b - a < 0$은 $b < a$이기 위한 필요충분조건이고 $0 < b - a$는 $a < b$이기 위한 필요충분조건이므로 정리가 성립한다. □

두 양수의 합은 양수이다.

공리 8: 두 양의 실수의 합의 양의 부호성

실수 a, b에 대하여, $0 < a$이고 $0 < b$이면 $0 < a + b$이다.

두 양의 실수의 합이 양의 실수임을 이용하여, 순서에 대한 추이성을 증명할 수 있다.

정리 2.3: 실수 순서에 대한 추이성

실수 a, b, c에 대하여, $a < b$이고 $b < c$이면 $a < c$이다.

증명 실수 a, b, c에 대하여, $a < b$이고 $b < c$라고 가정하자. 공리 7에 따라서 $0 < b - a$이고 $0 < c - b$이고 공리 8에 따라서

$$0 < (b - a) + (c - b) = c - a$$

이다. 따라서, 공리 7에 따라서 $c < a$이다. □

양의 실수와 양의 실수의 곱은 양의 실수이다.

공리 9: 양의 실수의 곱의 양의 부호성

실수 a, b에 대하여, $0 < a$이고 $0 < b$이면 $0 < a \cdot b$이다.

위의 공리는 양수 곱하기 양수는 양수라는 것이다. 앞의 공리들을 이용하면, 음수 곱하기 양수는 음수라는 것을 알 수 있다.

예제 2.2. 실수 a와 b에 대하여, $a < 0$이고 $0 < b$이면 $a \cdot b < 0$임을 보여라.

풀이 실수 a와 b에 대하여, $a < 0$이고 $0 < b$라고 가정하자. 그러면 $a < 0$이므로

$$0 = a + (-a) < 0 + (-a) = -a$$

즉, $0 < -a$이다. 그리고 $0 < b$이므로 공리 9에 따라서 $0 < (-a) \cdot b$이다. 그런데 $(-a) \cdot b = -(a \cdot b)$이므로

$$a \cdot b = a \cdot b + 0 < a \cdot b + (-a \cdot b) = 0$$

즉, $a \cdot b < 0$이다. □

음수 곱하기 음수는 양수라는 것을 같은 방법으로 보일 수 있다.

예제 2.3. 덧셈에 대한 항등원 0과 곱셈에 대한 항등원 1에 대하여, $0 < 1$가 성립함을 보여라.

풀이 곱셈에 대한 항등원 1은 덧셈에 대한 항등원 0과 다르므로, $1 < 0$과 $0 < 1$ 중 하나만 성립한다. 만약 $1 < 0$이 성립한다고 가정하자. 그러면, 공리 7에 따라서 $0 < -1$이고, 공리 9에 따라서 $0 < (-1)(-1)$이다. 그런데, $(-1)(-1) = 1$이므로, $0 < 1$이다. 이는 가정 $1 < 0$에 모순이므로 $1 < 0$가 아님을 알 수 있다. 그러므로 $0 < 1$이다. □

해석학에는 많은 부등식이 나온다. 부등식의 여러 증명 과정에서 다음은 매우 중요한 역할을 한다.

정리 2.4: 부등식이 성립하기 위한 필요충분조건

실수 a와 b에 대하여,

$$\text{임의의 양수 } \epsilon\text{에 대하여 } a < b + \epsilon\text{이다}$$

는 $a \le b$이기 위한 필요충분조건이다.

증명 $a \le b$라고 가정하자. 그러면 임의의 양의 실수 ϵ에 대하여 $a \le b < b + \epsilon$이므로 $a < b + \epsilon$이다.

$b < a$라고 가정하자. 그러면

$$b + \frac{a-b}{2} = \frac{a}{2} + \frac{b}{2} < a, \quad \text{그리고} \quad 0 < \frac{a-b}{2}$$

이다. □

2.1.3 완비공리

유리수 전체의 집합 $\mathbb{Q}$에서, 모든 체 공리와 순서공리가 성립한다. 유리수 전체의 집합 $\mathbb{Q}$는 실수 전체의 집합 $\mathbb{R}$의 진부분집합이므로, 실수 전체의 집합을 정의하기 위하여서는 공리가 더 필요하다. 이 공리는 수직선을 유리수 전체의 집합 $\mathbb{Q}$로 채울을 때 남는 영역을 채우는 역할을 한다.

실수의 완비공리를 알아보기 위하여 먼저 몇 가지 정의를 살펴보자.

정의 2.6: 집합의 상계와 위로 유계성

실수 전체의 집합 $\mathbb{R}$의 부분집합 S와 실수 b에 대하여

$$\forall x \in S, x \leq b$$

이면, b는 집합 S의 **상계**라고 한다. 실수 b가 S의 상계이면 S는 b에 따른 **위로 유계**라고 한다.

집합 S가 위로 유계일 때, S의 상계 중에서 가장 작은 상계를 정의하자.

정의 2.7: 위로 유계인 집합의 상한

실수 전체의 집합 $\mathbb{R}$의 부분집합 S와 실수 b에 대하여,

(가) 실수 b는 집합 S의 상계이고,

(나) 임의의 실수 x에 대하여, x가 집합 S의 상계이면 $b \leq x$이다

이면, b는 S의 **상한**[a]이라고 하고 $b = \sup S$로 나타낸다.

[a] 상한을 **최소상계**라고도 한다.

예제 2.4. 집합 $A = \{x \in \mathbb{R} : 0 \le x < 1\}$의 상한을 구하여라.

풀이 실수 b가 1보다 크거나 같으면, 모든 $x \in A$에 대하여, $x < 1 \le b$이므로 b는 A의 상계이다. 실수 c가 1보다 작으면, $c < x < 1$인 원소 $x \in A$가 존재하므로 c는 A의 상계가 아니다. 따라서, 1이 A의 상한이다. □

유리수 전체의 집합에서는 체공리들과 순서공리들이 성립한다. 실수 전체의 집합은 유리수가 아닌 많은 무리수들을 포함한다. 이들 무리수를 모두 포함시킨 집합을 나타내기 위하여 다음의 완비공리가 필요하다.

공리 10: 실수의 완비공리

실수 전체의 집합 $\mathbb{R}$의 부분집합 S에 대하여, S가 공집합이 아니고 위로 유계이면 S의 상한이 존재한다.

보기 2.1. 유리수 전체의 집합 $\mathbb{Q}$의 부분집합 $A = \{x \in \mathbb{Q} : x^2 < 2\}$에 대하여, $A = \{x \in \mathbb{Q} : -\sqrt{2} < x < \sqrt{2}\}$이므로 실수 집합 $\mathbb{R}$의 부분집합으로서

$$\sup A = \sqrt{2}$$

이다. 여기서 A의 상한 $\sqrt{2}$는 $\mathbb{Q}$에 포함되지 않는다. 즉, 집합 $\mathbb{Q}$에서는 완비공리가 성립하지 않는다.

집합에 대한 상계와 상한에 대칭되는 개념으로 하계와 하한을 정의할 수 있다. 먼저 집합의 하계를 다음과 같이 정의한다.

정의 2.8: 집합의 하계와 아래로 유계성

실수 전체의 집합 $\mathbb{R}$의 부분집합 S와 실수 c에 대하여

모든 원소 $x \in S$에 대하여 $c \le x$이다

이면, c를 집합 S의 **하계**라고 한다. 이때 S는 c에 의하여 **아래로 유계**라고 한다.

집합 S가 아래로 유계일 때, S의 하계 중에서 가장 큰 하계를 다음과 같이 정의한다.

정의 2.9: 아래로 유계인 집합의 하한

실수 전체의 집합 $\mathbb{R}$의 부분집합 S와 실수 c에 대하여,

(가) 실수 c는 집합 S의 하계이고,

(나) 임의의 실수 x에 대하여, x가 집합 S의 하계이면 $x \le c$이다

이면 c를 집합 S의 **하한**[a]이라고 하고 $c = \inf S$로 나타낸다.

[a] 하한을 **최대하계**라고도 한다.

집합의 아래로 유계성과 하한을 이용하면 실수의 완비공리를 다음과 같이 나타낼 수 있다.

따름정리 2.5: 실수의 완비성

실수 전체의 집합 $\mathbb{R}$의 부분집합 S에 대하여, S가 공집합이 아니고 아래로 유계이면 S의 하한이 존재한다.

2.2 복소수와 덧셈

2.2.1 복소평면

실수를 수직선에 놓인 한 점으로 이해하는 것과 같이 복소수를 평면에 놓인 한 점으로 이해할 수 있다.

정의 2.10: 복소평면과 복소수

모든 실수 순서쌍들의 집합

$$\{(x, y) \mid x, y \in \mathbb{R}\}$$

을 **복소평면**이라고 하고 $\mathbb{C}$로 나타낸다. 복소평면의 원소는 **복소수**라고 한다.

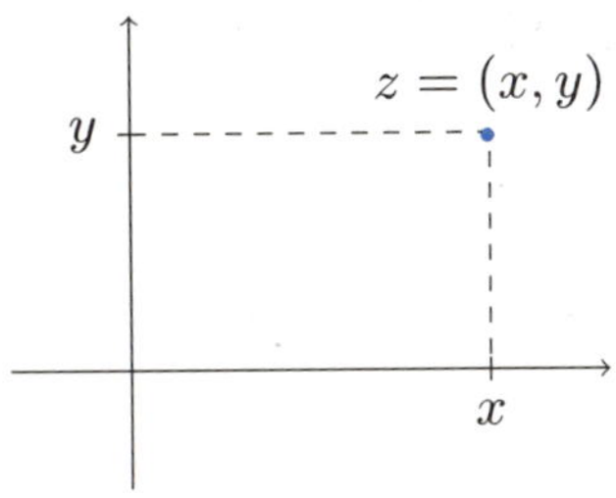

그림 2.1 복소평면

복소평면에서는 복소수들의 덧셈과 곱셈이 정의된다. 이 절에서는 먼저 복소수의 덧셈을 정의하고, 이어지는 절들에서 복소수의 곱셈을 정의한다. 복소평면은 일반적인 평면 $\mathbb{R}^2 = \{(x, y) \mid x, y \in \mathbb{R}\}$과 집합적으로 같다. 그렇지만 일반적인 평면 $\mathbb{R}^2$에서는 원소들의 곱셈을 정의하지 않지만, 복소평면 $\mathbb{C}$에서는 곱셈을 정의한다는 차이가 있다.

앞으로 별다른 설명이 없으면 $z, w, z_1, z_2, \ldots, w_1, w_2, \ldots$ 등은 복소수들을 나타내고 $x, y, x_1, x_2, \ldots, y_1, y_2, \ldots$ 등은 실수들을 나타낸다.

정의 2.11: 복소수의 실수부와 허수부

복소수 $z = (x, y)$에 대하여, x를 z의 **실수부**라고 하고 $\operatorname{Re} z$로 나타내며, y를 z의 **허수부**라고 하고 $\operatorname{Im} z$로 나타낸다.

복소수 z를

$$z = (\operatorname{Re} z, \operatorname{Im} z)$$

로 나타낼 수 있다.

예제 2.5. 복소수 $(2,-3)$의 실수부와 허수부를 구하여라.

풀이 복소수 $(2,-3)$의 실수부와 허수부는 각각

$$\mathrm{Re}(2,-3) = 2, \qquad \mathrm{Im}(2,-3) = -3$$

이다. □

복소수 z에 대하여, $\mathrm{Im}\, z = 0$이면 z는 **실수인 복소수**라고 하고, $\mathrm{Im}\, z \neq 0$이면 z는 **실수가 아닌 복소수**라고 한다. 실수인 복소수 전체의 집합 $\{(x,0) \mid x \in \mathbb{R}\}$은 집합적으로 실수 전체의 집합 $\mathbb{R}$과 일대일 대응이다. 앞으로 정의되는 복소수의 덧셈과 곱셈을 살펴보면, 이 일대일 대응에 의하여 복소수와 덧셈과 곱셈의 연산이 실수의 덧셈과 곱셈의 연산으로 대응되는 것을 확인할 수 있다.

2.2.2 복소수의 덧셈

두 복소수의 합을 정의하자.

정의 2.12: 복소수의 합

복소수 $z_1 = (x_1, y_1)$과 $z_2 = (x_2, y_2)$에 대하여,

$$(x_1 + x_2,\ y_1 + y_2)$$

를 z_1과 z_2의 **합**이라고 하고 $z_1 + z_2$로 나타낸다. 합 $z_1 + z_2$에서의 연산 $+$를 **복소수의 덧셈**이라고 한다.

실수인 복소수 $z_1 = (x_1, 0)$과 $z_2 = (x_2, 0)$에 대하여,

$$z_1 + z_2 = (x_1, 0) + (x_2, 0) = (x_1 + x_2, 0)$$

이므로, 복소수의 덧셈은 실수의 덧셈을 복소평면으로 확장한 것이라는 것을 확인할 수 있다.

예제 2.6. 복소수 $z_1 = (1,-3)$와 $z_2 = (2,4)$의 합을 구하여라.

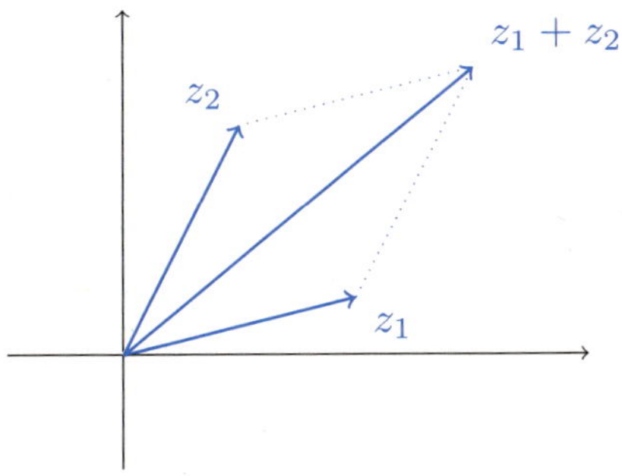

그림 2.2 복소수의 합

풀이 복소수 $z_1 = (1, -3)$와 $z_2 = (2, 4)$의 합은

$$z_1 + z_2 = (1 + 2, -3 + 4) = (3, 1)$$

이다. □

실수에 대한 기본적인 성질에 따라서, 복소수의 덧셈에 대하여 다음이 성립한다.

정리 2.6: 복소수 덧셈에 대한 결합법칙

복소수 z_1, z_2, z_3에 대하여,

$$z_1 + (z_2 + z_3) = (z_1 + z_2) + z_3$$

이다.

증명 복소수 $z_1 = (x_1, y_1)$, $z_2 = (x_2, y_2)$, $z_3 = (x_3, y_3)$에 대하여,

$$\begin{aligned} z_1 + (z_2 + z_3) &= (x_1, y_1) + (x_2 + x_3,\ y_2 + y_3) \\ &= (x_1 + (x_2 + x_3),\ y_1 + (y_2 + y_3)) \\ &= ((x_1 + x_2) + x_3,\ (y_1 + y_2) + y_3) \\ &= (x_1 + x_2,\ y_1 + y_2) + (x_3, y_3) \\ &= (z_1 + z_2) + z_3 \end{aligned}$$

이다. □

복소수 덧셈이 실수 성분끼리의 덧셈이므로, 복소수 덧셈에서 복소수 $(0,0)$은 덧셈에 대한 항등원임을 알 수 있다.

정리 2.7: 복소수 덧셈에 대한 항등원

모든 복소수 z에 대하여,

$$z + (0,0) = z \quad \text{그리고} \quad (0,0) + z = z$$

이다. 복소수 $(0,0)$을 **복소수 덧셈에 대한 항등원**이라고 한다.

증명 복소수 $z = (x, y)$에 대하여,

$$z + (0,0) = (x + 0,\ y + 0) = (x, y) = z$$

이고

$$(0,0) + z = (0 + x,\ 0 + y) = (x, y) = z$$

이다. □

복소수의 덧셈에서 $(-x, -y)$는 $z = (x, y)$의 복소수 덧셈에 대한 역원이다.

정리 2.8: 복소수 덧셈에 대한 역원

복소수 $z = (x, y)$에 대하여,

$$z + (-x, -y) = (0,0), \quad (-x, -y) + z = (0,0)$$

이다. 복소수 $(-x, -y)$를 z의 **복소수 덧셈에 대한 역원**이라고 한다.

증명 복소수 $z = (x, y)$에 대하여,

$$z + (-x, -y) = (x - x,\ y - y) = (0,0)$$

이고

$$(-x, -y) + z = (-x + x,\ -y + y) = (0,0)$$

이다. □

복소수 덧셈에서 교환법칙이 성립한다.

정리 2.9: 복소수 덧셈에 대한 교환법칙

복소수 z_1, z_2에 대하여,

$$z_1 + z_2 = z_2 + z_1$$

이다.

증명 복소수 $z_1 = (x_1, y_1)$, $z_2 = (x_2, y_2)$에 대하여,

$$z_1 + z_2 = (x_1 + x_2,\ y_1 + y_2) = (x_2 + x_1,\ y_2 + y_1) = z_2 + z_1$$

이다. □

2.2.3 복소수의 절댓값

복소수 z에 대하여, 원점 $(0, 0)$에서 z까지의 거리를 다음과 같이 정의하자.

정의 2.13: 복소수의 절댓값

복소수 $z = (x, y)$에 대하여, $\sqrt{x^2 + y^2}$을 z의 **절댓값**이라고 하며 $|z|$로 나타낸다.

복소수의 절댓값의 정의에 따라서, 임의의 복소수 z에 대하여, $0 \le |z|$이다.

예제 2.7. 복소수 $z = (3, -4)$의 절댓값 $|z|$를 구하여라.

풀이 복소수 $z = (3, -4)$의 절댓값은 $|z| = \sqrt{3^2 + (-4)^2} = \sqrt{25} = 5$이다. □

복소수의 절댓값과 이 복소수의 성분의 절댓값 사이에는 다음의 관계가 있다.

정리 2.10: 복소수의 실수부와 허수부의 절댓값

복소수 z에 대하여,

$$|\operatorname{Re} z| \le |z|, \qquad |\operatorname{Im} z| \le |z|$$

이다.

증명 복소수 $z = (x, y)$에 대하여,

$$|x| = \sqrt{x^2} \le \sqrt{x^2 + y^2} = |z|, \quad |y| = \sqrt{y^2} \le \sqrt{x^2 + y^2} = |z|$$

이다. □

복소수의 절댓값을 이용하여 두 복소수의 거리를 구할 수 있다. 두 복소수 $z_1 = (x_1, y_1)$와 $z_2 = (x_2, y_2)$에 대하여 $z_1 - z_2 = (x_1 - x_2,\ y_1 - y_2)$이므로

$$|z_1 - z_2| = \sqrt{(x_1 - x_2)^2 + (y_1 - y_2)^2}$$

이다. 즉, $|z_1 - z_2|$은 z_1과 z_2 사이의 거리와 같다.

예제 2.8. 중심이 $(2, -1)$이고 반지름의 길이가 3인 원의 방정식을 구하여라.

풀이 복소수 z에서 $(2, -1)$까지의 거리는 $|z - (2, -1)|$이므로,

$$|z - (2, -1)| = 3$$

이 중심이 $(2, -1)$이고 반지름의 길이가 3인 원의 방정식이다. □

예제 2.9. 초점 $(4, 0)$과 $(-4, 0)$까지의 거리의 합이 10인 타원의 방정식을 구하여라.

풀이 방정식

$$|z - (4, 0)| + |z - (-4, 0)| = 10$$

은, $(4, 0)$까지의 거리와 $(-4, 0)$까지의 거리의 합이 10인 복소수 z에 대한 방정식이므로 이 방정식이 초점 $(4, 0)$과 $(-4, 0)$까지의 거리의 합이 10인 타원의 방정식이다. □

코시-슈바르츠 부등식을 살펴보자.

보조정리 2.4: 코시-슈바르츠 부등식

실수 x_1, x_2, y_1, y_2에 대하여,

$$(x_1x_2 + y_1y_2)^2 \le (x_1^2 + y_1^2)(x_2^2 + y_2^2)$$

이다. 또한 $(x_2, y_2) = (tx_1, ty_1)$인 실수 t가 존재함은 =가 성립하기 위한 필요충분조건이다.

증명 $(x_1, y_1) = (0, 0)$인 경우,

$$(0 \cdot x_2 + 0 \cdot y_2)^2 = 0 = 0 \cdot (x_2^2 + y_2^2)$$

이므로 정리의 부등식이 성립한다.

$(x_1, y_1) \neq (0, 0)$인 경우, 임의의 실수 t에 대하여 $0 \le (x_1t + x_2)^2 + (y_1t + y_2)^2$이다. 그런데

$$(x_1t + x_2)^2 + (y_1t + y_2)^2 = (x_1^2 + y_1^2)t^2 + 2(x_1x_2 + y_1y_2)t + (x_2^2 + y_2^2)$$

이므로, t에 대한 2차 다항식으로써 이 다항식의 판별식은 0보다 작거나 같다. 즉,

$$(x_1y_1 + x_2y_2)^2 - (x_1^2 + y_1^2)(x_2^2 + y_2^2) \le 0$$

이다. 따라서 정리의 부등식이 성립한다.

여기서 $(x_1t + x_2)^2 + (y_1t + y_2)^2 = 0$인 실수 t가 존재함은, 즉 $(x_2, y_2) = (tx_1, ty_1)$인 실수 t가 존재함은 정리의 부등식이 등식이기 위한 필요충분조건이다. □

코시-슈바르츠 부등식에 따라서, 다음의 삼각부등식이 성립한다.

정리 2.11: 복소수 덧셈에 대한 삼각부등식

복소수 z_1과 z_2에 대하여,

$$|z_1 + z_2| \le |z_1| + |z_2|$$

이다.

증명 복소수 $z_1 = (x_1, y_1)$와 $z_2 = (x_2, y_2)$에 대하여

$$\begin{aligned}|z_1 + z_2|^2 &= (x_1 + x_2)^2 + (y_1 + y_2)^2 \\ &= x_1^2 + 2x_1x_2 + x_2^2 + y_1^2 + 2y_1y_2 + y_2^2 \\ &\leq |z_1|^2 + 2|z_1| \cdot |z_2| + |z_2|^2 \\ &= (|z_1| + |z_2|)^2\end{aligned}$$

이다. 여기서 부등식은 코시-슈바르츠 부등식의 정리에 따라서 성립한다. □

삼각부등식은 그림 2.2에서 확인할 수 있다. 즉, 원점 $(0, 0)$에서 $z_1 + z_2$까지의 거리인 $|z_1 + z_2|$는 그림에서의 평행사변형의 대각선의 길이이므로, 평행사변형의 이웃하는 두 변의 길이의 합인 $|z_1| + |z_2|$보다 작거나 같다.

2.3 삼각함수와 복소수의 곱셈

복소수의 곱셈을 정의하기에 앞서 삼각함수에 대하여 알아보자. 삼각함수는 평면기하의 탐구에 기본적인 도구 역할을 한다.

2.3.1 삼각함수의 정의

복소평면 $\mathbb{C}$에서 원점 $O = (0,0)$를 중심으로 하고 반지름이 1인 단위원 S를 생각하자. $U = (1,0)$로 놓고, 단위원의 한 점을 $P = (x,y)$로 놓자. 이제 원점을 중심으로 x-축의 양의 방향의 반직선과 선분 OP가 이루는 각의 크기를 호 UP의 길이로 정의하자. 여기서 호의 길이는 반시계 방향이 양의 방향이므로, 시계 방향으로 이루어진 호의 길이는 음수이다.

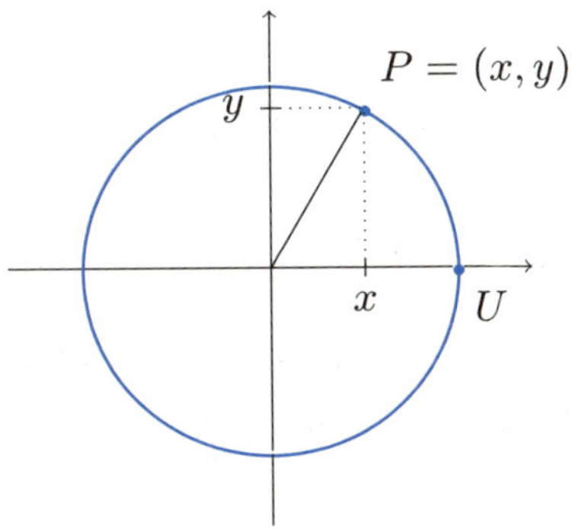

그림 2.3 삼각함수의 정의

단위원의 원주 길이의 반을 π라고 정의한다. 그림 2.3에서 선분 OP가 x-축의 양의 방향의 반직선과 이루는 각의 크기를 θ라고 놓자. 그러면 사인함수 $\sin\theta$, 코사인함수 $\cos\theta$, 탄젠트함수 $\tan\theta$를 각각

$$\sin\theta := y, \qquad \cos\theta := x, \qquad \tan\theta := \frac{y}{x} \ (\text{단, } x \neq 0)$$

로 정의한다. 여기서 단위원 대신에 원점을 중심으로 반지름 r인 원을 생각하면 삼각함수는 각각

$$\sin\theta = \frac{y}{r}, \qquad \cos\theta = \frac{x}{r}, \qquad \tan\theta = \frac{y}{x} \ (\text{단, } x \neq 0)$$

이다.

그리고 코시컨트함수, 시컨트함수, 코탄젠트함수를 각각

$$\csc\theta := \frac{1}{\sin\theta}, \qquad \sec\theta := \frac{1}{\cos\theta}, \qquad \cot\theta := \frac{1}{\tan\theta}$$

로 정의한다.

2.3.2 삼각함수의 기본적인 성질

이제 삼각함수의 기본적인 성질을 살펴 보자. 먼저 삼각함수의 정의에 의하여 다음이 성립함을 알 수 있다.

정리 2.12: 단위원과 삼각함수

모든 실수 θ에 대하여,

$$\sin^2\theta + \cos^2\theta = 1 \tag{2.1}$$

이다.

증명 원점을 중심으로 반지름이 1인 단위원에서 θ에 대응하는 점을 $P = (x, y)$로 놓자. 그러면 $P = (x, y)$는 단위원에 놓인 점이므로

$$\sin^2\theta + \cos^2\theta = y^2 + x^2 = 1^2 = 1$$

이다. □

사인함수와 탄젠트함수는 기함수이고, 코사인함수는 우함수이다.

정리 2.13: 삼각함수에 대한 우함수와 기함수

모든 실수 θ에 대하여,

$$\sin(-\theta) = -\sin\theta, \qquad \cos(-\theta) = \cos\theta, \qquad \tan(-\theta) = -\tan\theta$$

이다.

증명 원점을 중심으로 반지름이 1인 단위원에서 θ에 대응하는 점을 $P = (x, y)$로 놓자. 그러면 $-\theta$에 대응하는 점은 $Q = (x, -y)$이다. 이제 $\sin\theta = x$, $\cos\theta = x$이고

$\sin(-\theta) = -y$, $\cos(-\theta) = x$이므로

$$\sin(-\theta) = -y = \sin\theta, \quad \cos(-\theta) = x = \cos\theta$$

이다. 또한

$$\tan(-\theta) = \frac{\sin(-\theta)}{\cos(-\theta)} = -\frac{\sin\theta}{\cos\theta} = -\tan\theta$$

이다. □

정리 2.14: 사인함수와 코사인함수

모든 실수 θ에 대하여,

$$\cos\left(\theta + \frac{\pi}{2}\right) = -\sin\theta, \quad \sin\left(\theta + \frac{\pi}{2}\right) = \cos\theta$$

이다.

증명 원점을 중심으로 반지름이 1인 단위원의 원주에서 θ에 대응하는 점을 $P = (x, y)$로 놓자. 그러면 $P = (x, y)$를 $\pi/2$만큼 회전시킨 점은 $Q = (-y, x)$이므로

$$\cos\left(\theta + \frac{\pi}{2}\right) = -y = -\sin\theta, \quad \sin\left(\theta + \frac{\pi}{2}\right) = x = \cos\theta$$

이다. □

이제 삼각함수의 합의 공식에 대하여 알아보자.

정리 2.15: 삼각함수에 대한 합의 공식

모든 실수 θ_1과 θ_2에 대하여,

$$\sin(\theta_1 + \theta_2) = \sin\theta_1\cos\theta_2 + \cos\theta_1\sin\theta_2,$$
$$\cos(\theta_1 + \theta_2) = \cos\theta_1\cos\theta_2 - \sin\theta_1\sin\theta_2$$

이다.

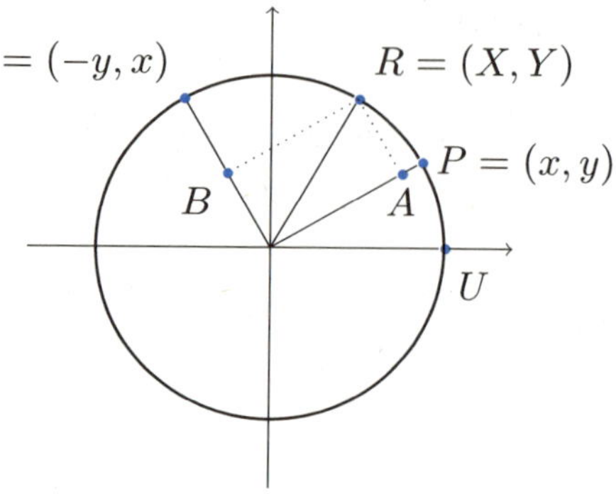

그림 2.4 사인함수와 코사인함수의 합의 공식

증명 그림 2.4에서와 같이, 원점을 중심으로 반지름이 1인 단위원에서 θ_1과 $\theta_1+\theta_2$에 대응하는 점을 각각 $P=(x,y)$와 $R=(X,Y)$로 놓자. 그리고 점 P를 $\pi/2$만큼 회전한 점을 Q로 놓자. 그러면 $Q=(-y,x)$이다.

점 R을 직선 OP와 OQ로 사영시킨 점을 각각 A와 B로 놓자. 그러면,

$$A=(\cos\theta_2\cdot x,\ \cos\theta_2\cdot y),\quad B=(-\sin\theta_2\cdot y,\ \sin\theta_2\cdot x)$$

이므로,

$$R=A+B=(\cos\theta_2\cdot x-\sin\theta_2\cdot y,\ \cos\theta_2\cdot y+\sin\theta_2\cdot x)$$

이다. 그런데 $R=(\cos(\theta_1+\theta_2),\sin(\theta_1+\theta_2))$이고 $(x,y)=P=(\cos\theta_1,\ \sin\theta_1)$이므로, 정리가 증명된다. □

정리 2.13와 정리 2.15에 따라서, 모든 실수 θ_1과 θ_2에 대하여

$$\sin(\theta_1-\theta_2)=\sin\theta_1\cos\theta_2-\cos\theta_1\sin\theta_2,$$
$$\cos(\theta_1-\theta_2)=\cos\theta_1\cos\theta_2+\sin\theta_1\sin\theta_2$$

이다.

삼각함수에 대한 합의 공식을 나타낸 정리 2.15에서 $\theta=\theta_1=\theta_2$로 놓으면, 다음의 삼각함수에 대한 배각의 공식이 성립함을 알 수 있다.

따름정리 2.16: 삼각함수에 대한 배각의 공식

모든 실수 θ에 대하여,

$$\sin 2\theta = 2\sin\theta\cos\theta,$$
$$\cos 2\theta = \cos^2\theta - \sin^2\theta$$

이다.

정리 2.12에 따라서

$$\cos^2\theta + \sin^2\theta = 1$$

이고 따름정리 2.16에 따라서

$$\cos^2\theta - \sin^2\theta = \cos 2\theta$$

이므로, 다음의 삼각함수에 대한 반각의 공식이 성립한다.

따름정리 2.17: 삼각함수에 대한 반각의 공식

임의의 실수 θ에 대하여,

$$\cos^2\theta = \frac{1+\cos 2\theta}{2},$$
$$\sin^2\theta = \frac{1-\cos 2\theta}{2}.$$

이다.

2.3.3 복소수의 극형식

복소수 z를 극형식으로 나타내면 많은 편리한 점이 있다. 특히 복소수의 곱셈에서 극형식은 매우 중요하다.

먼저 복소수의 실수배를 정의하자.

정의 2.14: 복소수의 실수배

복소수 $z=(x,y)$와 실수 a에 대하여, z의 a배를

$$(ax, ay)$$

로 정의하고 az로 나타낸다.

덧셈에 대한 복소수 $z=(x,y)$의 역원을 $-z$로 나타낸다. 덧셈에 대한 z의 역원은 유일하고, $(-1)z=(-x,-y)$가 덧셈에 대한 z의 역원이므로,

$$-z=(-1)z$$

임을 알 수 있다.

정의 2.15: 복소수의 극형식

$(0,0)$이 아닌 복소수 $z=(x,y)$에 대하여,

$$z=|z|(\cos\theta, \sin\theta)$$

인 θ를 복소수 z의 **편각**이라고 하고 $\arg z$로 나타낸다. 이때, $|z|(\cos\theta, \sin\theta)$를 z의 **극형식**이라고 한다.

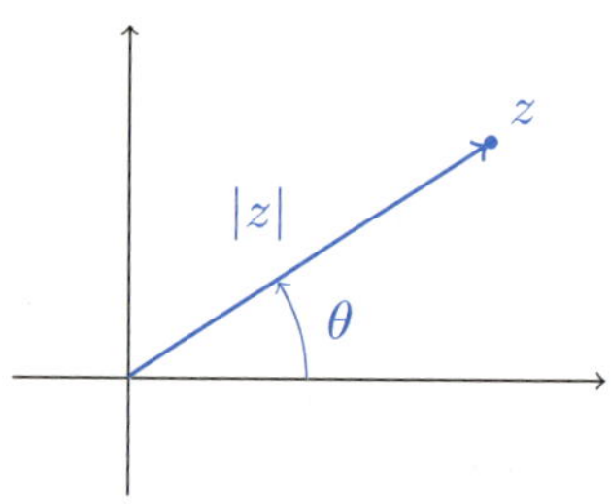

그림 2.5 복소수의 극형식

복소수 $(0,0)$의 편각은 정의하지 않는다. 그리고 $(0,0)$이 아닌 z의 편각은 유일하지 않다. 즉, $\arg z=\theta$이면, 임의의 정수 k에 대하여,

$$\cos(\theta+2\pi k)=\cos\theta, \quad \sin(\theta+2\pi k)=\sin\theta$$

이므로 $\theta+2\pi k$도 z의 편각이다. 복소수 z의 편각 중에서 $-\pi < \eta \le \pi$인 편각 η를 z의 **편각의 주요값**이라고 하고 $\operatorname{Arg} z$로 나타낸다. 복소수 z의 편각의 주요값은 유일하다.

예제 2.10. 복소수 $z = (1, \sqrt{3})$의 극형식을 구하여라.

풀이 복소수 $z = (1, \sqrt{3})$에 대하여,

$$(1, \sqrt{3}) = 2\left(\frac{1}{2}, \frac{\sqrt{3}}{2}\right) = 2\left(\cos\frac{\pi}{3}, \sin\frac{\pi}{3}\right)$$

이므로, z의 극형식은 $2(\cos\pi/3, \sin\pi/3)$이다. □

2.3.4 복소수의 곱셈

이제 복소수의 곱셈을 살펴보자.

정의 2.16: 복소수의 곱

두 복소수 (a, b)와 (c, d)의 **곱**을

$$(a, b) \cdot (c, d) := (ac - bd,\ ad + bc) \tag{2.2}$$

로 정의한다. 이때 연산 $\cdot$을 **복소수의 곱셈**이라고 한다.

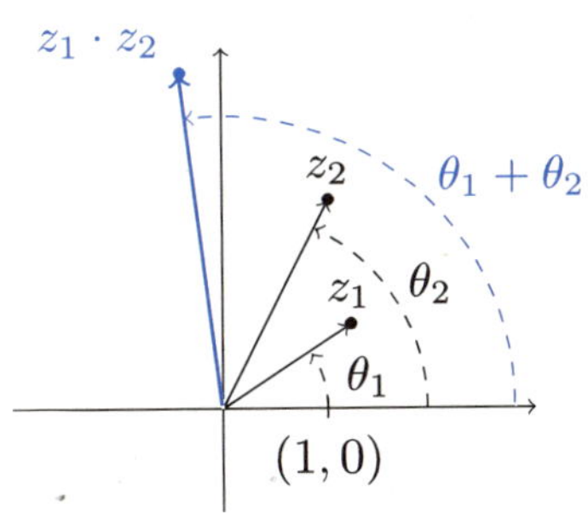

그림 2.6 복소수의 곱

정의에서 살펴 보면, 복소수의 곱은 복소수의 합보다 더 복잡하게 보인다. 하지만, 복소수를 극형식으로 나타내면 복소수의 곱도 간단하게 표현된다.

$(a,b) = (0,0)$이거나 $(c,d) = (0,0)$이면, 곱셈의 정의에 따라서 $(a,b)\cdot(c,d) = (0,0)$이다. 복소수를 극형식으로 나타내면, $(0,0)$이 아닌 두 복소수의 곱을 보다 쉽게 나타낼 수 있다.

정리 2.18: 극형식에서의 복소수의 곱

$(0,0)$이 아닌 복소수 z_1과 z_2에 대하여, z_1과 z_2의 극형식이 각각

$$z_1 = r(\cos\theta, \sin\theta), \quad z_2 = s(\cos\eta, \sin\eta)$$

이면

$$z_1 \cdot z_2 = (rs)(\cos(\theta+\eta), \sin(\theta+\eta))$$

이다.

증명 $(0,0)$이 아닌 복소수 $z_1 = (a,b)$과 $z_2 = (c,d)$에 대하여,

$$r = |z_1|, \quad \theta = \arg z_1, \quad s = |z_2|, \quad \eta = \arg z_2$$

로 놓자. 그러면 사인함수와 코사인함수의 합의 공식에 따라서

$$\begin{aligned}
&r(\cos\theta, \sin\theta)\cdot s(\cos\eta, \sin\eta)\\
&\quad = (a,b)\cdot(c,d)\\
&\quad = (ac-bd,\ ad+bc)\\
&\quad = (rs(\cos\theta\cdot\cos\eta - \sin\theta\cdot\sin\eta),\ rs(\cos\theta\sin\eta + \sin\theta\cos\eta))\\
&\quad = rs(\cos(\theta+\eta),\ \sin(\theta+\eta))
\end{aligned}$$

이다. □

예제 2.11. 복소수 $z_1 = (1, \sqrt{3})$와 $z_2 = (2\sqrt{3}, 2)$의 곱을 복소수의 곱의 정의를 이용하여 구하고 또한 복소수의 극형식을 이용하여 구하여라.

풀이 복소수 $z_1 = (1,\sqrt{3}) = 2(\cos\pi/3, \sin\pi/3)$와 $z_2 = (2\sqrt{3}, 2) = 4(\cos\pi/6, \sin\pi/6)$에 대하여, 곱 $z_1\cdot z_2$를 정의를 이용하여 구하면

$$z_1\cdot z_2 = (1,\sqrt{3})\cdot(2\sqrt{3},2) = (2\sqrt{3}-2\sqrt{3},\ 1\cdot 2+\sqrt{3}\cdot 2\sqrt{3}) = (0,8)$$

이고, 극형식을 이용하여 구하면

$$z_1 \cdot z_2 = (2 \cdot 4)\left(\cos\left(\frac{\pi}{3}+\frac{\pi}{6}\right)+\sin\left(\frac{\pi}{3}+\frac{\pi}{6}\right)\right) = 8\left(\cos\frac{\pi}{2}, \sin\frac{\pi}{2}\right) = (0, 8)$$

이다. □

실수의 성질에 따라서 복소수의 곱셈에 대하여 다음이 성립함을 알 수 있다.

정리 2.19: 복소수 곱셈에 대한 결합법칙

복소수 z_1, z_2, z_3에 대하여,

$$z_1 \cdot (z_2 \cdot z_3) = (z_1 \cdot z_2) \cdot z_3$$

이다.

증명 복소수 z_1, z_2, z_3의 극형식을

$$z_1 = r_1(\cos\theta_1, \sin\theta_1), \quad z_2 = r_2(\cos\theta_2, \sin\theta_2), \quad z_3 = r_3(\cos\theta_3, \sin\theta_3)$$

으로 놓자. 그러면, 실수 덧셈과 곱셈에 대한 결합법칙에 따라서

$$\begin{aligned} z_1 \cdot (z_2 \cdot z_3) &= r_1(\cos\theta_1, \sin\theta_1) \cdot r_2 r_3(\cos(\theta_2+\theta_3), \sin(\theta_2+\theta_3)) \\ &= r_1(r_2 r_3)(\cos(\theta_1+(\theta_2+\theta_3)), \sin(\theta_1+(\theta_2+\theta_3))) \\ &= (r_1 r_2)r_3(\cos((\theta_1+\theta_2)+\theta_3), \sin((\theta_1+\theta_2)+\theta_3)) \\ &= (z_1 \cdot z_2) \cdot z_3 \end{aligned}$$

이다. □

정리 2.20: 복소수 곱셈에 대한 항등원의 존재성

복소수 z에 대하여,

$$z \cdot (1,0) = z \quad \text{그리고} \quad (1,0) \cdot z = z$$

이다. $(1,0)$을 **복소수 곱셈에 대한 항등원**이라고 한다.

증명 임의의 복소수 $z = (x, y)$에 대하여,

$$z \cdot (1,0) = (x,y) \cdot (1,0) = (x \cdot 1 - y \cdot 0, x \cdot 0 + y \cdot 1) = (x,y),$$
$$(1,0) \cdot z = (1,0) \cdot (x,y) = (1 \cdot x - 0 \cdot y, 1 \cdot y + 0 \cdot x) = (x,y)$$

이다. □

정리 2.21: 복소수 곱셈에 대한 역원의 존재성

$(0, 0)$이 아닌 복소수 z에 대하여,

$$z \cdot w = (1,0), \quad w \cdot z = (1,0)$$

인 복소수 w가 존재한다. w를 **복소수 곱셈에 대한 z의 역원**이라고 한다.

증명 $(0, 0)$이 아닌 복소수 z의 극형식을 $z = r(\cos\theta, \sin\theta)$로 놓자. 복소수 w를 $w = (1/r)(\cos(-\theta), \sin(-\theta))$로 놓으면,

$$z \cdot w = r\frac{1}{r}(\cos(\theta-\theta), \sin(\theta-\theta)) = (\cos 0, \sin 0) = (1,0),$$
$$w \cdot z = \frac{1}{r}r(\cos(-\theta+\theta), \sin(-\theta+\theta)) = (\cos 0, \sin 0) = (1,0)$$

이다. □

정리 2.22: 복소수 곱셈에 대한 교환법칙

복소수 z_1, z_2에 대하여,

$$z_1 \cdot z_2 = z_2 \cdot z_1$$

이다.

증명 복소수 z_1, z_2의 극형식을

$$z_1 = r_1(\cos\theta_1, \sin\theta_1), \quad z_2 = r_2(\cos\theta_2, \sin\theta_2)$$

로 놓자. 그러면, 실수 덧셈과 곱셈에 대한 교환법칙에 따라서

$$\begin{aligned} z_1 \cdot z_2 &= r_1(\cos\theta_1, \sin\theta_1) \cdot r_2(\cos\theta_2, \sin\theta_2) \\ &= r_1 r_2(\cos(\theta_1+\theta_2), \sin(\theta_1+\theta_2)) \\ &= r_2 r_1(\cos(\theta_2+\theta_1), \sin(\theta_2+\theta_1)) \\ &= r_2(\cos\theta_2, \sin\theta_2) \cdot r_1(\cos\theta_1, \sin\theta_1) \\ &= z_2 \cdot z_1 \end{aligned}$$

이다. □

정리 2.23: 복소수 덧셈과 곱셈에 대한 분배법칙

복소수 z_1, z_2, z_3에 대하여,

$$z_1 \cdot (z_2 + z_3) = z_1 \cdot z_2 + z_1 \cdot z_3, \quad (z_1 + z_2) \cdot z_3 = z_1 \cdot z_3 + z_2 \cdot z_3$$

이다.

증명 복소수 $z_1 = (a, b)$, $z_2 = (c, d)$, $z_3 = (e, f)$에 대하여,

$$\begin{aligned} z_1 \cdot (z_2 + z_3) &= (a, b)(c + e, d + f) \\ &= (a(c+e) - b(d+f), a(d+f) + b(c+e)) \\ &= (ac - bd, ad + bc) + (ae - bf, af + be) \\ &= (a, b) \cdot (c, d) + (a, b) \cdot (e, f) \\ &= z_1 \cdot z_2 + z_1 \cdot z_3 \end{aligned}$$

이고, 곱셈에 대한 교환법칙에 따라서

$$(z_1 + z_2) \cdot z_3 = z_3 \cdot (z_1 + z_2) = z_3 \cdot z_1 + z_3 \cdot z_2 = z_1 \cdot z_3 + z_2 \cdot z_3$$

이다. □

2.3.5 허수단위

이제 복소수 (x, y)를 $x + yi$와 같이 나타내는 것에 대하여 살펴보자. 먼저 다음을 정의하자.

정의 2.17: 허수단위

복소수 $(0,1)$을 **허수단위**라고 하고 i로 나타낸다.

복소수 $(a,0)$, $(0,b)$, (c,d)에 대하여,

$$(a,0)\cdot(c,d) = (ac,ad) = a(c,d)$$
$$(0,b)\cdot(c,d) = bi\cdot(c,d)$$

이고,

$$(a,b) = (a,0) + b(0,1) = (a,0) + bi$$

이므로, 앞으로 복소수 $a+0i$와 $0+bi$를 각각 a와 bi로 나타내고 복소수 (a,b)를 $a+bi$로 나타낸다.

앞으로 혼란이 없는 한, 실수인 복소수를 그냥 실수라고 하고 또한 두 복소수의 곱 $(a+bi)\cdot(c+di)$을, 곱셈기호 $\cdot$를 생략하여, $(a+bi)(c+di)$로 나타내기로 한다. 복소수 $a+bi$에 대하여,

$$ib = (0,1)(b,0) = (b,0)(0,1) = bi$$

이므로 $a+bi$를 $a+ib$로 나타내기도 한다.

보기 2.2. 허수단위 i에 대한 일반적인 인식은 제곱하면 -1인 복소수이다. 그런데 제곱해서 -1인 복소수는 i와 $-i$이다. 두 복소수를 극형식으로 나타내면 이 사실이 보다 명확하다. 즉

$$i = \cos\frac{\pi}{2} + i\sin\frac{\pi}{2}, \qquad -i = \cos\frac{3\pi}{2} + i\sin\frac{3\pi}{2}$$

이므로

$$i^2 = \cos\pi + i\sin\pi = -1, \qquad (-i)^2 = \cos 3\pi + i\sin 3\pi = -1$$

이다.

보기 2.3. 제곱하면 -3인 복소수는

$$\sqrt{3}\left(\cos\frac{\pi}{2}+i\sin\frac{\pi}{2}\right) \quad \text{그리고} \quad \sqrt{3}\left(\cos\frac{\pi}{2}+i\sin\frac{\pi}{2}\right)$$

이다. 우리는 두 복소수를 관습적으로 각각 $\sqrt{-3}$와 $-\sqrt{-3}$로 나타낸다.

예제 2.12. 복소수 $\sqrt{-2}$와 $\sqrt{-3}$의 곱을 구하여라.

풀이 복소수 $\sqrt{-2}$와 $\sqrt{-3}$의 곱은

$$\begin{aligned}\sqrt{-2}\cdot\sqrt{-3} &= \sqrt{2}\left(\cos\frac{\pi}{2}+i\sin\frac{\pi}{2}\right)\cdot\sqrt{3}\left(\cos\frac{\pi}{2}+i\sin\frac{\pi}{2}\right)\\ &= \sqrt{6}\,(\cos\pi+i\sin\pi)\\ &= -\sqrt{6}\end{aligned}$$

이다. □

2.3.6 켤레복소수

복소수에서는 실수축에 대한 대칭관계인 켤레관계를 생각할 수 있다. 켤레관계는 일반적인 원에 대한 대칭관계로 일반화된다.

정의 2.18: 켤레복소수

복소수 $z=x+iy$에 대하여, $x-iy$를 z의 **켤레복소수**[a]라고 하고 $\overline{z}$로 나타낸다.

[a] 켤레복소수를 **공액복소수**라고도 한다.

복소수 z의 극형식이 $r(\cos\theta+i\sin\theta)$이면, $\cos\theta-i\sin\theta=\cos(-\theta)+i\sin(-\theta)$이므로 켤레복소수 $\overline{z}$의 극형식은

$$\overline{z}=r(\cos(-\theta)+i\sin(-\theta))$$

이다.

복소수의 합과 곱에 대한 켤레복소수의 다음 성질이 성립한다.

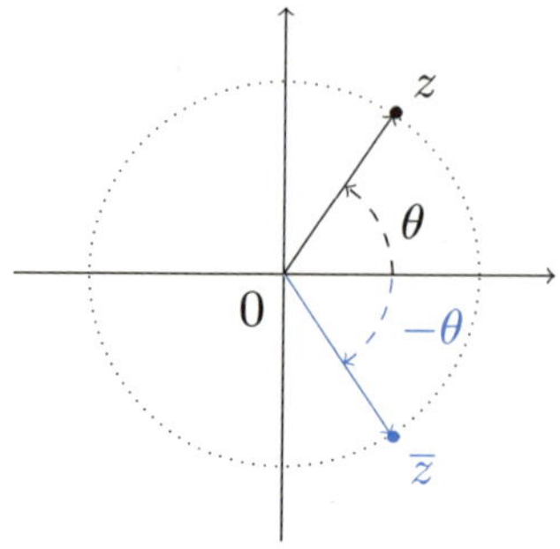

그림 2.7 켤레복소수

정리 2.24: 켤레복소수와 연산

복소수 z_1과 z_2에 대하여,

$$\overline{z_1 + z_2} = \overline{z_1} + \overline{z_2}, \qquad \overline{z_1 z_2} = \overline{z_1} \cdot \overline{z_2}$$

이다.

증명 두 복소수를 $z_1 = x_1 + iy_1$, $z_2 = x_2 + iy_2$ $(x_1, x_2, y_1, y_2 \in \mathbb{R})$로 나타내자. 그러면 $z_1 + z_2 = (x_1 + y_1) + i(y_1 + y_2)$이므로

$$\overline{z_1 + z_2} = (x_1 + y_1) - i(y_1 + y_2) = (x_1 - iy_1) + (x_2 - iy_2) = \overline{z_1} + \overline{z_2}$$

이다. 또한 두 복소수를 극형식으로 나타내면

$$z_1 = |z_1|(\cos\theta_1 + i\sin\theta_1), \quad z_2 = |z_2|(\cos\theta_2 + i\sin\theta_2)$$

이므로 $z_1 z_2 = (|z_1| \cdot |z_2|)(\cos(\theta_1 + \theta_2) + i\sin(\theta_1 + \theta_2)$이다. 그러므로,

$$\begin{aligned}
\overline{z_1 z_2} &= (|z_1| \cdot |z_2|)(\cos(\theta_1 + \theta_2) - i\sin(\theta_1 + \theta_2)) \\
&= (|z_1| \cdot |z_2|)(\cos(-\theta_1 - \theta_2) + i\sin(-\theta_1 - \theta_2)) \\
&= |z_1|(\cos(-\theta_1) + i\sin(-\theta_1)) \cdot |z_2|(\cos(-\theta_2) + i\sin(-\theta_2)) \\
&= \overline{z_1} \cdot \overline{z_2}
\end{aligned}$$

이다. □

정리 2.25: 컬레복소수의 성질

복소수 z에 대하여,

$$z + \overline{z} = 2\operatorname{Re} z, \qquad z - \overline{z} = i2\operatorname{Im} z$$

이고

$$|z| = |\overline{z}|, \qquad z \cdot \overline{z} = |z|^2$$

이다.

증명 복소수 z에 대하여 $x = \operatorname{Re} z$와 $y = \operatorname{Im} z$로 놓자. 그러면

$$z + \overline{z} = (x + iy) + (x - iy) = 2x, \quad z - \overline{z} = (x + iy) - (x - iy) = -i2y$$

이고

$$|z| = \sqrt{x^2 + y^2} = |\overline{z}|$$

이며

$$z \cdot \overline{z} = (x + iy)(x - iy) = x^2 + y^2 + i(-xy + xy) = x^2 + y^2 = |z|^2$$

이다. □

2.3.7 오일러의 공식

함수 $\cos\theta$와 $\sin\theta$를 거듭제곱급수로 나타내면

$$\cos\theta = 1 - \frac{\theta^2}{2!} + \frac{\theta^4}{4!} - \cdots, \quad \sin\theta = \theta - \frac{\theta^3}{3!} + \frac{\theta^5}{5!} - \cdots$$

이므로

$$\begin{aligned}\cos\theta + i\sin\theta &= (1 - \frac{\theta^2}{2!} + \frac{\theta^4}{4!} - \cdots) + i(\theta - \frac{\theta^3}{3!} + \frac{\theta^5}{5!} - \cdots) \\ &= 1 + i\theta + \frac{(i\theta)^2}{2!} + \frac{(i\theta)^3}{3!} + \cdots\end{aligned}$$

이다. 그런데 e^θ를 거듭제곱급수로 나타내면

$$e^\theta = 1 + \theta + \frac{\theta^2}{2!} + \frac{\theta^3}{3!} + \cdots$$

이므로, 다음을 정의한다.

정의 2.19: 오일러의 공식

실수 θ에 대하여,

$$\cos\theta + i\sin\theta$$

를 $e^{i\theta}$로 정의한다.[a]

[a] 오일러의 공식에 따르면

$$e^{i\pi} + 1 = 0$$

이다. 수학에서 $0, 1, i, \pi, e$는 매우 중요한 상수이고 덧셈, 곱셈, 지수연산은 매우 중요한 연산이인데, 오일러 공식에는 이들이 모두 나타나면서 대단히 간결하다!

오일러의 공식은 복소수의 극형식을 간결하게 표현한다. 오일러의 공식에 따라서, 복소수 z의 극형식을 $re^{i\theta}$와 같이 간결하게 표현한다. 영이 아닌 두 복소수 $z_1 = re^{i\theta}$와 $z_2 = se^{i\eta}$의 곱은

$$(re^{i\theta})(se^{i\eta}) = (rs)e^{i(\theta+\eta)}$$

이다.

오일러의 공식에 따라서, 다음을 알 수 있다.

정리 2.26: 삼각함수와 오일러의 공식

실수 θ에 대하여,

$$\cos\theta = \frac{e^{i\theta} + e^{-i\theta}}{2}, \quad \sin\theta = \frac{e^{i\theta} - e^{-i\theta}}{2i}$$

이다.

증명 실수 θ에 대하여, $e^{i\theta} = \cos\theta + i\sin\theta$이고 $e^{-i\theta} = \cos(-\theta) + i\sin(-\theta) = \cos\theta - i\sin\theta$이므로,

$$e^{i\theta} + e^{-i\theta} = 2\cos\theta, \quad e^{i\theta} - e^{-i\theta} = 2i\sin\theta$$

이다. □

예제 2.13. 복소수 $z_1 = 2 + 2\sqrt{3}i$와 $z_2 = \sqrt{3} + i$의 곱을 복소수의 곱의 정의를 이용하여 구하고 또한 극형식을 이용하여 구하여라.

풀이 복소수의 곱의 정의를 이용하여 복소수 $z_1 = 2 + 2\sqrt{3}i$와 $z_2 = \sqrt{3} + i$의 곱을 구하면

$$z_1 z_2 = (2 + 2\sqrt{3}i)(\sqrt{3} + i) = (2\sqrt{3} - 2\sqrt{3}) + (2 + 6)i = 8i$$

이다. 복소수 z_1과 z_2의 극형식이 각각

$$z_1 = 4\left(\frac{1}{2} + \frac{\sqrt{3}}{2}i\right) = 4\left(\cos\frac{\pi}{3} + i\sin\frac{\pi}{3}\right) = 4e^{i\pi/3}$$
$$z_2 = 2\left(\frac{\sqrt{3}}{2} + \frac{1}{2}i\right) = 2\left(\cos\frac{\pi}{6} + i\sin\frac{\pi}{6}\right) = 2e^{i\pi/6}$$

이다. 따라서 z_1과 z_2의 곱은

$$z_1 \cdot z_2 = (4 \cdot 2)e^{i(\pi/3+\pi/6)} = 8e^{i\pi/2} = 8i$$

이다. □

2.4 열린 집합과 닫힌 집합

2.4.1 집합의 안점, 바깥점, 경계점

복소평면 $\mathbb{C}$에 놓인 여러 집합의 성질을 알아보자. 먼저 다음을 정의하자.

정의 2.20: 열린 원판

복소평면의 한 점 z_0와 양의 실수 r에 대하여, 집합

$$\{z \in \mathbb{C} : |z - z_0| < r\}$$

을 중심이 z_0이고 반지름이 r인 **열린 원판**이라고 하며 $D(z_0; r)$로 나타낸다.

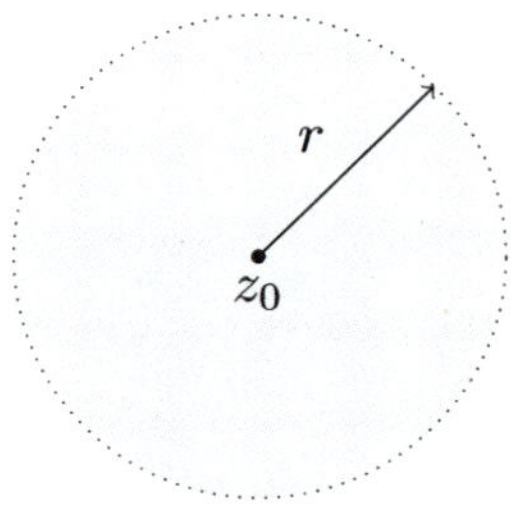

그림 2.8 중심이 z_0이고 반지름이 r인 열린 원판 $D(z_0; r)$

복소평면 $\mathbb{C}$의 부분집합 A에 대하여, 복소평면에 놓인 점을 다음과 같이 분류한다.

정의 2.21: 집합의 안점과 바깥점과 경계점

복소평면 $\mathbb{C}$의 부분집합 A와 점 $z_0 \in \mathbb{C}$에 대하여, $D(z_0; r) \subset A$인 양의 실수 r이 존재하면, 점 z_0은 A의 **안점**[a]이라고 한다. $D(z_0; r) \subset A^c$인 양의 실수 r이 존재하면, 점 z_0를 집합 A의 **바깥점**[b]이라고 한다. 점 z_0가 A의 안점도 아니고 바깥점도 아니면, 점 z_0은 A의 **경계점**이라고 한다.

[a] 안점을 내점이라고도 한다.
[b] 바깥점을 외점이라고도 한다.

집합 A의 모든 안점의 집합을 집합 A의 **안**이라고 하고 $\operatorname{Int} A$로 나타내고, 집합 A의 모든 바깥점의 집합을 집합 A의 **바깥**이라고 하고 $\operatorname{Ext} A$로 나타내며, 집합 A의 모든 경계점의 집합을 집합 A의 **경계**라고 하고 ∂A로 나타낸다.

안점, 바깥점, 경계점의 정의에 따라서, 경계점을 다음과 같이 분류할 수 있다.

정리 2.27: 점이 집합의 경계점이기 위한 필요충분조건

복소평면 $\mathbb{C}$의 부분집합 A에 대하여, 모든 양의 실수 r에 대하여 $D(z_0;r)\cap A \neq \emptyset$이고 $D(z_0;r)\cap A^c \neq \emptyset$임은 점 z_0가 집합 A의 경계점이기 위한 필요충분조건이다.

풀이 모든 양의 실수 r에 대하여 $D(z_0;r) \not\subset A$ 즉, $D(z_0;r)\cap A^c \neq \emptyset$는 점 z_0이 집합 A의 안점이 아니기 위한 필요충분조건이다. 또한 임의의 양의 실수 r에 대하여 $D(z_0;r) \not\subset A^c$ 즉, $D(z_0;r)\cap A \neq \emptyset$는 점 z_0이 집합 A의 바깥점이 아니기 위한 필요충분조건이다. 따라서, 임의의 양의 실수 r에 대하여 $D(z_0;r)\cap A \neq \emptyset$이고 $D(z_0;r)\cap A^c \neq \emptyset$는 점 z_0이 집합 A의 경계점이기 위한 필요충분조건이다. □

예제 2.14. 집합 $A = \{z \in \mathbb{C} \mid \operatorname{Re} z > 0\}$의 안과 경계와 바깥을 구하여라.

풀이 집합 A의 안과 경계 그리고 바깥은 각각

$$\begin{aligned} \operatorname{Int} A &= A, \\ \partial A &= \{z \in \mathbb{C} \mid \operatorname{Re} z = 0\}, \\ \operatorname{Ext} A &= \{z \in \mathbb{C} \mid \operatorname{Re} z < 0\} \end{aligned}$$

이다. □

예제 2.15. 집합 $B = \{z = x+iy \in \mathbb{C} \mid 0 < \operatorname{Re} z \leq 1,\ x, y \in \mathbb{Q}\}$의 안과 경계와 바깥을 구하여라.

풀이 집합 B의 안과 경계 그리고 바깥은 각각

$$\begin{aligned} \operatorname{Int} B &= \emptyset, \\ \partial B &= \{z \in \mathbb{C} \mid 0 \leq \operatorname{Re} z \leq 1\}, \\ \operatorname{Ext} B &= \{z \in \mathbb{C} \mid \operatorname{Re} z < 0 \text{ 또는 } 1 < \operatorname{Re} z\} \end{aligned}$$

이다. □

복소평면의 부분집합에 대하여, 이 집합의 안과 바깥 그리고 경계의 합집합은 복소평면 전체의 집합이다.

정리 2.28: 복소평면의 분해

복소평면 $\mathbb{C}$의 부분집합 A에 대하여,

$$\mathbb{C} = \operatorname{Int} A \cup \partial A \cup \operatorname{Ext} A$$

이고, $\operatorname{Int} A$와 ∂A와 $\operatorname{Ext} A$ 중에서 서로 다른 두 집합의 교집합은 공집합이다.

풀이 $A \cap A^c = \emptyset$이므로, 점 z_0이 집합 A의 안점이면서 바깥점일 수는 없다. 또한, 점 z_0이 A의 안점도 아니고 바깥점도 아니면 z_0은 집합 A의 경계점이므로, 임의의 점 z_0는 집합 A의 안점, 바깥점, 경계점 중 하나이다. □

집합 A의 안과 바깥과 경계는 여집합 A^c의 안, 바깥, 경계와 다음의 관계가 있다.

정리 2.29: 여집합의 안과 경계와 바깥

복소평면 $\mathbb{C}$의 부분집합 A에 대하여,

$$\operatorname{Int} A = \operatorname{Ext} A^c, \qquad \operatorname{Ext} A = \operatorname{Int} A^c, \qquad \partial A = \partial A^c$$

이다.

증명 $z_0 \in \operatorname{Int} A$라고 가정하자. 그러면 $D(z_0; r) \subset A$인 양의 실수 r이 존재한다. 그런데 $A = (A^c)^c$이므로 $z_0 \in \operatorname{Ext} A^c$이다. 따라서 $\operatorname{Int} A \subset \operatorname{Ext} A^c$이다.

$z_0 \in \operatorname{Ext} A^c$라고 가정하자. 그러면 $D(z_0; r) \subset (A^c)^c$인 양의 실수 r이 존재한다. 그런데 $A = (A^c)^c$이므로 $z_0 \in \operatorname{Int} A$이다. 따라서 $\operatorname{Ext} A^c \subset \operatorname{Int} A$이다.

$\operatorname{Int} A \subset \operatorname{Ext} A^c$이고 $\operatorname{Ext} A^c \subset \operatorname{Int} A$이므로 $\operatorname{Int} A = \operatorname{Ext} A^c$이다.

$z_0 \in \operatorname{Ext} A$라고 가정하자. 그러면 $D(z_0; r) \subset A^c$인 양의 실수 r이 존재한다. 즉, $z_0 \in \operatorname{Int} A^c$이다. 따라서 $\operatorname{Ext} A \subset \operatorname{Int} A^c$이다.

$z_0 \in \operatorname{Int} A^c$라고 가정하자. 그러면 $D(z_0; r) \subset (A^c)$인 양의 실수 r이 존재한다. 즉, $z_0 \in \operatorname{Ext} A$이다. 따라서 $\operatorname{Int} A^c \subset \operatorname{Ext} A$이다.

$\operatorname{Ext} A \subset \operatorname{Int} A^c$이고 $\operatorname{Int} A^c \subset \operatorname{Ext} A$이므로 $\operatorname{Ext} A = \operatorname{Int} A^c$이다.

앞의 결과에 따라서 $\operatorname{Int} A = \operatorname{Ext} A^c$이고 $\operatorname{Ext} A = \operatorname{Int} A^c$이므로,

$$\partial A = \mathbb{C} - (\operatorname{Int} A \cup \operatorname{Ext} A) = \mathbb{C} - (\operatorname{Ext} A^c \cup \operatorname{Int} A^c) = \partial A^c$$

이다. □

집합의 안과 경계의 합집합을 다음과 같이 정의한다.

정의 2.22: 집합의 닫힘

복소평면 $\mathbb{C}$의 부분집합 A에 대하여, $\operatorname{Int} A \cup \partial A$를 A의 **닫힘**[a]이라고 하고 $\overline{A}$로 나타낸다.

[a] 닫힘을 **폐포**라고도 한다.

집합 A의 안 $\operatorname{Int} A$와 바깥 $\operatorname{Ext} A$의 정의에 따라서

$$\operatorname{Int} A \subset A \quad \text{그리고} \quad \operatorname{Ext} A \subset A^c$$

이다. 집합의 바깥이 그 집합의 여집합에 포함됨을 다음과 같이 나타낼 수 있다.

보조정리 2.5: 집합은 그 집합의 닫힘에 포함된다

복소평면 $\mathbb{C}$의 모든 부분집합 A에 대하여, $A \subset \overline{A}$이다.

증명 $z_0 \in \overline{A}^c$이면 $\overline{A}^c = \operatorname{Ext} A$이므로, $D(z_0; r) \subset \operatorname{Ext} A$인 양의 실수 r이 존재한다. 그런데 $\operatorname{Ext} A \subset A^c$이므로 $z_0 \in A^c$이다. 따라서 $A \subset \overline{A}$이다. □

따라서 집합 A는 안 $\operatorname{Int} A$와 경계 ∂A의 일부로 구성된다. 그러므로 다음을 알 수 있다.

따름정리 2.30: 집합의 닫힘

복소평면 $\mathbb{C}$의 부분집합 A에 대하여, $\overline{A} = A \cup \partial A$이다.

2.4.2 열린 집합과 닫힌 집합

복소평면에서 열린 집합과 닫힌 집합을 정의하자.

정의 2.23: 열린 집합

복소평면 $\mathbb{C}$의 부분집합 A에 대하여, $A \subset \operatorname{Int} A$이면 집합 A는 **열린 집합**이라고 한다.

정의 2.24: 닫힌 집합

복소평면 $\mathbb{C}$의 부분집합 B에 대하여, B의 여집합 B^c가 열린 집합이면 집합 B는 **닫힌 집합**이라고 한다.

집합 A가 열린 집합이면 여집합 A^c는 닫힌 집합이며, 집합 A가 닫힌 집합이면 여집합 A^c는 열린 집합이다.

집합의 안에 대한 정의에 따라서, 모든 집합 A에 대하여 $\operatorname{Int} A \subset A$이므로 다음을 알 수 있다.

정리 2.31: 열린 집합이기 위한 필요충분조건

복소평면 $\mathbb{C}$의 부분집합 A에 대하여, 다음은 논리적으로 동치이다.

(가) 집합 A는 열린 집합이다.

(나) $A = \operatorname{Int} A$.

(다) $A \cap \partial A = \emptyset$.

증명 집합 A가 열린 집합이라고, 즉 $A \subset \operatorname{Int} A$라고 가정하자. 그러면, $\operatorname{Int} A \subset A$은 임의의 집합에 대하여 성립하므로 $A = \operatorname{Int} A$이다.

$A = \operatorname{Int} A$라고 가정하자. 그러면 $A \cap \partial A = \operatorname{Int} A \cap \partial A = \emptyset$이다.

$A \cap \partial A = \emptyset$라고 가정하자. 그러면, $A \subset \overline{A} = \operatorname{Int} A \cup \partial A$이므로 $A \subset \operatorname{Int} A$이다. □

집합 A^c이 열린 집합이면 A가 닫힌 집합이므로, 다음을 알 수 있다.

따름정리 2.32: 닫힌 집합이기 위한 필요충분조건

복소평면 $\mathbb{C}$의 부분집합 A에 대하여, 다음은 논리적으로 동치이다.

(가) 집합 A는 닫힌 집합이다.

(나) $\overline{A} \subset A$.

(다) $A = \overline{A}$.

(라) $\partial A \subset A$.

증명 집합 A가 닫힌 집합이라고 가정하자. 그러면 A^c이 열린 집합이므로,

$$A^c \subset \operatorname{Int} A^c = \operatorname{Ext} A = \overline{A}^c$$

즉 $\overline{A} \subset A$이다.

$\overline{A} \subset A$라고 가정하자. 그러면, $A \subset \overline{A}$이므로 $A = \overline{A}$이다.

$A = \overline{A}$라고 가정하자. 그러면 $\partial A \subset A \cup \partial A = \overline{A} = A$이다.

$\partial A \subset A$라고 가정하자. 그러면, $\overline{A} = A \cup \partial A$이므로 $\overline{A} \subset A$이다. 따라서,

$$A^c \subset \overline{A}^c = \operatorname{Ext} A = \operatorname{Int} A^c$$

이므로 A^c은 열린 집합이다. 그러므로, A는 닫힌 집합이다. □

복소평면 $\mathbb{C}$의 부분집합 A에 대하여, A가 열린 집합이라는 것은

$$\forall z \in A,\ \exists r > 0,\ D(z;r) \subset A$$

와 같은 명제이다.

예제 2.16. 열린 원판 $D(z_0;r)$은 열린 집합임을 보여라.

풀이 열린 원판 $D(z_0;r)$에 놓인 임의의 점을 z_1로 놓자. 그러면 $s = r - |z_0 - z_1|$에 대하여

$$D(z_1;s) \subset D(z_0;r)$$

이다. 왜냐하면, $w \in D(z_1; s)$에 대하여, $|w - z_1| < s$이므로

$$|w - z_0| \le |w - z_1| + |z_1 - z_0| < s + |z_0 - z_1| = r$$

즉, $w \in D(z_0; r)$이기 때문이다. □

보기 2.4. $0 \le r_1 < r_2$인 실수 r_1와 r_2와 복소수 z_0에 대하여, 집합

$$D(z_0; r_1, r_2) = \{z \in \mathbb{C} : r_1 < |z - z_0| < r_2\}$$

는 열린 집합이다.

예제 2.17. 임의의 실수 r에 대하여 집합 $A = \{z \in \mathbb{C} : \operatorname{Re} z > r\}$은 열린 집합이다.

풀이 집합 A에 놓인 임의의 점을 z_0으로 놓자. 그러면 $\operatorname{Re} z_0 > r$이다. 이제 $s = \operatorname{Re} z_0 - r$이라고 놓으면 $s > 0$이다. 여기서

$$D(z_0; s) \subset A$$

이다. 왜냐하면 $z_1 \in D(z_0; s)$이면,

$$-s < \operatorname{Re}(z_1 - z_0) < s$$

이므로

$$\operatorname{Re} z_1 = \operatorname{Re} z_0 + \operatorname{Re}(z_1 - z_0) > \operatorname{Re} z_0 - s = \operatorname{Re} z_0 - (\operatorname{Re} z_0 - r) = r$$

즉, $z_1 \in A$이기 때문이다. □

점 $z_0 \in \mathbb{C}$을 포함하는 열린 집합은 점 z_0의 근방을 수학적으로 나타낸 것이다. 근방이라는 개념의 기본적인 성질은 다음의 열린 집합[2]의 성질에 나타난다.

[2] 열린 집합을 이용하면, 거리란 개념을 사용하지 않고도 연속함수를 정의할 수 있다. 열린 집합과 연속함수를 연구하는 학문이 위상수학이다.

정리 2.33: 열린 집합의 기본 성질

복소평면의 부분집합들에 대하여 다음이 성립한다.

(가) 공집합과 복소평면은 열린 집합이다.

(나) 집합 A와 B가 열린 집합이면 $A \cap B$도 열린 집합이다.

(다) 모든 $\alpha \in I$에 대하여 A_α가 열린 집합이면, 합집합 $\bigcup_{\alpha \in I} A_\alpha$는 열린 집합이다.

증명 (가) 복소평면 $\mathbb{C}$의 부분집합 A가 열린 집합임은

$$\forall z \in A,\ \exists r > 0,\ D(z;r) \subset A$$

임을 생각하자. 집합 A가 공집합이면, 위의 조건에 상관없이 이 전칭명제는 참이다. 집합 A가 복소평면 $\mathbb{C}$이면, $\exists r > 0,\ D(z;r) \subset A$은 항상 참이므로 이 전칭명제는 참이다.

(나) 복소평면 $\mathbb{C}$의 부분집합 A와 B가 열린 집합이라고 가정하자. 임의의 원소 $z_0 \in A \cap B$를 생각하자. 그러면 $z_0 \in A$이고 $z_0 \in B$이고, 집합 A와 B가 열린 집합이므로

$$D(z_0;r_1) \subset A, \quad D(z_0;r_2) \subset B$$

인 양의 실수 r_1과 r_2가 존재한다. 양의 실수 r을 $r = \min\{r_1, r_2\}$로 놓자. 그러면,

$$D(z_0;r) \subset D(z_0;r_1) \subset A$$

이고

$$D(z_0;r) \subset D(z_0;r_2) \subset B$$

이다. 즉, $D(z_0;r) \subset A \cap B$이다. 따라서 $A \cap B$는 열린집합이다.

(다) 모든 $\alpha \in I$에 대하여 A_α가 열린 집합이라고 가정하자. 임의의 원소 $z_0 \in \bigcup_{\alpha \in I} A_\alpha$을 생각하자. 그러면 $z_0 \in A_\beta$인 지표 $\beta \in I$가 존재한다. 집합 A_β는 열린집합이므로, $D(z_0;r) \subset A_\beta$인 양의 실수 r이 존재한다. 그러면,

$$D(z_0;r) \subset A_\beta \subset \bigcup_{\alpha \in I} A_\alpha$$

이다. 따라서 합집합 $\bigcup_{\alpha\in I} A_\alpha$는 열린 집합이다. □

복소평면 $\mathbb{C}$의 부분집합 B_1, B_2, A_α $(\alpha \in I)$에 대하여,

$$(\mathbb{C}\backslash B_1) \cup (\mathbb{C}\backslash B_2) = \mathbb{C}\backslash(B_1 \cap B_2), \qquad \bigcap_{\alpha\in I}(\mathbb{C}\backslash A_\alpha) = \mathbb{C}\backslash(\bigcup_{\alpha\in I} A_\alpha)$$

이므로 다음을 알 수 있다.

따름정리 2.34: 닫힌 집합의 기본성질

복소평면의 부분집합들에 대하여 다음이 성립한다.

(가) 공집합과 복소평면은 닫힌 집합이다.

(나) 집합 A와 B가 닫힌 집합이면 $A \cup B$도 닫힌 집합이다.

(다) 모든 $\alpha \in I$에 대하여 A_α가 닫힌 집합이면, 교집합 $\bigcap_{\alpha\in I} A_\alpha$는 닫힌 집합이다.

2.4.3 쌓인점

복소평면의 부분집합이 닫힌 집합인지 아닌지를 판별하는 방법으로 그 집합의 쌓인점을 조사하는 방법이 있다. 먼저 쌓인점을 정의하자.

정의 2.25: 집합의 쌓인점

복소평면 $\mathbb{C}$의 부분집합 A와 점 $z_0 \in \mathbb{C}$에 대하여,

$$\forall r > 0, \ [D(z_0; r) - \{z_0\}] \cap A \neq \emptyset$$

이면, 점 z_0은 집합 A의 **쌓인점**[a]이라고 한다. 집합 A의 모든 쌓인점들의 집합을 A의 **도집합**[b]이라고 하고 A'으로 나타낸다.

[a] 쌓인점을 **집적점**이라고도 한다.
[b] 집합 A에 의하여 유도된 집합이라는 의미이다.

예제 2.18. 복소평면의 부분집합 $A = \{1, 1/2, 1/3, \dots\}$에 대하여, 0은 집합 A의 쌓이점임을 보여라.

풀이 임의의 양의 실수 $r > 0$에 대하여, $1/k < r$인 양의 정수 k가 존재하므로

$$(D(0;r) - \{0\}) \cap A \neq \emptyset$$

이다. 따라서, z_0은 A의 쌓인점이다. □

점 z_0이 집합 A의 쌓인점이면, z_0의 임의의 근방에는 A의 쌓인점이 무수히 많이 존재한다.

정리 2.35: 집합의 쌓인점의 근방에 속하는 원소의 무한성

점 z_0가 집합 A의 쌓인점이면, 임의의 양의 실수 r에 대하여 $[D(z_0;r)-\{z_0\}] \cap A$는 무한집합이다.

증명 대우법으로 증명하기 위하여, $[D(z_0;r_0) - \{z_0\}] \cap A$가 유한집합인 양의 실수 r_0가 존재한다고 가정하자. $[D(z_0;r_0) - \{z_0\}] \cap A = \emptyset$이면, z_0은 집합 A의 쌓인점이 아니다. $D(z_0;r_0) \cap A \neq \emptyset$이면

$$[D(z_0;r_0) - \{z_0\}] \cap A = \{b_1, b_2, \dots, b_k\}$$

인 점 $b_1, \dots, b_k \in A$가 존재한다. 여기서,

$$r_1 = \min\{|p - b_1|, |p - b_2|, \dots, |p - b_k|\}$$

으로 놓으면

$$[D(z_0;r_1) - \{z_0\}] \cap A = \emptyset$$

이므로, 점 z_0은 A의 쌓인점이 아니다. □

임의의 집합 A에 대하여,

$$\mathrm{Int}\, A \subset A \subset \overline{A}$$

이다. 이와 같은 성질이 도집합 A'에 대해서도 성립한다.

정리 2.36: 안과 도집합과 닫힘의 포함관계

복소평면 $\mathbb{C}$의 부분집합 A에 대하여,

$$\operatorname{Int} A \subset A' \subset \overline{A}$$

이다.

증명 점 z_0이 $\operatorname{Int} A$의 원소라고 가정하자. 그러면 $\operatorname{Int} A$의 정의에 따라서 $D(z_0; r) \subset A$인 양의 실수 r이 존재하므로, $(D(z_0; r) - \{z_0\}) \cap A \neq \emptyset$이다. 즉, $z_0 \in A'$이다. 따라서 $\operatorname{Int} A \subset A'$이다.

점 z_0이 $(\overline{A})^c = \operatorname{Ext} A$의 원소라고 가정하자. $\operatorname{Ext} A$의 정의에 따라서 $D(z_0; r) \subset A^c$인 양의 실수 r이 존재하므로, $(D(z_0; r) - \{z_0\}) \cap A = \emptyset$이다. 즉, z_0은 A의 쌓인 점이 아니다. 따라서 $(\overline{A})^c = \operatorname{Ext} A \subset (A')^c$, 즉, $A' \subset \overline{A}$이다. □

집합 A에 대하여,

$$\operatorname{Int} A \subset A \subset \overline{A} \quad \text{그리고} \quad \operatorname{Int} A \subset A' \subset \overline{A}$$

이지만, 집합 A와 도집합 A' 사이에는 일반적으로 포함관계가 성립하지 않는다.

보기 2.5. 집합 $A = D(i; 1) \cup \{2\}$에 대하여,

$$\operatorname{Int} A = D(i; 1), \quad A' = \overline{D(i; 1)}, \quad \overline{A} = \overline{D(i; 1)} \cup \{2\}$$

이므로 $A \not\subset A'$이고 $A' \not\subset A$이다.

복소평면의 부분집합이 닫힌 집합인지 아닌지를 그 집합의 쌓인점으로 판별할 수 있다.

정리 2.37: 닫힌 집합의 도집합

복소평면 $\mathbb{C}$의 부분집합 A에 대하여, $A' \subset A$는 집합 A가 닫힌 집합이기 위한 필요충분조건이다.

증명 집합 A가 닫힌 집합이라고 가정하자. $A^c \subset (A')^c$은 $A' \subset A$이기 위한 필요충분조건이므로, $A' \subset A$임을 보이기 위하여 $A^c \subset (A')^c$임을 보이자. $z_0 \in A^c$라고 가정하

자. 그러면 A^c가 열린 집합이므로

$$D(z_0; r) \subset A^c$$

인 양의 실수 r이 존재한다. 따라서 점 z_0은 집합 A의 쌓인점이 아니다. 즉, $z_0 \in (A')^c$이다.

역을 보이자. $A' \subset A$라고 가정하자. 집합 A는 닫힌 집합, 즉, A^c가 열린 집합임을 보이기 위하여 $z_1 \in A^c$라고 가정하자. 그러면 점 z_1는 집합 A의 쌓인점이 아니므로

$$[D(z_1; r) - \{z_1\}] \cap A = \emptyset$$

인 양의 실수 r이 존재한다. 그런데 $z_1 \notin A$이므로 $D(z_1; r) \cap A = \emptyset$, 즉

$$D(z_1; r) \subset A^c$$

이다. 점 $z_1 \in A^c$은 임의의 원소이므로 A^c는 열린 집합이다. 즉, A는 닫힌 집합이다. □

보기 2.6. 단위원판 $\Delta = \{z \in \mathbb{C} : |z| < 1\}$는 닫힌 집합이 아니다. 이때, 이 집합의 도집합은

$$\Delta' = \{z \in \mathbb{C} : |z| \leq 1\}$$

이므로, $\Delta' \not\subset \Delta$이다.

복소평면의 부분집합 A에 대하여, 집합 A가 유계이며 무한집합인 것은 A의 쌓인점이 존재하기 위한 충분조건이다. 여기서 집합이 유계라는 정의는 다음과 같다.

정의 2.26: 집합의 유계성

복소평면 $\mathbb{C}$의 부분집합 A에 대하여, $A \subset D(z_0; r)$인 양의 실수 r과 점 $z_0 \in \mathbb{C}$이 존재하면, 집합 A는 **유계**라고 한다.

정리 2.38: (볼자노-바이어슈트라스) 유계인 무한집합의 쌓인점의 존재성

복소평면 $\mathbb{C}$의 부분집합 A에 대하여, A가 유계이며 무한집합이면 $A' \neq \emptyset$이다.

증명 복소평면의 부분집합 A가 유계이며 무한집합이라고 가정하자. 그러면, A가 유계이므로

$$A \subset B_1 = [a^{(1)}, b^{(1)}] \times [c^{(1)}, d^{(1)}]$$

이고

$$0 < b^{(1)} - a^{(1)} = d^{(1)} - c^{(1)}$$

인 정사각형인, 닫힌 집합 B_1이 존재한다. 실수 $a_1^{(2)}$, $b_1^{(2)}$, $a_2^{(2)}$, $b_2^{(2)}$, $c_1^{(2)}$, $d_1^{(2)}$, $c_2^{(2)}$, $d_2^{(2)}$를

$$a_1^{(2)} = a^{(1)},\ b_1^{(2)} = a_2^{(2)} = \frac{a^{(1)} + b^{(1)}}{2},\ b_2^{(2)} = b^{(1)}$$

와

$$c_1^{(2)} = c^{(1)},\ d_1^{(2)} = c_2^{(2)} = \frac{c^{(1)} + d^{(1)}}{2},\ d_2^{(2)} = d^{(1)}$$

로 놓자. 그러면 정사각형

$$\begin{aligned}
B_1^2 &= [a_1^{(2)}, b_1^{(2)}] \times [c_1^{(2)}, d_1^{(2)}], & B_2^2 &= [a_2^{(2)}, b_2^{(2)}] \times [c_1^{(2)}, d_1^{(2)}], \\
B_3^2 &= [a_1^{(2)}, b_1^{(2)}] \times [c_2^{(2)}, d_2^{(2)}], & B_4^2 &= [a_2^{(2)}, b_2^{(2)}] \times [c_2^{(2)}, d_2^{(2)}],
\end{aligned}$$

에 대하여

$$A \subset B_1 = B_1^2 \cup B_2^2 \cup B_3^2 \cup B_4^2$$

이다. 집합 A가 무한집합이므로, $A \cap B_\ell^2$이 무한집합인 $\ell \in \{1, 2, 3, 4\}$가 존재한다. 여기서 $B_2 = B_\ell^2$로 놓고, $B_2 = [a^{(2)}, b^{(2)}] \times [c^{(2)}, d^{(2)}]$로 놓자.

$2 \leq m$인 양의 정수 m에 대하여, 정사각형 $B_m = [a^{(m)}, b^{(m)}] \times [c^{(m)}, d^{(m)}]$에 위의 과정을 반복하자. 즉, 실수

$$a_1^{(m+1)}, b_1^{(m+1)}, a_2^{(m+1)}, b_2^{(m+1)}, c_1^{(m+1)}, d_1^{(m+1)}, c_2^{(m+1)}, d_2^{(m+1)}$$

를

$$a_1^{(m+1)} = a^{(m)},\ b_1^{(m+1)} = a_2^{(m+1)} = \frac{a^{(m)} + b^{(m)}}{2},\ b_2^{(m+1)} = b^{(m)}$$

와

$$c_1^{(m+1)} = c^{(m)},\ d_1^{(m+1)} = c_2^{(m+1)} = \frac{c^{(m)} + d^{(m)}}{2},\ d_2^{(m+1)} = d^{(m)}$$

으로 놓자. 그러면 정사각형

$$\begin{aligned}
B_1^{m+1} &= [a_1^{(m+1)}, b_1^{(m+1)}] \times [c_1^{(m+1)}, d_1^{(m+1)}],\\
B_2^{m+1} &= [a_2^{(m+1)}, b_2^{(m+1)}] \times [c_1^{(m+1)}, d_1^{(m+1)}],\\
B_3^{m+1} &= [a_1^{(m+1)}, b_1^{(m+1)}] \times [c_2^{(m+1)}, d_2^{(m+1)}],\\
B_4^{m+1} &= [a_2^{(m+1)}, b_2^{(m+1)}] \times [c_2^{(m+1)}, d_2^{(m+1)}],
\end{aligned}$$

에 대하여

$$(A \cap B_m) \subset B_m = B_1^{m+1} \cup B_2^{m+1} \cup B_3^{m+1} \cup B_4^{m+1}$$

이다. 집합 $A \cap B_m$이 무한집합이므로, $A \cap B_\ell^{m+1}$이 무한집합인 $\ell \in \{1, 2, 3, 4\}$가 존재한다. 여기서 $B_{m+1} = B_\ell^{m+1}$로 놓고,

$$B_{m+1} = [a^{(m+1)}, b^{(m+1)}] \times [c^{(m+1)}, d^{(m+1)}]$$

로 놓자.

이제

$$a^{(1)} < a^{(2)} < \cdots, \qquad b^{(1)} > b^{(2)} > \cdots, \qquad b^{(m+1)} - a^{(m+1)} = \frac{b^m - a^m}{2}$$

이고

$$c^{(1)} < c^{(2)} < \cdots, \qquad d^{(1)} > d^{(2)} > \cdots, \qquad d^{(m+1)} - c^{(m+1)} = \frac{d^m - c^m}{2}$$

이므로,

$$\lim_{n\to\infty} a^{(n)} = \lim_{n\to\infty} b^{(n)}, \qquad \lim_{n\to\infty} c^{(n)} = \lim_{n\to\infty} d^{(n)}$$

이다.

이제 $a = \lim_{n\to\infty} a^{(n)}$, $c = \lim_{n\to\infty} c^{(n)}$로 놓자. 그러면, $a + ic$는 집합 A의 쌓인점이다. 왜냐하면, 임의의 양이 실수 r에 대하여, $B_m \subset D(a + ic; r)$인 양의 정수 m이 존재하고, $A \cap B_m$이 무한집합이므로, $A \cap D(a + ic; r)$도 무한집합이다. 따라서 $[D(a + ic; r) - \{a + ic\}] \cap A \neq \emptyset$이다. □

보기 2.7. 집합 $A = \{1, i, -1, -i\}$은 유계인 집합이지만 유한집합이다. 여기서 $A' = \emptyset$이다.

보기 2.8. 집합 $B = \{1, 2, 3, \ldots\}$은 무한집합이지만 유계가 아니다. 여기서 $B' = \emptyset$이다.

칸토르가 증명한 다음의 정리도 유용하다.

정리 2.39: 칸토르의 교집합정리

복소평면의 부분집합들을 원소로 하는, 셀 수 있는 집합 $\{A_1, A_2, \ldots\}$에 대하여,

(가) 모든 양의 정수 k에 대하여, A_k는 공집합이 아니고, 유계인 닫힌 집합이며,

(나) $A_1 \supset A_2 \supset \cdots \supset A_k \supset A_{k+1} \supset \cdots$

이면, $\bigcap_{k=1}^{\infty} A_k \neq \emptyset$이다.

증명 A_k가 유한집합인 양의 정수 k가 존재하면 이 정리를 쉽게 증명할 수 있다. 즉, $A_k = \{z_1, \ldots, z_m\}$이라고 가정하면 $z_j \in \bigcap_{k=1}^{\infty} A_k$인 z_j를 쉽게 구할 수 있다.

모든 양의 정수 k에 대하여 A_k가 무한집합이라고 가정하자. 그러면 모든 k에 대하여,

(가) $z_k \in A_k$이고

(나) $j \neq k$이면 $z_j \neq z_k$

인 점 $z_1, z_2, \ldots$가 존재한다. 여기서

$$A = \{z_1, z_2, \ldots\}$$

로 놓자. 그러면 볼자노-바이어슈트라스의 정리에 따라서 A의 쌓인점 z_0이 존재한다. 이때

$$A_1 \supset A_2 \supset \cdots$$

이고 $z_1, z_2, \ldots$은 각각 서로 다른 점이므로, 모든 양의 정수 k에 대하여 z_0은 A_k의 쌓인점이다. 그런데 A_k는 닫힌 집합이므로 $z_0 \in A_k$이다. 즉,

$$z_0 \in \bigcap_{k=1}^{\infty} A_k$$

이다. □

보기 2.9. 모든 양의 정수 k에 대하여, 집합 A_k를

$$A_k = \{z \in \mathbb{C} \,|\, k \le \operatorname{Re} z\}$$

로 정의하면

(가) 모든 양의 정수 k에 대하여, A_k는 공집합이 아니고 닫힌 집합이며,

(나) $A_1 \supset A_2 \supset \cdots \supset A_k \supset A_{k+1} \supset \cdots$이다.

그러나 임의의 점 $z_0 \in \mathbb{C}$에 대하여, $\operatorname{Re} z_0 < m$인 양의 정수 m이 존재하므로 $z_0 \notin A_m$이다. 그러므로 $\bigcap_{k=1}^{\infty} A_k = \emptyset$이다.

보기 2.10. 모든 양의 정수 k에 대하여, 집합 B_k를

$$B_k = \{z \in \mathbb{C} \,|\, 0 \le \operatorname{Im} z \le 1,\ 0 < \operatorname{Re} z < 1/k\}$$

로 정의하면

(가) 모든 양의 정수 k에 대하여, B_k는 공집합이 아니고 유계이며,

(나) $B_1 \supset B_2 \supset \cdots \supset B_k \supset B_{k+1} \supset \cdots$이다.

복소평면의 임의의 점을 z_0으로 놓자. $\operatorname{Re} z_0 \le 0$이면 $z_0 \notin B_1$이므로 $z_0 \notin \bigcap_{k=1}^{\infty} B_k$이다. $0 < \operatorname{Re} z_0$이면 $1/m < \operatorname{Re} z_0$인 양의 정수 m이 존재하므로 $z_0 \notin B_m$ 즉, $z_0 \notin \bigcap_{k=1}^{\infty} B_k$이다. 그러므로 $\bigcap_{k=1}^{\infty} B_k = \emptyset$이다.

2.5 옹골찬 집합

2.5.1 열린 덮개

복소평면에 놓인 부분집합이 열린 집합들의 합집합에 포함됨을 다음과 같이 열린 덮개를 정의하여 나타내자.

정의 2.27: 열린 덮개와 부분덮개

복소평면 $\mathbb{C}$의 부분집합 A와 복소평면의 열린 집합들의 모임인 $\mathcal{F} = \{U_\alpha\}_{\alpha\in\Lambda}$에 대하여,

$$A \subset \bigcup_{\alpha\in\Lambda} U_\alpha$$

이면 $\mathcal{F}$를 집합 A의 **열린 덮개**라고 한다. 열린 덮개$\mathcal{F}$의 부분집합 $\mathcal{E}$에 대하여,

$$A \subset \bigcup_{U\in\mathcal{E}} U$$

이면 $\mathcal{E}$를 집합 A에 대한 열린 덮개 $\mathcal{F}$의 **부분덮개**라고 한다.

공집합이거나 또는 집합 $\{1, 2, \ldots, n\}$과 일대일 대응인 집합은 **유한집합**이라고 한다.

정의 2.28: 셀 수 있는 집합

집합 A에 대하여, A가 유한집합이거나 A가 양의 정수 전체의 집합 $\mathbb{N}$과 일대일 대응이면, 집합 A는 **셀 수 있는 집합**이라고 한다.

참고 2.1: 셀 수 있는 집합의 성질

셀 수 있는 집합에 대하여, 다음이 성립한다.

(가) 셀 수 있는 집합 A의 부분 집합은 셀 수 있는 집합이다.

(나) 셀 수 있는 집합 A와 B의 곱집합 $A \times B$는 셀 수 있는 집합이다.

반지름이 양의 유리수이고 중심의 실수부와 허수부가 모두 유리수인, 모든 열린 원판들의 모임을 $\mathcal{G}$라고 놓자. 집합 $\mathcal{G}$는 셀 수 있는 모임이다.

정리 2.40: (린델뢰프) 셀 수 있는 부분덮개의 존재성

복소평면 $\mathbb{C}$의 부분집합 A에 대하여, $\mathcal{F}$가 A의 열린 덮개이면 A에 대한 $\mathcal{F}$의 셀 수 있는 부분덮개 $\mathcal{E}$가 존재한다.

증명 집합

$$\mathcal{G} = \{D(a+ib;r)\,|\,a,b,r \subset \mathbb{Q},\, 0<r\}$$

은 셀 수 있는 집합이므로, $\mathcal{G} = \{D_1, D_2, \ldots\}$로 놓자. 점 $p \in A$와, $p \in U$인 열린 집합 $U \in \mathcal{F}$에 대하여,

$$p \in D_k \subset U$$

인 양의 정수 k가 존재한다. 왜냐하면, U가 열린 집합이므로, $D(p;s) \subset U$인 양의 실수 s가 존재하는데, $a+ib \in D(p;s/4)$인 유리수 a, b와 $s/4 < r < s/2$인 유리수 r을 택하면 $p \in D(a+ib;r) \subset D(p;s) \subset U$이기 때문이다.

집합 A의 임의의 원소를 p로 놓자. $\mathcal{F}$가 A의 열린 덮개이므로, $p \in U$인 열린 집합 $U \in \mathcal{F}$가 존재한다. 그리고 앞에서 보인 것과 같이

$$p \in D_k \subset U$$

인 열린 원판 $D_k \in \mathcal{G}$가 존재한다. 여기서 이것이 성립하는 열린 원판은 여러 개가 있을 수 있으나, 그 중 하나를 선택하여, $D_{n(p)}$로 놓자. 그러면

$$\tilde{\mathcal{G}} = \{D_{n(p)} \in \mathcal{G}\,|\,p \in A\}$$

은 A에 대한 $\mathcal{G}$의 셀 수 있는 부분덮개이다. 각각의 $D_{n(p)} \in \tilde{\mathcal{G}}$에 대하여,

$$D_{n(p)} \subset U$$

인, 열린 집합 $U \in \mathcal{F}$이 존재하는데, 이런 열린 집합 U중에서 하나를 택하여, $U_{n(p)}$로 놓자. 그러면,

$$\mathcal{E} = \{U_{n(p)} \in \mathcal{F}\,|\,p \in A\}$$

은 A에 대한 $\mathcal{F}$의 셀 수 있는 부분덮개이다. □

2.5.2 옹골찬 집합

열린 덮개를 이용하여 다음과 같이 부분집합을 분류할 수 있다.

정의 2.29: 옹골찬 집합

복소평면 $\mathbb{C}$의 부분집합 C에 대하여, 가 C의 임의의 열린 덮개 $\mathcal{F}$에 대하여 C에 대한 $\mathcal{F}$의 유한인 부분덮개가 존재하면 C는 **옹골찬 집합**[a]이라고 한다.

[a] 옹골찬 집합을 **콤팩트 집합**이라고도 한다.

복소평면의 부분집합 A가 유계인 닫힌 집합이면 A는 옹골찬 집합이다.

정리 2.41: (하이네-보렐) 유계인 닫힌 집합의 옹골성

복소평면 $\mathbb{C}$의 부분집합 A에 대하여, 집합 A가 유계인 닫힌 집합이면 A는 옹골찬 집합이다.

증명 집합 A가 유계인 닫힌 집합이고 열린 덮개 $\mathcal{F}$가 A의 열린 덮개라고 가정하자. 린델뢰프의 정리에 따라서, A에 대한 $\mathcal{F}$의 셀 수 있는 부분덮개 $\mathcal{E}_1$이 존재한다.

$\mathcal{E}_1$가 유한 집합이면, $\mathcal{E}_1$이 A에 대한 $\mathcal{F}$의 유한인 부분덮개이다.

$\mathcal{E}_1$이 셀 수 있는 무한집합이라고 가정하자. 그러면,

$$\mathcal{E}_1 = \{U_1, U_2, \ldots\}$$

로 나타낼 수 있다. $\mathcal{E}_1$은 A의 열린 덮개이므로 $A \subset \bigcup_{k=1}^{\infty} U_k$ 이다. 여기서,

$$S_m = \bigcup_{k=1}^{m} U_k, \qquad A_m = A \bigcap (\mathbb{C} - S_m)$$

으로 놓자. 만약에 모든 양의 정수 m에 대하여 $A \not\subset S_m$이면,

(가) 모든 양의 정수 m에 대하여, A_m은 공집합이 아니고 유계인 닫힌 집합이며,

(나) $A_1 \supset A_2 \supset \cdots$

이므로, 칸토르의 교집합정리에 따라서

$$z_0 \in \bigcap_{k=1}^{\infty} A_k$$

인 z_0이 존재한다. 그런데 이것은 $\mathcal{E}_1$이 A의 열린 덮개라는 것에 모순이다. 그러므로, $A \subset S_m$인 양의 정수 m이 존재하는데, 이는

$$\mathcal{E} = \{U_1, U_2, \cdots, U_m\}$$

이 A에 대한 $\mathcal{F}$의 유한인 부분덮개임을 의미한다. □

복소평면의 부분집합이 옹골찬 집합인지 아닌지를 다음과 같이 판별할 수 있다.

정리 2.42: 옹골찬 집합이기 위한 필요충분조건

복소평면 $\mathbb{C}$의 부분집합 C에 대하여 다음은 논리적으로 서로 동치이다[a].

(가) C는 옹골찬 집합이다.

(나) C는 유계이며 닫힌 집합이다.

(다) 집합 C의 임의의 무한집합인 부분집합 B에 대하여, $B' \cap C \neq \emptyset$이다.

[a] 일반적인 거리공간에서는 (가)와 (다)는 논리적으로 동치이고, (가)이면 (나)이다.

증명 (가) → (나). 집합 C가 옹골찬 집합이라고 가정하자. 먼저, 집합 C가 유계임을 보이자. 복소평면 $\mathbb{C}$에 놓인 임의의 점 z_0에 대하여

$$\bigcup_{k\in\mathbb{N}} D(z_0; k) = \mathbb{C}$$

이므로, $\{D(z_0;k) \,|\, k \in \mathbb{N}\}$은 집합 C의 열린 덮개이다. 집합 C는 옹골찬 집합이므로

$$C \subset D(z_0; r_1) \cup \cdots \cup D(z_0; r_k)$$

인, 유한개의 양의 정수 $r_1, \ldots, r_k$가 존재한다. 여기서 $r = \max\{r_1, \ldots, r_k\}$로 놓으면, $C \subset D(z_0; r)$ 즉, 집합 C는 유계이다.

다음으로 집합 C가 닫힌 집합임을 보이자. 만약 집합 C가 옹골찬 집합이면서 닫힌 집합이 아니라고 하자. 그러면 집합 C에 속하지 않는, 집합 C의 쌓인점 z_0이 존재한다. 모든 $z \in \mathbb{C}$에 대하여

$$r_z = \frac{|z - z_0|}{2}$$

라고 하면 $\{D(z, r_z) \,|\, z \in C\}$는 집합 C의 열린 덮개이다. 그런데 집합 C가 옹골찬 집합이므로

$$C \subset D(z_1, r_{z_1}) \cup \cdots \cup D(z_k, r_{z_k})$$

인 유한개의 점 $z_1, \ldots, z_k \in C$가 존재한다. 여기서 $r = \min\{r_{x_1}, \ldots, r_{x_k}\}$로 놓으면

$$D(z_0; r) \ \cap\ [D(z_1, r_{z_1}) \cup \cdots \cup D(z_k, r_{z_k})] = \emptyset$$

이다. 그런데 이는 점 z_0이 집합 C의 쌓인점이라는 것에 모순이다. 그러므로 집합 C는 닫힌 집합이다.

(나) $\rightarrow$ (가). 하이네-보렐의 정리에 따라서 성립한다.

(나) $\rightarrow$ (다). C가 유계이며 닫힌 집합이라고 가정하자. 집합 B는 무한집합이면서 C의 부분집합이라고 가정하자. 그러면 B는 무한집합이면서 유계이므로 볼자노-바이어슈트라스의 보조정리에 따라서 B의 쌓인점 $z_0 \in \mathbb{C}$이 존재한다. $B \subset C$이므로, z_0은 C의 쌓인점이다. 그런데 C가 닫힌 집합이므로 $z_0 \in C$이다. 그러므로 $B' \cap C \neq \emptyset$이다.

(다) $\rightarrow$ (나). 집합 C의 임의의 무한집합인 부분집합 B에 대하여, $B' \cap C \neq \emptyset$라고 가정하자.

먼저 집합 C가 유계임을 보이자. 귀류법을 적용하기 위하여, 집합 C가 유계가 아니라고 가정하자. 그러면 임의의 양의 정수 $m \in \mathbb{N}$에 대하여 $z_m \in C$이고, $|z_m| > m$이면서, $j \neq k$이면 $z_j \neq z_k$인 집합

$$T = \{z_1, z_2, \ldots\}$$

가 존재한다. 가정에 따라서 집합 T의 쌓인점 z_0이 존재한다. 그러면, $m > 1 + |z_0|$인 모든 양의 정수 m에 대하여

$$|z_m - z_0| \geq |z_m| - |z_0| > m - |z_0| > 1$$

인데, 이것은 z_0이 집합 T의 쌓인점이라는 것에 모순이다. 따라서 집합 C는 유계이다.

집합 C가 닫힌 집합임을 보이자. C가 유한집합이면 분명 집합 C는 닫힌 집합이므로 집합 C가 무한집합이라고 가정하자. 점 z_0을 집합 C의 임의의 쌓인점이라고 놓자. $z_0 \in C$을 보이면 집합 C가 닫힌 집합임을 증명하는 것이다. 임의의 양의 정수 k에 대하여 열린 원판 $D(z_0; 1/k)$를 생각하자. 그러면 z_0이 집합 C의 쌓인점이므로,

(a) 모든 양의 정수 k에 대하여 $z_k \ \in\ [D(z_0; 1/k) \cap C]$이고,

(b) 양의 정수 j와 k에 대하여, $j \neq k$이면 $z_j \neq z_k$인

무한집합

$$T = \{z_1, z_2, \ldots\}$$

가 존재한다. 그러면 가정에 따라서 집합 T의 쌓인점이 집합 C에 존재하는데, 이 쌓인점이 점 z_0이다. 그 이유는 다음과 같다. 집합 C의 한 점 w에 대하여, $z_0 \neq w$이면

$$k \geq k_0\text{이면 } \frac{1}{k} < \frac{|w - z_0|}{2}$$

인 양의 정수 k_0가 존재한다. 그런데

$$|w - z_0| \leq |w - z_k| + |z_k - z_0| < |w - z_k| + \frac{1}{k}$$

이므로, $k \geq k_0$인 양의 정수 k에 대하여

$$|w - z_0| < |w - z_k| + \frac{1}{k} < |w - z_k| + \frac{|w - z_0|}{2}$$

이다. 그러므로 $|w - z_0|/2 < |w - z_k|$이다. 즉 $k \geq k_0$인 양의 정수 k에 대하여,

$$z_k \notin D\left(w; \frac{|w - z_0|}{2}\right)$$

이 성립한다. 따라서 점 w는 집합 C의 쌓인점이 아니다. □

보기 2.11. 복소평면의 부분집합

$$C = \{z \in \mathbb{C} : |z| \leq 1\}$$

는 유계이며 닫힌 집합이므로, C는 옹골찬 집합이다.

2.6 수열

이 절에서는 수열을 다룬다. 수열은 복소평면의 여러 성질을 알아보는데 매우 중요한 도구이다.

수열은 수들의 나열인데, 이것을 정확하게 정의하자.

정의 2.30: 수열

양의 정수 전체의 집합 $\mathbb{N}$에서 복소평면으로의 함수 $\phi: \mathbb{N} \to \mathbb{C}$는 복소평면에서의 **수열**이라고 한다. $z_n = \phi(n)$으로 놓으면, 수열을 일반적으로 (z_n)으로 나타낸다. z_n을 수열의 n번째 **항**이라고 한다.

수열 (z_n)에 대하여, n이 증가할 때 z_n이 점 z_0으로 접근함을 다음과 같이 정의한다.

정의 2.31: 수열의 수렴

영역 U에 놓인 수열 (z_n)과 복소수 z_0에 대하여,

'임의의 양의 실수 $\epsilon > 0$에 대하여,

$$n > N\text{인 임의의 양의 정수 } n\text{에 대하여} \quad |z_n - z_0| < \epsilon$$

인 양의 정수 N이 존재한다'

이면, 수열 (z_n)이 점 z_0에 **수렴한다**고 하며

$$\lim_{n\to\infty} z_n = z_0$$

으로 나타낸다. 여기서 점 z_0을 수열 (z_n)의 **극한**이라고 한다.

보기 2.12. 복소평면에 놓인 수열 (z_n)을 $z_n = 1 - 1/n$로 정의하자. 그러면

$$\lim_{z\to\infty} z_n = 1$$

이다.

수열 (z_n)이 수렴하면 이 수열의 극한은 유일하다.

정리 2.43: 수열의 극한의 유일성

수열 (z_n)에 대하여,

$$\lim_{n\to\infty} z_n = z_0 \quad \text{그리고} \quad \lim_{n\to\infty} z_n = w_0$$

이면 $z_0 = w_0$이다.

증명 수열 (z_n)에 대하여

$$\lim_{n\to\infty} z_n = z_0 \quad \text{그리고} \quad \lim_{n\to\infty} z_n = w_0$$

라고 가정하자. 이제 $z_0 = w_0$를 보이기 위하여 임의의 양의 실수를 ϵ으로 놓자. 그러면, $\lim_{n\to\infty} z_n = z_0$이므로

$$n > N_1\text{인 임의의 양의 정수 } n\text{에 대하여 } |z_n - z_0| < \frac{\epsilon}{2}$$

인 양의 정수 N_1이 존재하고, $\lim_{n\to\infty} z_n = w_0$이므로

$$n > N_2\text{인 임의의 양의 정수 } n\text{에 대하여 } |z_n - w_0| < \frac{\epsilon}{2}$$

인 양의 정수 N_2가 존재한다. $N = \max\{N_1, N_2\}$로 놓으면,

$$N_1 < N + 1 \quad \text{그리고} \quad N_2 < N + 1$$

이므로

$$|z_0 - w_0| \le |z_0 - z_{N+1}| + |z_{N+1} - w_0| < \frac{\epsilon}{2} + \frac{\epsilon}{2} = \epsilon$$

이다. 여기서 ϵ은 임의의 양의 실수이므로 $z_0 = w_0$이다. □

만약 수열 (z_n)이 z_0으로 수렴하면, 영역 $D(z_0; 1)$에 유한 개를 제외한 모든 수열의 항이 존재하므로 수열의 상은 유계이다.

정리 2.44: 수렴하는 수열의 상의 유계성

복소평면에 놓인 수열 (z_n)에 대하여, 수열 (z_n)이 수렴하면 수열의 상 $\{z_n : n \in \mathbb{N}\}$은 유계이다.

증명 수열 (z_n)에 대하여, $\lim_{n\to\infty} z_n = z_0$라고 가정하자. 그러면

$$n > N\text{인 임의의 양의 정수 } n\text{에 대하여 } |z_n - z_0| < 1$$

인 양의 정수 N이 존재한다. 이제

$$M = \max\{|z_1|, |z_2|, \ldots, |z_N|, |z_0|\}$$

으로 놓으면,

$$\{z_n : n \in \mathbb{N}\} \subset D(0; M+1)$$

이므로 $\{z_n : n \in \mathbb{N}\}$은 유계이다. □

2.6.1 수열과 옹골찬 집합

복소평면의 부분집합 A가 옹골찬 집합인지 아닌지를 판별하는 방법 중에는 수열을 이용하는 방법도 있다. 다음과 같이 부분수열을 정의하자.

정의 2.32: 부분수열

수열 (z_n)와 (w_n)에 대하여,

(가) 모든 양의 정수 n과 m에 대하여, $n < m$이면 $\phi(n) < \phi(m)$이고,

(나) 모든 양의 정수 n에 대하여 $w_n = z_{\phi(n)}$

인 함수 $\phi\colon \mathbb{N} \to \mathbb{N}$이 존재하면, 수열 (w_n)을 수열 (z_n)의 **부분수열**이라고 한다.

정리 2.45: 수렴하는 수열의 부분수열의 수렴성

수열 (z_n)이 z_0에 수렴하면, (z_n)의 임의의 부분수열 (w_n)도 z_0에 수렴한다.

증명 $\lim_{n\to\infty} z_n = z_0$라고 가정하자. 임의의 양의 실수를 ϵ이라고 놓자. 가정에 따라서

$$n > N\text{인 임의의 양의 정수 } n\text{에 대하여 } |z_n - z_0| < \epsilon$$

인 양의 정수 N이 존재한다. 수열 (w_n)이 (z_n)의 부분수열이므로,

(가) 모든 양의 정수 n과 m에 대하여, $n < m$이면 $\phi(n) < \phi(m)$이고,

(나) 모든 양의 정수 n에 대하여 $w_n = z_{\phi(n)}$

인 함수 $\phi\colon \mathbb{N} \to \mathbb{N}$가 존재한다. 모든 양의 정수 n에 대하여 $n \le \phi(n)$이므로,

$$n > N\text{인 임의의 양의 정수 } n\text{에 대하여 } |w_n - z_0| = |z_{\phi(n)} - z_0| < \epsilon$$

즉, $\lim_{n\to\infty} w_n = z_0$이다. □

복소평면의 부분집합 A가 옹골찬 집합인지 아닌지를 수열을 이용하여 판별하는 방법을 알아보자.

정리 2.46: 수열과 옹골찬 집합

복소평면 $\mathbb{C}$의 부분집합 A에 대하여,

> '집합 A에 놓인 임의의 수열에 대하여, 집합 A의 한 점으로 수렴하는 부분수열이 존재한다'

임은 집합 A가 옹골찬 집합이기 위한 필요충분조건이다.

증명 집합 A가 옹골찬 집합이라고 가정하자. (z_n)을 A에 놓인 임의의 수열이라고 놓자. 이 수열의 상 $\{z_n : n \in \mathbb{N}\}$이 유한집합이면, A의 한 점으로 수렴하는 부분수열을 쉽게 찾을 수 있다. 수열의 상 $\{z_n : n \in \mathbb{N}\}$이 무한집합이라고 가정하자. A는 옹골찬 집합이므로 유계이다. 수열의 상 $\{z_n : n \in \mathbb{N}\}$이 유계이고 무한 집합이므로 볼자노-바이어슈트라스의 정리에 따라서 수열의 상의 쌓인점 z_0이 복소평면에 존재한다. 집합 A는 옹골찬 집합이므로 닫힌 집합이다. 따라서, $z_0 \in A$이다. 그러므로 z_0으로 수렴하는 부분수열 $(z_{\phi(n)})$이 존재한다.

집합 A에 놓인 임의의 수열에 대하여, 집합 A의 한 점으로 수렴하는 부분수열이 존재한다고 가정하자. 그러면 A는 유계이다. 왜냐하면, A가 유계가 아니면 $z_n > n$인, A에 놓인 수열 (z_n)이 존재하는데 이 수열의 임의의 부분수열은 수렴하지 않는다. 이는 가정에 모순이다. 이제 A는 닫힌 집합이라는 것을 보이자. A가 유한 집합이면 A는 닫힌 집합이다. 그러므로 A는 무한집합이라고 가정하자. 그리고 z_0을 A의 임의의 쌓인점이라고 놓자. z_0으로 수렴하는 서로 다른 점으로 이루어진 수열 (z_n)을 택하자. 그러면 가정에 따라서 A의 한 점으로 수렴하는 부분수열 $(z_{\phi(n)})$을 택할 수 있다. 그런데 $\lim_{n\to\infty} z_n = z_0$이므로 $\lim_{n\to\infty} z_{\phi(n)} = z_0$이다. 그러면 가정에 따라서 $z_0 \in A$이다. 따라서 $A' \subset A$ 즉, A는 닫힌 집합이다. 집합 A가 유계이면서 닫힌 집합이므로, A는 옹골찬 집합이다. □

보기 2.13. 집합 $A = \{z \in \mathbb{C} \mid \mathrm{Re}\, z \geq 0\}$는 닫힌 집합이지만 유계가 아니므로, 옹골찬 집합이 아니다. $z_n = n$으로 정의된 수열 (z_n)은 A에 놓인 수열이고, 이 수열의 모든 부분수열은 수렴하지 않는다.

보기 2.14. 집합 $B = \{z \in \mathbb{C} \mid |z| < 1\}$은 유계이지만 닫힌 집합이 아니므로, 옹골찬 집합이 아니다. $z_n = 1 - 1/n$로 정의된 수열 (z_n)은 B에 놓인 수열이고, 이 수열의 모든 부분수열은 B의 점으로 수렴하지 않는다.

2.6.2 코시 수열과 완비집합

수열의 수렴성을 판정하는 방법 중에는, 이 수열의 극한을 생각하지 않고, 수열의 항이 점차적으로 가까워진다는 것을 확인하는 것이 있다. 수열의 항이 점차적으로 가까워지는 수열이 코시 수열이다. 코시 수열과 수열의 수렴성의 관계를 비교하는 과정에서 완비집합을 정의할 수 있다.

정의 2.33: 코시 수열

복소평면 $\mathbb{C}$에 놓인 수열 (z_n)에 대하여,

'임의의 양의 실수 ϵ에 대하여,

임의의 양의 정수 n과 m에 대하여 $n, m \geq N$이면 $|z_n - z_m| < \epsilon$

인 양의 정수 N이 존재한다'

이면, 수열 (z_n)을 **코시 수열**이라고 한다.

수렴하는 수열은 항상 코시 수열이다.

정리 2.47: 수렴하는 수열은 코시 수열이다

복소평면 $\mathbb{C}$에 놓인 수열 (z_n)에 대하여, 수열 (z_n)이 수렴하면 (z_n)은 코시 수열이다.

증명 수열 (z_n)이 점 $z_0 \in \mathbb{C}$으로 수렴하다고 가정하자. 이제 이 수열이 코시 수열임을 보이기 위하여 임의의 양의 실수를 ϵ이라고 놓자.

$$\text{임의의 양의 정수 } n\text{과 } m\text{에 대하여 } n, m \geq N\text{이면 } |z_n - z_m| < \epsilon$$

인 양의 정수 N이 존재함을 보이면 된다. 수열 (z_n)이 수렴하므로

$$\text{임의의 양의 정수 } n\text{에 대하여 } n \geq N \to |z_n - z_0| < \frac{\epsilon}{2}$$

인 양의 정수 N이 존재한다. 따라서, 임의의 양의 정수 n과 m에 대하여, $n, m > N$이면

$$|z_n - z_m| \leq |z_n - z_0| + |z_0 - z_m| < \frac{\epsilon}{2} + \frac{\epsilon}{2} = \epsilon$$

이다. □

수렴하는 수열과 마찬가지로, 코시수열의 상은 유계이다.

정리 2.48: 코시 수열의 상의 유계성

복소평면에 놓인 수열 (z_n)에 대하여, 수열 (z_n)이 코시 수열이면 수열의 상 $\{z_n : n \in \mathbb{N}\}$은 유계이다.

증명 수열 z_n이 코시 수열이라고 가정하자. 그러면

$$\forall n, m \in \mathbb{N},\ (N \leq n \wedge N \leq m) \to |z_n - z_m| < 1$$

인 양의 정수 N이 존재한다. 이제

$$M = \max\{|z_1|, |z_2|, \ldots, |z_N|\}$$

으로 놓자. 그러면 모든 양의 정수 n에 대하여

$$z_n \in D(0; M+1)$$

이므로 수열의 상 $\{z_n : n \in \mathbb{N}\}$은 유계이다. □

복소평면 전체에서는 정리 2.47의 역이 성립한다.

정리 2.49: 복소평면의 완비성

복소평면 $\mathbb{C}$에 놓인 수열 (z_n)에 대하여, 수열 (z_n)이 코시 수열이면 (z_n)은 복소평면의 한 점으로 수렴한다.

증명 수열 (z_n)이 코시 수열이라고 가정하자. 이 수열이 수렴한다는 것을 보이자. 수열의 상 $\{z_n : n \in \mathbb{N}\}$이 유한집합이면 수열 (z_n)이 수렴한다는 것을 쉽게 보일 수 있으므로 이 수열의 상 $\{z_n : n \in \mathbb{N}\}$이 무한집합이라고 가정하자. 수열 z_n이 코시 수열이므로, 정리 2.48에 따라서, 수열의 상 $\{z_n : n \in \mathbb{N}\}$은 유계이다. 수열의 상 $\{z_n : n \in \mathbb{N}\}$이 유계이고 무한집합이므로, 볼자노-바이어슈트라스의 정리에 따라서, $\{z_n : n \in \mathbb{N}\}$의 쌓인점 z_0이 존재한다. 이제 수열 (z_n)이 z_0으로 수렴함을 보이자. 임의의 양의 실수를 ϵ으로 놓자. 수열 (z_n)이 코시 수열이므로

$$\text{임의의 양의 정수 } n\text{과 } m\text{에 대하여 } \; n, m \geq M \to |z_n - z_m| < \frac{\epsilon}{2}$$

인 양의 정수 M이 존재한다. 점 z_0이 수열의 상 $\{z_n : n \in \mathbb{N}\}$의 쌓인점이므로,

$$l > M, \qquad |z_l - z_0| < \frac{\epsilon}{2}$$

인 양의 정수 l이 존재한다. 그러므로 $n \geq M$인 양의 정수 n에 대하여

$$|z_n - z_0| \leq |z_n - z_l| + |z_l - z_0| < \frac{\epsilon}{2} + \frac{\epsilon}{2} = \epsilon$$

이다. □

코시 수열이 수렴하는 수열이 되는 영역은 영역에 빈 틈이 존재하지 않는다는 의미를 포함한다. 이런 영역을 다음과 같이 정의하자.

정의 2.34: 완비집합

복소평면의 부분집합 A에 대하여, 집합 A에 놓인 임의의 코시 수열이 집합 A의 한 점으로 수렴하면, 집합 A를 **완비집합**[a]이라고 한다.

[a] 완비집합을 **완전집합**이라고도 한다.

보기 2.15. 정리 2.49에 따라서, 복소평면은 완비집합이다.

보기 2.16. 정리 2.49에서의 증명과 같은 방법으로, 집합 $\{z \in \mathbb{C} : \operatorname{Im} z = 0\}$이 완비집합임을 알 수 있다.

보기 2.17. 집합 $A = \mathbb{C} - \{0\}$에 놓인 수열 (z_n)이 $z_n = 1/n$으로 정의되면, 수열 (z_n)은 복소평면에서 0으로 수렴하는 수열이므로 수열 (z_n)은 코시 수열이다. 그렇지만 수열 (z_n)은 집합 A에서는 수렴하는 수열이 아니다. 그러므로 집합 A는 완비집합이 아니다.

2.7 확장된 복소평면

복소평면 $\mathbb{C}$에 **무한점** ∞를 추가한 집합인 확장된 복소평면의 도입은 많은 좋은 점이 있다. 여기서 무한점 ∞는 복소평면에 속하지 않는 한 점이다.

정의 2.35: 확장된 복소평면

집합 $\mathbb{C}\cup\{\infty\}$를 **확장된 복소평면**이라고 하고 $\mathbb{C}_\infty$로 나타낸다. 복소평면 $\mathbb{C}$에 정의된 덧셈과 곱셈을 다음과 같이 확장된 복소평면 $\mathbb{C}_\infty$으로 확장한다.

(가) 임의의 복소수 $z \in \mathbb{C}$에 대하여, $z + \infty = \infty$이고 $\infty + z = \infty$이다.

(나) $\infty + \infty$는 정의되지 않는다.

(다) 임의의 복소수 $z \in \mathbb{C}_\infty - \{0\}$에 대하여, $z \cdot \infty = \infty$이고 $\infty \cdot z = \infty$이다.

(라) $0 \cdot \infty$는 정의되지 않는다.

복소평면 $\mathbb{C}$에서, 원점 0을 기준으로 무한점를 바라보는 방향은 $0 \le \theta < 2\pi$으로 무수히 많은데, 무한점을 하나의 점으로 정의하는 것은 이상할 수 있겠다. 이것을 이해하기 위하여, 확장된 복소평면 $\mathbb{C}_\infty$을 공간 $\mathbb{R}^3$에 놓인 단위구면

$$S = \{(x_1, x_2, x_3) \in \mathbb{R}^3 \ : \ x_1^2 + x_2^2 + x_3^2 = 1\}$$

과 동일시 하는 방법을 살펴보자. 북극점 $(0, 0, 1)$을 출발하여 (x_1, x_2)-평면쪽으로 향하는 직선들을 생각하자. 이 반직선을 통하여 $S - \{(0, 0, 1)\}$과 (x_1, x_2)-평면은 일대일 대응이 된다. 여기서 (x_1, x_2)평면은

$$(x_1, x_2) \quad \leftrightarrow \quad x_1 + ix_2.$$

와 같이 복소평면 $\mathbb{C}$과 일대일 대응이다. 따라서 $S - \{(0, 0, 1)\}$과 복소평면 $\mathbb{C}$는 일대일 대응이다. 이제 $(0, 0, 1)$과 무한점 ∞를 대응시키면 확장된 복소평면 $\mathbb{C}_\infty$는 단위구면 S와 일대일 대응이다. 이 대응을 구체적으로 찾아보자. 위의 사상을 $\Phi\colon \mathbb{C}_\infty \to \mathbb{R}^3$으로 놓자. 그러면 $\Phi(\infty) = (0, 0, 1)$이다. 이제 $z = x + iy \in \mathbb{C}$에 대하여 $\Phi(z)$를 구하자. 북극점 $(0, 0, 1)$을 출발하여 $(x, y, 0)$으로 향하는 직선은

$$(0, 0, 1) + t((x, y, 0) - (0, 0, 1)) = (tx, ty, 1 - t), \quad t \in \mathbb{R}$$

이다. 이 직선의 점이 단위구면 S에 놓일 조건은 $t^2x^2 + t^2y^2 + (1-t)^2 = 1$ 즉,

$$t(t(x^2 + y^2 + 1) - 2) = 0$$

이다. 따라서 $t = 0$ 또는 $t = 2/(x^2 + y^2 + 1)$인데, $t = 0$에 해당하는 점은 북극점 $(0, 0, 1)$이고, 우리가 찾는 점은 $t = 2/(x^2 + y^2 + 1)$이고

$$\Phi(z) = \left(\frac{2x}{x^2 + y^2 + 1}, \frac{2y}{x^2 + y^2 + 1}, 1 - \frac{2}{x^2 + y^2 + 1}\right)$$

이다.

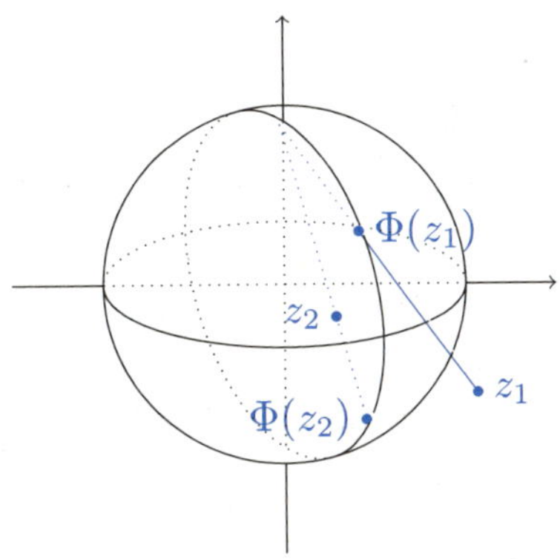

그림 2.9 입체사영

정의 2.36: 입체사영

식

$$\Phi(z) = \begin{cases} \left(\dfrac{2\,\mathrm{Re}\,z}{|z|^2 + 1}, \dfrac{2\,\mathrm{Im}\,z}{|z|^2 + 1}, \dfrac{|z|^2 - 1}{|z|^2 + 1}\right), & z \neq \infty\text{일 때}, \\ (0, 0, 1), & z = \infty\text{일 때} \end{cases}$$

로 정의된 사상 $\Phi \colon \mathbb{C}_\infty \to \mathbb{R}^3$를 **입체사영**[a]이라고 한다.

[a] 입체사영을 **극사영**이라고도 한다.

입체사영 Φ는 일대일 사상이며, 그 상은 S이다. 따라서, $\Phi \colon \mathbb{C}_\infty \to S$는 일대일 대응이다. 단위구면 S를 **리만 구면**이라고도 한다.

입체사영 Φ에 따라서, 단위원판의 외부 $\{z \in \mathbb{C} : |z| > 1\}$는 리만 구면 S의 북반구에 대응되며, 단위원판의 내부 $\{z \in \mathbb{C} : |z| < 1\}$는 리만 구면 S의 남반구에 대응

된다.

입체사영 Φ를 구하는 방식으로 이의 역사상 $\Phi^{-1}: S \to \mathbb{C}_\infty$을 구할 수 있다.

정리 2.50: 입체사영의 역사상

입체사영 $\Phi: \mathbb{C}_\infty \to S$의 역사상 $\Phi^{-1}: S \to \mathbb{C}_\infty$은

$$\Phi^{-1}(x_1, x_2, x_3) = \begin{cases} \dfrac{x_1}{1-x_3} + i\dfrac{x_2}{1-x_3}, & (x_1, x_2, x_3) \neq (0,0,1)\text{일 때,} \\ \infty, & (x_1, x_2, x_3) = (0,0,1)\text{일 때} \end{cases}$$

이다.

증명 $\Phi^{-1}(0,0,1) = \infty$이다. 이제 $(x_1, x_2, x_3) \in S - \{(0,0,1)\}$에 대하여 $\Phi^{-1}(x_1, x_2, x_3)$를 구하자. 북극점 $(0,0,1)$을 출발하여 $(x_1, x_2, x_3) \in S$으로 향하는 직선은

$$(0,0,1) + t((x_1, x_2, x_3) - (0,0,1)) = (tx_1, tx_2, 1 + t(x_3 - 1)), \quad t \in \mathbb{R}$$

이다. 이 직선의 점이 (x_1, x_2)-평면에 놓일 조건은 $1+t(x_3-1) = 0$ 즉, $t = 1/(1-x_3)$이다. 따라서,

$$\Phi^{-1}(x_1, x_2, x_3) = \frac{x_1}{1-x_3} + i\frac{x_2}{1-x_3}$$

이다. □

2.8 연습문제

1. 임의의 실수 a, b, c에 대하여, $a < b$이고 $0 < c$이면 $ac < bc$임을 보여라.

2. 임의의 실수 a, b, c, d에 대하여, $0 < a < b$이고 $0 < c < d$이면 $ac < bd$임을 보여라.

3. 집합
$$S = \left\{\frac{1}{2}, \frac{1}{3}, \frac{1}{4}, \dots\right\}$$
에 대하여, $\sup S$와 $\inf S$를 구하여라.

4. 임의의 실수 a_k와 b_k에 대하여, **민코프스키의 부등식**
$$\left(\sum_{k=1}^{n}(a_k + b_k)\right)^{1/2} = \left(\sum_{k=1}^{n} a_k^2\right)^{1/2} + \left(\sum_{k=1}^{n} b_k^2\right)^{1/2}$$
을 보여라.

5. 실수 전체의 집합 $\mathbb{R}$의 부분집합 S에 대하여, S의 상한이 존재한다면 이 상한은 유일함을 보여라.

6. 실수 전체의 집합 $\mathbb{R}$의 부분집합 S에 대하여, S는 공집합이 아니고 상한 $\sup S$가 존재한다면, $a < \sup S$인 임의의 실수 a에 대하여
$$a < b \le \sup S$$
인 실수 b가 존재함을 보여라.

7. 실수 전체의 집합 $\mathbb{R}$의, 공집합이 아닌 부분집합 A와 B에 대하여
$$C = \{x + y \,|\, x \in A,\ y \in B\}$$
으로 놓자. 만약에 $\sup A$와 $\sup B$가 존재한다면, $\sup C$가 존재하고
$$\sup C = \sup A + \sup B$$
임을 보여라.

8. 식

$$(a+3b)+(2a+4b)i=5+8i$$

이 성립하는, 실수 a와 b를 구하여라.

9. 다음을 계산하여라.

(가) $(3,2)+(-1,4)$, (나) $(-1,5)+(2,-3)$,
(다) $(1,3)+((-2,4)+(4,3))$, (라) $((1,3)+(-2,4))+(4,3)$,
(마) $(3,2)\cdot(1,4)$, (바) $(1,\sqrt{3})\cdot(\sqrt{3},1)$,
(사) $(4-2i)-(2-3i)$, (아) $(\sqrt{3}-i)\cdot(i+\sqrt{3})$,
(자) $\dfrac{2+3i}{1-i}$, (차) $\dfrac{2-4i}{3+4i}+\dfrac{1+2i}{3-4i}$.

10. 임의의 복소수 z에 대하여,

$$\operatorname{Re}(iz)=-\operatorname{Im}z, \qquad \operatorname{Im}(iz)=\operatorname{Re}z$$

임을 보여라.

11. 임의의 복소수 z_1과 z_2에 대하여, $z_1z_2=0$이면 $z_1=0$ 또는 $z_2=0$임을 보여라.

12. 실수변수 x와 y에 대하여 $z=x+yi$일 때, z에 관한 방정식

$$z^2+2z+3=0$$

을 풀어라.

13. 복소수 $z=\frac{1}{2}+\frac{\sqrt{3}}{2}i$에 대하여, 다음을 계산하여라.

(가) $\overline{z}$, (나) $z+\overline{z}$,
(다) z^4, (라) z^{33}.

14. 임의의 복소수 z_1과 z_2에 대하여,

$$||z_1|-|z_2||\le|z_1+z_2|$$

이 성립함을 보여라.

15. 양의 정수 n에 대하여,

$$|z_1 + z_2 + \cdots + z_n| \leq |z_1| + |z_2| + \cdots + |z_n|$$

이 성립함을 보여라.

16. 중심이 $2 - i$이고 반지름이 3인 원의 방정식을 구하여라.

17. 중심이 -4와 4이고 주축의 길이가 10인 타원의 방정식을 구하여라.

18. 복소수 $z = 1 + \sqrt{3}i$에 대하여, z와 $1/z$의 극형식을 구하여라.

19. 두 복소수 $z_1 = \sqrt{2} - \sqrt{2}i$와 $z_2 = \frac{\sqrt{2}}{2} + \frac{\sqrt{2}}{2}i$에 대하여, 물음에 답하여라.

(가) 두 복소수 z_1과 z_2의 극형식을 구하여라.

(나) 두 복소수의 곱 $z_1 \cdot z_2$를 구하여라.

20. 복소수 z에 대하여, $\overline{z} = z$는 z가 실수이기 위한 필요충분조건임을 보여라.

21. 계수가 실수인 다항함수 $p(z) = a_n z^n + a_{n-1} z^{n-1} + \cdots + a_1 z + a_0$에 대하여, w가 $p(z) = 0$의 해이면 w의 켤레복소수 $\overline{w}$도 $p(z) = 0$의 해가 됨을 보여라.

22. 계수가 실수인 n차 다항함수 $p(z) = a_n z^n + a_{n-1} z^{n-1} + \cdots + a_1 z + a_0$에 대하여, $w_1, w_2, \ldots, w_n$이 $p(z) = 0$의 모든 해이면

$$w_1 + w_2 + \cdots + w_n = -\frac{a_{n-1}}{a_n}, \quad w_1 w_2 \cdots w_n = (-1)^2 \frac{a_0}{a_n}$$

임을 보여라.

23. 양의 정수 n과 복소수 z_1과 z_2에 대하여,

$$(z_1 + z_2)^n = \sum_{k=0}^{n} C_k^n z_1^k z_2^{n-k}$$

임을 보여라. 여기서

$$C_k^n = \frac{n!}{k!(n-k)!}$$

이다.

24. 복소수 $z_1 = 1 + 2i$, $z_2 = 2 - 3i$, $z_3 = 1 + \sqrt{3}i$에 대하여 다음을 계산하여라.

(가) $z_1 + z_2$, (나) $|2z_1 - 3z_2|$,

(다) $\overline{z_3}^4$, (라) $\left|\dfrac{3z_1 - 2i}{2z_2 + 3i}\right|$.

25. 임의의 복소수 z_1과 z_2에 대하여, $|z_1 z_2| = |z_1|\,|z_2|$임을 보여라.

26. 임의의 복소수 z에 대하여,

$$|\operatorname{Re} z| + |\operatorname{Im} z| \le \sqrt{2}|z|$$

임을 보여라.

27. 다음 복소수의 극형식을 구하여라.

(가) $4 + 4i$, (나) $-3i$,

(다) $3 + \sqrt{3}i$, (라) $\sqrt{2} - \sqrt{6}i$.

28. 0이 아닌 두 복소수의 극형식이

$$z_1 = r(\cos\theta + i\sin\theta), \quad z_2 = s(\cos\eta + i\sin\eta)$$

일 때

$$\frac{z_1}{z_2} = \frac{r_1}{r_2}\left(\cos(\theta - \eta) + i\sin(\theta - \eta)\right)$$

임을 보여라.

29. 임의의 양의 정수 n에 대하여

$$(\cos\theta + i\sin\theta)^n = \cos n\theta + i\sin n\theta$$

임을 보여라. 이것을 **드 므와브르의 정리**라고 한다.

30. 임의의 실수 θ에 대하여,

$$\cos 3\theta = \cos^3\theta - 3\cos\theta\sin^2\theta, \qquad \sin 3\theta = 3\cos^2\theta\sin\theta - \sin^3\theta$$

임을 보여라.

31. 임의의 실수 θ에 대하여,

$$\cos 5\theta = 16\cos^5\theta - 20\cos^3\theta + 5\cos\theta$$

임을 보여라.

32. 다음 물음에 답하여라.

(가) 양의 정수 n와 $z \neq 1$인 복소수 z에 대하여

$$1 + z + z^2 + \cdot + z^n = \frac{1 - z^{n+1}}{1 - z}$$

임을 보여라.

(나) (가)의 등식을 이용하여 **라그랑주의 삼각등식**

$$1 + \cos\theta + \cos 2\theta + \cdots \cos n\theta = \frac{1}{2} + \frac{\sin\{(2n+1)\theta/2\}}{2\sin(\theta/2)}$$

을 보여라.

33. 다음 집합의 안과 바깥과 경계를 구하여라.

(가) $A = \{z \in \mathbb{C} : \operatorname{Re} z \geq 2\}$,

(나) $B = \{z \in \mathbb{C} : \operatorname{Re} z + \operatorname{Im} z > -0, \operatorname{Re} z - \operatorname{Im} z \geq 0\}$,

(다) $C = \{z \in \mathbb{C} : |z| \leq 1$ 또는 $|z - 3| < 1\}$,

(라) $D = \{z \in \mathbb{C} : \operatorname{Re}(z^2) = 9\}$,

(마) $E = \{1/n \in \mathbb{C} : n$은 양의 정수 $\}$,

(바) $F = \{a + bi \in \mathbb{C} : a$와 b는 유리수$\}$.

34. 복소평면의 부분집합 A에 대하여,

$$\partial A = \partial(\mathbb{C} - A)$$

임을 보여라.

35. 복소평면의 부분집합 A와 B에 대하여, 다음이 성립함을 보여라.

(가) $(\operatorname{Int} A) \cap (\operatorname{Int} B) = \operatorname{Int}(A \cap B)$.

(나) $(\operatorname{Int} A) \cap (\operatorname{Int} B) \subset \operatorname{Int}(A \cap B)$.

36. $0 \le r_1 < r_2$인 실수 r_1과 r_2와 복소수 z_0에 대하여, 집합

$$D(z_0; r_1, r_2) = \{z \in \mathbb{C} : r_1 < |z - z_0| < r_2\}$$

이 열린 집합임을 보여라.

37. 복소평면 $\mathbb{C}$의 부분집합 A와 B에 대하여, 집합 A와 B가 닫힌 집합이면 A와 B의 합집합 $A \cup B$도 닫힌 집합임을 보여라.

38. 모든 $\alpha \in I$에 대하여 A_α가 복소평면의 닫힌 부분집합이면 교집합 $\bigcap_{\alpha \in I} A_\alpha$도 닫힌 집합임을 보여라.

39. 복소평면 $\mathbb{C}$의 부분집합인 공집합 $\emptyset$이 열린 집합임을 보여라.

40. 집합 $A = \{z \in \mathbb{C} : \operatorname{Re} z > 0\}$가 열린 집합임을 보여라.

41. 복소평면 $\mathbb{C}$의 부분집합 A에 대하여, A의 닫힘 $\overline{A} = A \cup A'$은 닫힌 집합임을 보여라.

42. 복소평면 $\mathbb{C}$의 부분집합 A에 대하여,

$$\operatorname{Int} A = A\text{에 포함된 모든 열린 부분집합들의 합집합}$$

임을 보여라.

43. 복소평면 $\mathbb{C}$의 부분집합 A에 대하여,

$$\overline{A} = A\text{을 포함하는 모든 닫힌 부분집합들의 교집합}$$

임을 보여라.

44. 집합

$$A = \left\{ \frac{1}{n} + \frac{1}{m} i \in \mathbb{C} \;\middle|\; m, n = 1, 2, 3, \ldots \right\}$$

의 원소들을 복소평면에 표시하고 이 집합의 모든 쌓인점들을 구하여라.

45. 복소평면의 부분집합 K에 대하여, K가 옹골찬 집합이고 A는 K의 닫힌 부분집합이면 A도 옹골찬 집합임을 보여라.

46. 집합

$$A = \{0\} \cup \left\{ \frac{1}{n} \,\middle|\, n = 1, 2, 3, \ldots \right\}$$

이 옹골찬 집합임을 보여라.

47. 집합

$$A = \{x + 0i \in \mathbb{C} \,|\, x \geq 0\}$$

의 열린 덮개 중에서 유한 부분덮개가 존재하지 않는 열린 덮개를 찾아라.

48. 집합 A와 B에 대하여, A와 B가 옹골찬 집합이면 $A \cap B$도 옹골찬 집합임을 보여라.

49. 임의의 $\alpha \in I$에 대하여, A_α가 옹골찬 집합이면 $\bigcap_{\alpha \in I} A_\alpha$도 옹골찬 집합임을 보여라.

50. 복소평면에 놓인 수열 (z_n)에 대하여, 수열 (z_n)이 수렴하면 수열의 상 $\{z_n : n \in \mathbb{N}\}$이 유계임을 보여라.

51. 복소평면에 놓인 수열 (z_n)에 대하여, 수열 (z_n)이 수렴하면 수열 (z_n)은 코시 수열임을 보여라.

52. 집합 $\{z \in \mathbb{C} : \operatorname{Im} z = 0\}$가 완비집합임을 보여라.

제 3 장

함수의 연속과 미분

이 장에서는 여러 가지의 기본적인 복소함수를 살펴보고, 복소함수의 연속성과 미분가능성에 대하여 알아본다.

기본적인 복소함수란 다항함수, 지수함수와 로그함수, 삼각함수과 쌍곡함수을 뜻한다. 먼저 일차함수를 살펴 보고, 간단한 다항함수에 대하여 알아본다. 그리고, 지수함수에 대하여 알아보고, 지수함수의 역함수에 해당하는 로그함수에 대하여 살펴 볼 것이다. 마지막으로 삼각함수와 쌍곡함수에 대하여 알아볼 것이다.

함수의 극한에 대한 이해로부터 함수의 연속성과 미분가능성을 알 수 있다.

3.1 기본적인 복소함수

복소평면 $\mathbb{C}$에 놓인 열린 집합 D에 정의된 **복소함수** $f: D \to \mathbb{C}$는 복소수 z를 복소수 $w = f(z)$에 대응시킨다. 여기서 D를 f의 **정의역**이라고 하고, $\mathbb{C}$를 f의 **공역**, 그리고 $f(D)$를 f의 **치역**이라고 한다.

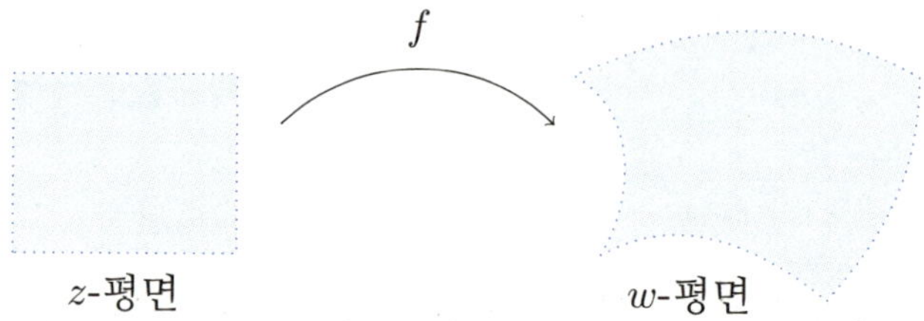

그림 3.1 함수의 그래프 $w = f(z)$

복소함수의 그래프 $w = f(z)$를 한꺼번에 나타내는 것은 어려우므로, 그림 3.1와 같이 일반적으로 정의역과 공역을 따로 나타낸다.

3.1.1 일차함수

영이 아닌 복소수 a와 임의의 복소수 상수 b에 대하여, $f(z) = az + b$로 정의된 함수 f를 살펴보자. $a \neq 0$이므로 $s = |a|$와 $\eta = \arg a$로 놓으면, a의 극형식은

$$a = se^{i\eta}$$

이다. 이제 z의 극형식을 $z = re^{i\theta}$로 놓으면, az의 극형식은

$$(sr)e^{i(\eta+\theta)}$$

이다. 따라서, $f(re^{i\theta}) = (sr)e^{i(\eta+\theta)} + b$이므로, 함수 f는 복소수 z를

(가) a의 편각 η만큼 회전이동한 다음에,

(나) $s = |a|$배 확대($1 \leq s$일 때) 또는 축소($s \leq 1$일 때)한 후에,

(다) b만큼 평행이동하는

함수이다.

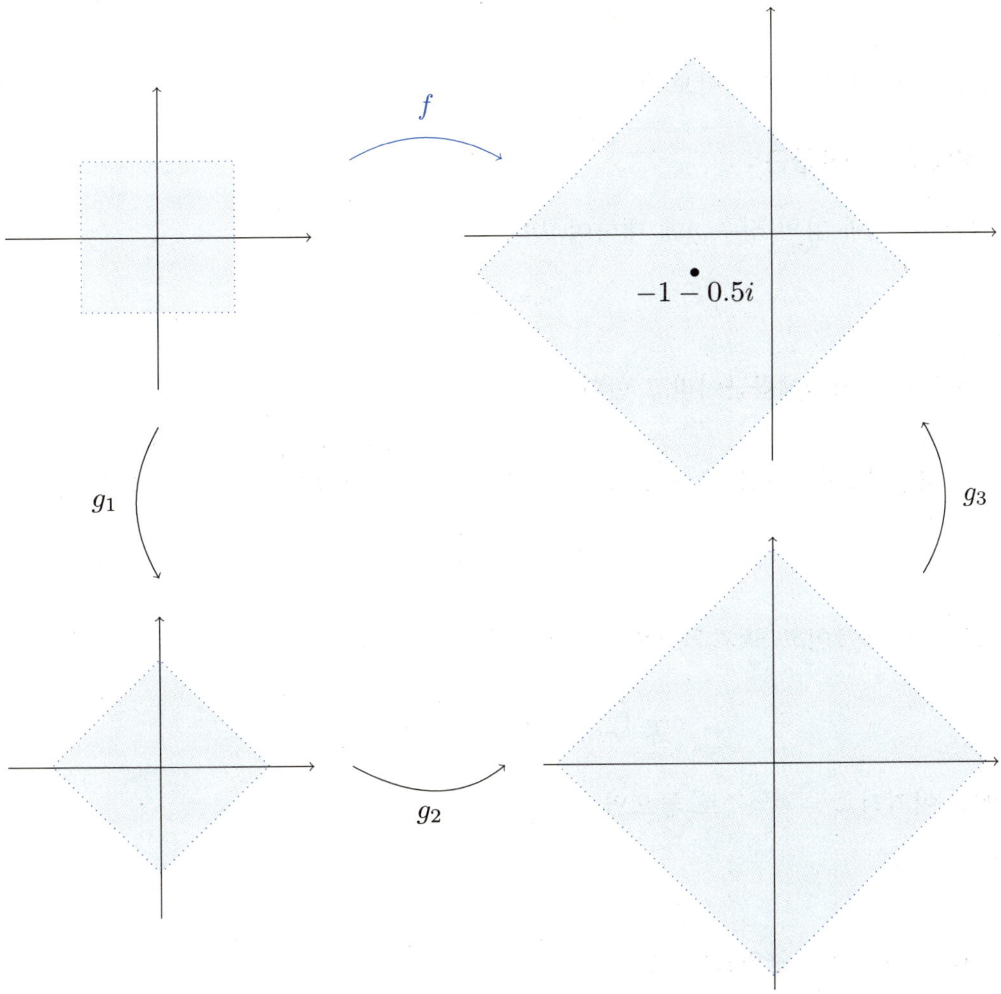

그림 3.2 함수 $f(z) = 2e^{i\pi/4}z - 1 - 0.5i$의 그래프

보기 3.1. 함수 $f(z) = 2e^{i\pi/4}z - 1 - 0.5i$에 대하여,

$$g_1(z) = e^{i\pi/4}z, \quad g_2(z) = 2z, \quad g_3(z) = z - 1 - 0.5i$$

로 놓으면, 그림 3.2와 같이 $f = g_3 \circ g_2 \circ g_1$이다.

3.1.2 거듭제곱근과 다항함수

거듭제곱근에 대하여 알아보자.

정의 3.1: n제곱근

복소수 z_0과 양의 정수 n에 대하여, 방정식

$$z^n = z_0$$

의 근을 z_0의 n**제곱근**이라고 한다.

먼저 1의 n제곱근을 찾아보자. $z = re^{i\theta}$로 놓으면 방정식 $z^n = 1$의 극형식은

$$r^n \cdot e^{in\theta} = 1 \cdot e^{i0}$$

이므로, $r^n = 1$이고 $\exists k \in \mathbb{Z}$, $n\theta = k \cdot 2\pi$, 즉,

$$r = 1, \qquad \exists k \in \mathbb{Z}, \theta = k \cdot \frac{2\pi}{n}$$

이다. 여기서 $\omega = e^{i2\pi/n}$로 놓으면,

$$1, \omega, \omega^2, \ldots, \omega^{n-1}$$

이 1의 모든 n제곱근임을 알 수 있다.

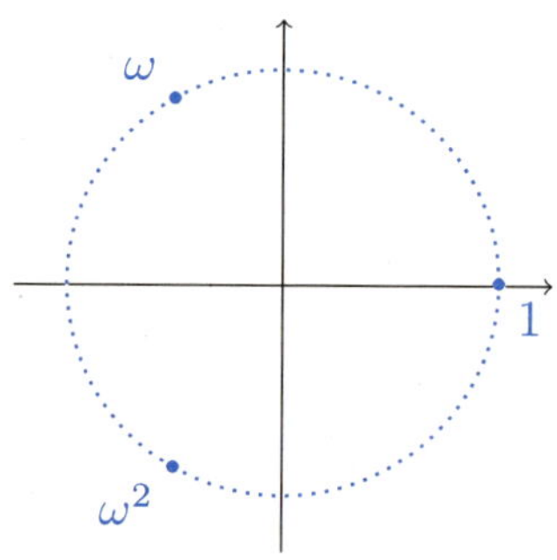

그림 3.3 방정식 $z^3 = 1$의 모든 근들

보기 3.2. 방정식 $z^3 = 1$의 모든 근은

$$1, \quad \omega = e^{i(2\pi/3)}, \quad \omega^2 = e^{i(4\pi/3)}$$

이다.

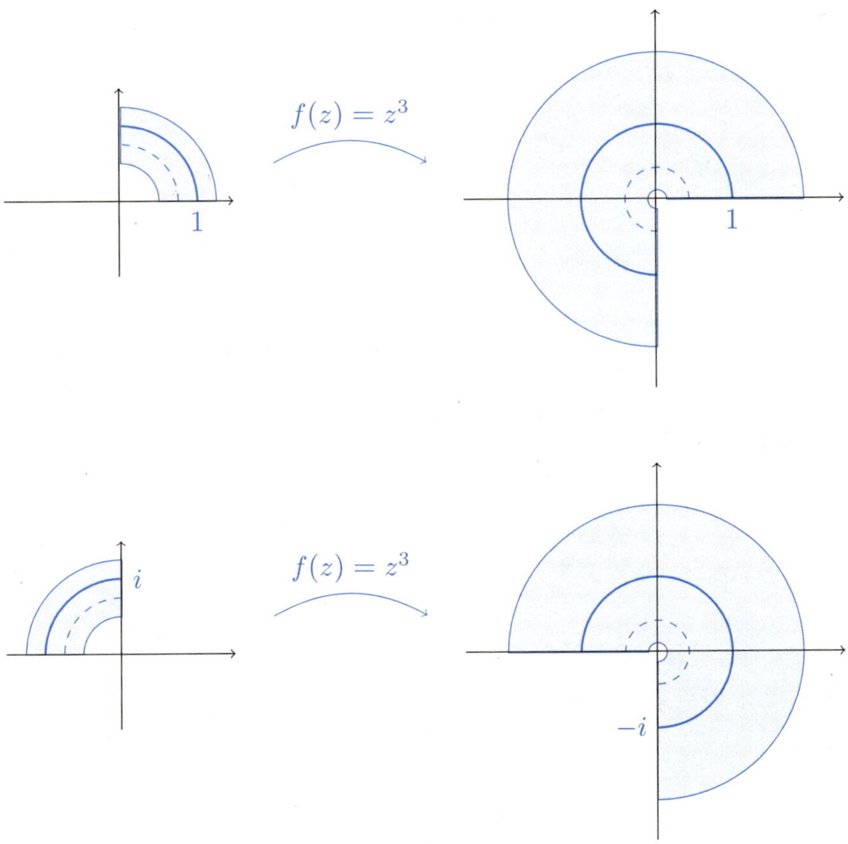

그림 3.4 함수 $f(z) = z^3$의 그래프

식

$$1 + \omega + \omega^2 + \cdots + \omega^{n-1} = \frac{1 - \omega^n}{1 - \omega}$$

으로부터

$$1 + \omega + \omega^2 + \cdots + \omega^{n-1} = 0$$

즉, 1의 모든 n제곱근들의 합은 0임을 알 수 있다.

양의 정수 n에 대하여, 함수 $f(z) = z^n$을 살펴 보자. z의 극형식을 $z = re^{i\theta}$로 놓으면

$$f(z) = z^n = r^n e^{in\theta}$$

이다.

함수 $w = f(z) = z^n$에서는, 0을 제외한 점에서 z-평면의 n개의 점들이 w-평면의 한 점으로 대응되는 것을 알 수 있다. 이를 자세히 살펴보기 위하여 $b = se^{i\eta}$를 0이 아닌 상수라고 놓고 $f(z) = b$인 z를 구하자. $z = re^{i\theta}$로 놓으면

$$r^n e^{in\theta} = z^n = b = se^{i\eta}$$

로부터

$$r^n = s, \qquad \exists k \in \mathbb{Z},\ n\theta = \eta + 2k\pi$$

즉,

$$r = \sqrt[n]{s}, \qquad \exists k \in \mathbb{Z},\ \theta = \frac{\eta}{n} + k \cdot \frac{2\pi}{n}$$

이다. 그러므로,

$$c = \sqrt[n]{s} \cdot e^{i\eta/n}, \qquad \omega = e^{i2\pi/n}$$

로 놓으면

$$c,\ c \cdot \omega,\ c \cdot \omega^2,\ \ldots,\ c \cdot \omega^{n-1}$$

이 b의 모든 n제곱근들임을 알 수 있다.

일반적인 2차 다항함수 $f(z) = az^2 + bz + c$에 대하여,

$$f(z) = a\left(z + \frac{b}{2a}\right)^2 + \frac{4ac - b^2}{4a}$$

이므로,

$$g_1(z) = z + \frac{b}{2a}, \quad g_2(z) = z^2, \quad g_3(z) = az, \quad g_4(z) = z + \frac{4ac - b^2}{4a}$$

으로 놓으면

$$f = g_4 \circ g_3 \circ g_2 \circ g_1$$

이다. 이때, g_1과 g_4는 평행이동이고, g_3는 회전변환과 확대/축소의 합성이며, g_2는 간단한 2차 함수이므로, 함수 f는 $\mathbb{C} - \{-b/(2a)\}$의 2개의 점을 $\mathbb{C} - \{(4ac - b^2)/4a\}$의

한 점으로 대응시킨다.

일반적인 n차 다함함수에 대해서는, 유한개의 점을 제외하면 이 다함함수는 n개의 점을 한 개의 점으로 대응시킨다.

3.1.3 지수함수

이 절에서는 지수함수 $f(z) = e^z$를 생각하자.

정의 3.2: 지수함수

복소수 $z = x + iy$ $(x, y \in \mathbb{R})$에 대하여, 지수함수 e^z를

$$e^z = e^x \cdot e^{iy}$$

로 정의한다. 지수함수 e^z를 $\exp z$로 나타내기도 한다.

지수함수는 복소평면 전체에서 정의된다. 오일러의 공식 $e^{iy} = \cos y + i \sin y$ 따라서

$$e^z = e^x(\cos y + i \sin y)$$

이므로,

$$|e^z| = e^x, \quad \arg(e^z) = y + 2n\pi \ (n\text{은 어떤 정수})$$

이다.

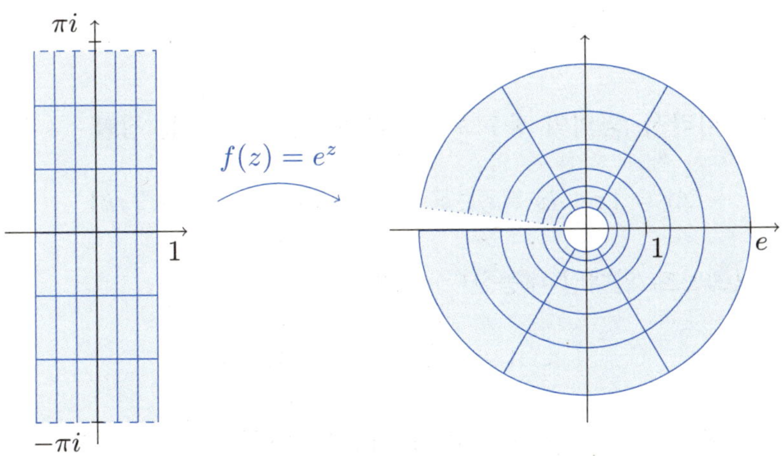

그림 3.5 지수함수 $f(z) = e^z$의 그래프

지수함수 $f(z) = e^z$는 세로 선분

$$I_0 = \{0 + iy : -\pi < y \leq \pi\}$$

을 중심이 0이고 반지름이 1인 단위원으로 일대일 대응한다. 일반적으로 임의의 실수 c에 대하여, 세로 선분

$$I_c = \{c + iy : -\pi < y \leq \pi\}$$

은 중심이 0이고 반지름이 e^c인 원으로 일대일 대응된다. 따라서 지수함수 f는 집합

$$A_0 = \{x + iy \in \mathbb{C} : x \in \mathbb{R},\ -\pi < y \leq \pi\}$$

를 영역 $\mathbb{C} - \{0\}$으로 일대일 대응한다.

지수함수에는 다음과 같은 주기성이 있다.

정리 3.1: 지수함수의 주기성

복소수 z에 대하여,

$$e^{z+i2\pi} = e^z$$

이다.

증명 복소수 $z = x + iy$ $(x, y \in \mathbb{R})$에 대하여,

$$e^{z+i2\pi} = e^x e^{i(y+2\pi)} = e^x e^{iy} = e^z$$

이다. □

정리 3.1에 따라서, 임의의 정수 k에 대하여, 지수함수 f는 집합

$$A_k = \{x + iy : x \in \mathbb{R},\ -\pi + 2\pi k < y \leq \pi + 2\pi k\}$$

를 영역 $\mathbb{C} - \{0\}$으로 일대일 대응한다. 이때,

$$\mathbb{C} = \cdots \cup A_{-2} \cup A_{-1} \cup A_0 \cup A_1 \cup A_2 \cup \cdots$$

이고, $k \neq \ell$일 때 $A_k \cap A_\ell = \emptyset$이다. 따라서, 다음이 성립함을 알 수 있다.

정리 3.2: 지수함수의 치역

지수함수의 치역은 $\mathbb{C} - \{0\}$이다.

지수함수에 대하여,

$$e^{2+3} = e^2 \cdot e^3$$

은 명확하다. 이 성질이 다음과 같이 일반적으로 성립함을 알 수 있다.

정리 3.3: 지수법칙

복소수 z와 w에 대하여

$$e^{z+w} = e^z \cdot e^w$$

이다.

증명 임의의 복소수 $z = x + iy, w = u + iv\ (x, y, u, v \in \mathbb{R})$에 대하여,

$$\begin{aligned} e^{z+w} &= e^{(x+u)+i(y+v)} = e^{x+u}e^{i(y+v)} = e^x \cdot e^u \cdot e^{iy} \cdot e^{iv} \\ &= e^x \cdot e^{iy} \cdot e^u \cdot e^{iv} = e^z \cdot e^w \end{aligned}$$

이다. □

또한 $e^{z-w}e^w = e^z$이므로

$$e^{z-w} = \frac{e^z}{e^w}$$

이다.

3.1.4 로그함수

이제 지수함수의 역함수로서의 로그함수를 살펴 보자.

지수함수의 역함수가 존재하려면 지수함수가 일대일 대응이어야 하는데, 지수함수는 일대일 대응이 아니므로 지수함수의 역함수는 존재하지 않는다. 그러나, 지수함수는 국소적으로 일대일 함수이므로, 지수함수의 정의역 $\mathbb{C}$를 줄여서 지수함수가 일대일 대응이 되게 하자.

지수함수 $f(z) = e^z$의 정의역을

$$\{z \in \mathbb{C} \mid -\pi < \operatorname{Im} z \leq \pi\}$$

로 택하면 지수함수는 일대일 대응이다. 그러나 이때 지수함수의 역함수는 음의 실수에서 연속이 아니기 때문에 지수함수의 정의역을

$$\{z \in \mathbb{C} \mid -\pi < \operatorname{Im} z < \pi\}$$

로 택하자. 그러면 지수함수의 역함수는 연속이다.

정의 3.3: 로그의 주분지

지수함수 $f\colon \{z \in \mathbb{C} \mid -\pi < \operatorname{Im} z < \pi\} \to \mathbb{C} - \{w \in \mathbb{C} \mid \operatorname{Im} w = 0, \operatorname{Re} w \leq 0\}$의 역함수를 **로그의 주분지**[a]라고 하고 $\operatorname{Log} z$로 나타낸다.

[a] 로그의 주분지를 **로그의 주가지**라고도 한다.

$w = \operatorname{Log} z$일 때, $z = e^w$이다. 여기서 $u = \operatorname{Re} w$와 $v = \operatorname{Im} w$로 놓으면 $-\pi < v < \pi$이다. z에 대하여 $r = |z|$와 $\theta = \operatorname{Arg} z$로 놓으면, 식 $z = e^w$은

$$re^{i\theta} = z = e^w = e^u e^{iv}$$

이므로, $r = e^u$이고 $\theta = v$이다. 따라서 $r > 0$이고 $-\pi < \theta < \pi$인 실수 r과 θ에 대하여, $z = re^{i\theta}$일 때

$$\operatorname{Log} z = \log r + \theta i$$

이다.

예제 3.1. $\operatorname{Log} i$, $\operatorname{Log}(4e^{i3\pi/2})$를 구하여라.

풀이 $-\pi < \operatorname{Im}(\operatorname{Log} z) < \pi$이므로,

$$\begin{aligned} \operatorname{Log} i &= \operatorname{Log}(1e^{i\pi/2}) = \log 1 + \frac{\pi}{2} i = \frac{\pi}{2} i, \\ \operatorname{Log}(4e^{i3\pi/2}) &= \operatorname{Log}(4e^{-i\pi/2}) = \log 4 - \frac{\pi}{2} i \end{aligned}$$

이다. □

로그의 주분지를 정의하는 방식과 마찬가지로, 지수함수의 정의역을 줄여서 다양한 로그의 분지를 정의할 수 있다. 이때, 정의되는 로그의 분지는 연속함수이어야 한다.

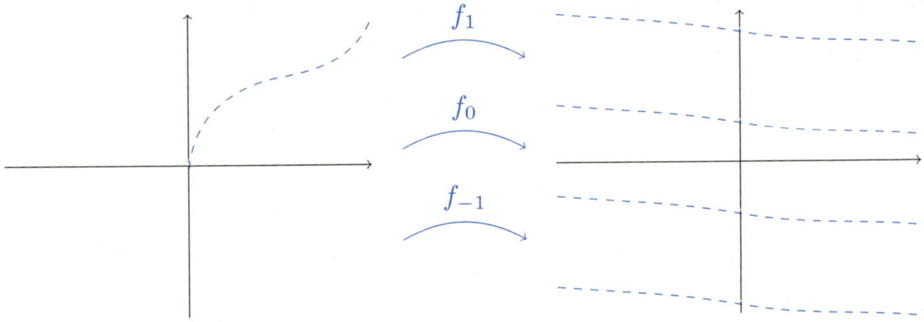

그림 3.6 분지절단과 로그의 분지들

정의 3.4: 로그의 분지

복소평면 $\mathbb{C}$의 열린 영역 D에 정의된 함수 $f: D \to \mathbb{C}$에 대하여,

(i) f가 연속이며

(ii) 모든 $z \in D$에 대하여 $z = e^{f(z)}$

이면, f는 **로그의 분지**[a]라고 한다.

[a] 로그의 분지를 **로그의 가지**라고도 한다.

함수 $f: D \to \mathbb{C}$가 로그의 분지라고 가정하자. 그러면 지수함수의 치역이 $\mathbb{C} - \{0\}$이기 때문에, $0 \notin D$이다.

$D = \mathbb{C} - \{z : \operatorname{Re} z \leq 0,\ \operatorname{Im} z = 0\}$일 때, 임의의 정수 n에 대하여 함수 g_n를

$$g_n(z) = \operatorname{Log} z + (2\pi i)n$$

으로 정의하면 g_n은 로그의 분지이다. 이때, $\{z : \operatorname{Re} z \leq 0,\ \operatorname{Im} z = 0\}$를 로그의 분지 g_n의 **분지절단**[1]이라고 한다.

곡선 $\gamma: [0, +\infty] \to \mathbb{C}$에 대하여, $\gamma(0) = 0$이고 $\lim_{t\to\infty} \gamma(t) = \infty$이며 γ가 단순곡선이면, $\mathbb{C} - \gamma([0, +\infty))$는 로그의 분지의 정의역일 수 있다. 이때 $\gamma([0, +\infty))$를 이 로그의 분지의 **분지절단**이라고 한다. 일반적으로 $f: D \to \mathbb{C}$가 로그의 분지이면 정의역 D는 위의 경우에서의 정의역의 부분집합이다.

이제 영역 D에 로그의 분지 f가 정의된다고 가정하자. $w = f(z)$로 놓으면, 로그의

[1] 분지절단을 **가지자름**이라고도 한다.

분지는 지수함수의 역함수이므로, $e^w = z$이다. $w = u + iv$ $(u, v \in \mathbb{R})$로 놓고 $z = re^{i\theta}$로 놓으면, $e^w = z$로부터 $e^u e^{iv} = re^{i\theta}$이므로

$$e^u = r, \qquad \exists k \in \mathbb{Z},\ v = \theta + 2\pi k,$$

즉,

$$u = \log r, \qquad \exists k \in \mathbb{Z},\ v = \arg z + 2\pi k$$

이다. 다시 말하면

$$\exists k \in \mathbb{Z},\ \log z = \log|z| + i(\arg z + 2\pi k)$$

이다.

3.1.5 일반적인 지수함수

로그의 분지 $f(z) = \log z$를 고정하자. 복소수 z의 극형식이 $z = re^{i\theta}$이면,

$$\log z = \log r + i(\theta + 2\pi k) = (\log r + i\theta) + (i2\pi)k$$

인 정수 k가 존재한다. 즉, 분지의 선택에 따라서 로그의 분지 $\log z$는 무수히 다른 값이다.

일반적인 지수함수를 정의하기에 앞서서, 자연수 n에 대하여 z^n을 먼저 살펴 보자. z^n은 z를 n번 곱한

$$z^n = z \cdot z \cdot \cdots \cdot z$$

이다. 그런데 자연수 n에 대하여

$$e^{n \log z} = e^{n(\log r + i(\theta + 2\pi k))} = e^{n \log r} e^{in(\theta + 2\pi k)} = r^n e^{in\theta} = (re^{i\theta})^n$$

이므로

$$e^{n \log z} = z^n$$

이다.

이제 고정된 로그의 분지에 대한 일반적인 지수함수를 정의하자.

정의 3.5: 일반적인 지수함수

로그의 분지 $\log z$에 대하여, 복소수 b와 로그의 분지 $\log z$의 정의역에 놓여 있는 복소수 a에 대하여 a^b을

$$a^b = e^{b \log a}$$

로 정의한다.

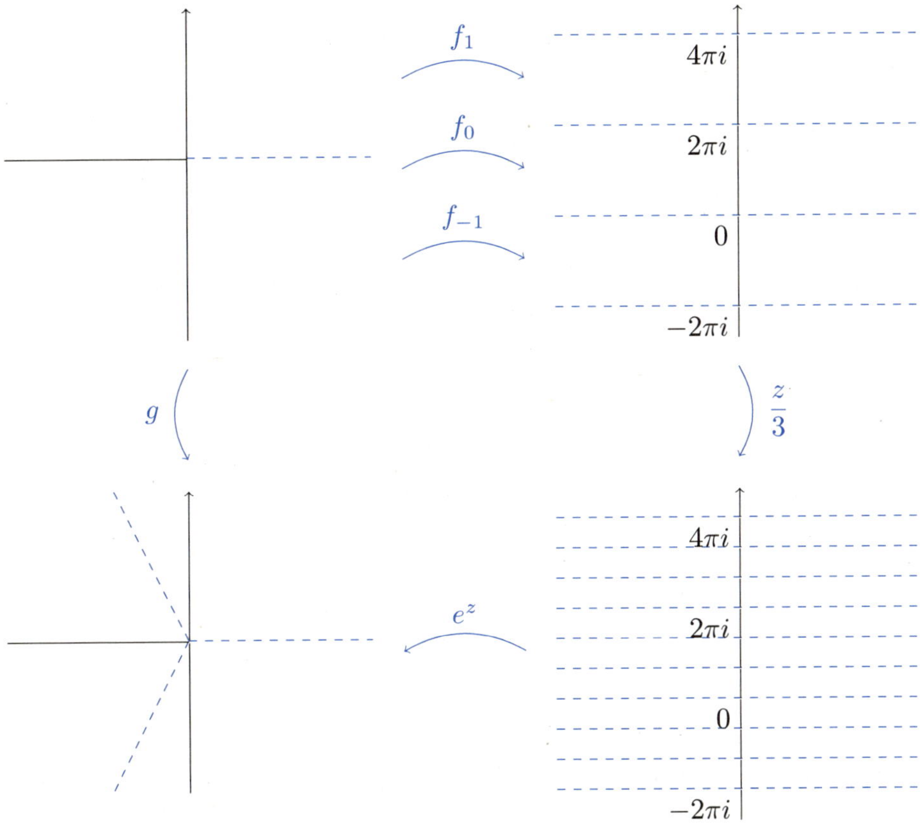

그림 3.7 로그의 분지 f_k의 선택에 따른 함수 $g(z) = z^{1/3}$의 결정

보기 3.3. 그림 3.7에서와 같이, 로그의 분지 $\log z$에 대하여 함수 $g(z) = z^{1/3}$을 생각하자.

$$z^{1/3} = e^{(1/3)\log z} = e^{(1/3)(\log r + i(\theta + 2\pi k))} = r^{(1/3)} e^{i(\theta/3 + 2\pi k/3)}$$

이므로,

$$g(z) = \begin{cases} r^{1/3} e^{i\theta/3}, & \exists \ell \in \mathbb{Z},\ k = 3\ell\text{일 때}, \\ r^{1/3} e^{i(\theta/3 + 2\pi/3)}, & \exists \ell \in \mathbb{Z},\ k = 3\ell + 1\text{일 때}, \\ r^{1/3} e^{i(\theta/3 + 2(2\pi)/3)}, & \exists \ell \in \mathbb{Z},\ k = 3\ell + 2\text{일 때} \end{cases}$$

이다. 따라서, $z^{1/3}$은 로그의 분지에 따라서 세 가지 다른 함숫값일 수 있다.

보기 3.4. 실수 a, b에 대하여 $\alpha = a + bi$로 놓자. 로그의 주분지에 대하여, z^{a+bi}은

$$z^{a+bi} = e^{(a+bi)\,\mathrm{Log}\, z} = e^{(a+ib)(\log|z| + i\,\mathrm{Arg}\, z)}$$

이다. 일반적인 로그의 분지 $\log z$에 대하여, z^{a+bi}는

$$\begin{aligned} z^{a+ib} &= e^{(a+ib)\log z} \\ &= e^{(a+ib)(\log|z| + i\,\mathrm{Arg}\, z + i(2\pi k))} \\ &= e^{(a+ib)(\log|z| + i\,\mathrm{Arg}\, z) + (a+ib)i(2\pi k)} \\ &= e^{-b(2\pi k)} e^{i(2\pi k a)} e^{(a+ib)(\log|z| + i\,\mathrm{Arg}\, z)} \end{aligned}$$

이다. 그러므로, 다음이 성립한다.

(가) $b \neq 0$일 때, 서로 다른 로그의 분지에 대한 값은 서로 다르다.

(나) $b = 0$이고 a가 무리수일 때, 서로 다른 로그의 분지에 대한 값은 서로 다르다.

(다) $b = 0$이고 a가 유리수일 때, 서로 다른 로그의 분지에 대한 값이 서로 같을 수도 있다.

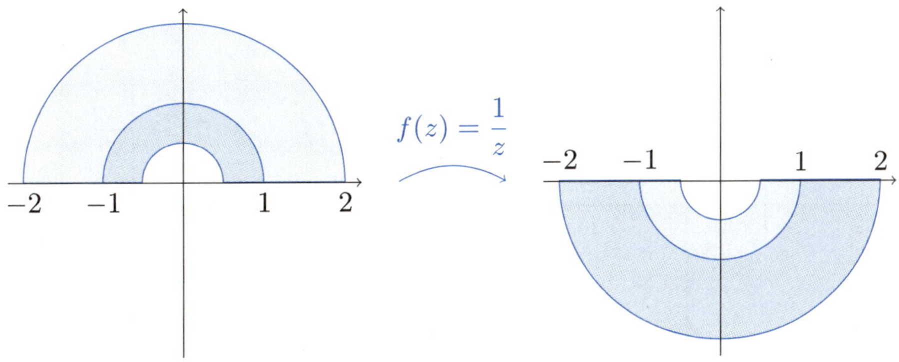

그림 3.8 반전 $f(z) = 1/z$의 그래프

3.1.6 반전

식 $f(z) = 1/z$로 정의된 함수 f를 **반전**이라고 한다. 영이 아닌 복소수 z의 극형식이 $z = re^{i\theta}$이면,

$$f(z) = \frac{1}{z} = \frac{1}{r}e^{-i\theta}$$

이다.

함수 $f(z) = (z + 1/z)/2$를 살펴보자. 복소수 z의 극형식이 $z = re^{i\theta}$일 때, $f(z)$의 실수부과 허수부를 각각 $u(z) = \operatorname{Re} f(z)$와 $v(z) = \operatorname{Im} f(z)$로 놓으면

$$\begin{aligned} u(z) + iv(z) = f(z) &= \frac{1}{2}\left(z + \frac{1}{z}\right) \\ &= \frac{1}{2}\left(r(\cos\theta + i\sin\theta) + \frac{1}{r(\cos\theta + i\sin\theta)}\right) \\ &= \frac{1}{2}\left(r(\cos\theta + i\sin\theta) + \frac{1}{r}(\cos\theta - i\sin\theta)\right) \\ &= \frac{1}{2}\left(r + \frac{1}{r}\right)\cos\theta + i\frac{1}{2}\left(r - \frac{1}{r}\right)\sin\theta \end{aligned} \tag{3.1}$$

이다.

식 (3.1)을 살펴 보면, $|z| = 1$일 때

$$f(z) = f(re^{i\theta}) = \cos\theta$$

이다. 여기서 θ가 구간 $[0, \pi]$에 놓여 있을 때 $f(re^{i\theta})$는 1에서 -1까지의 선분에 놓여 있고, θ가 $[\pi, 2\pi]$에 놓여 있을 때 $f(re^{i\theta})$는 -1에서 1까지의 선분에 놓여 있다.

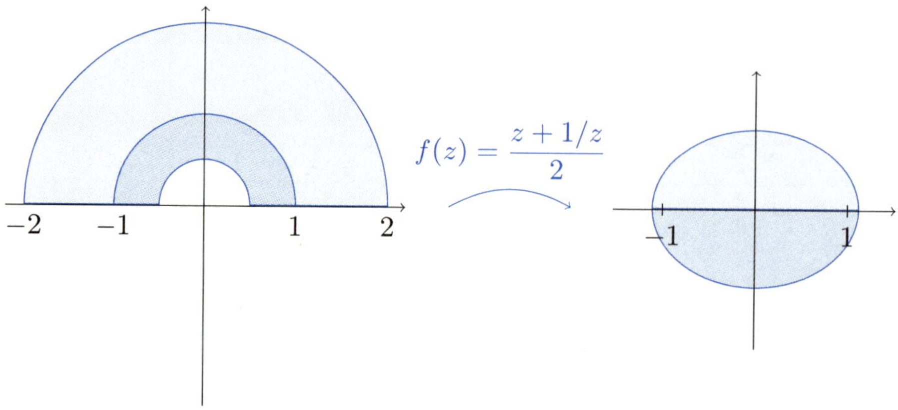

그림 3.9 함수 $f(z) = (z + 1/z)/2$ 의 그래프

영이 아닌 임의의 복소수 a에 대하여

$$f(a) = \frac{1}{2}\left(a + \frac{1}{a}\right) = f\left(\frac{1}{a}\right)$$

이므로, 함수 f의 변환을 알기 위해서는 $|z| > 1$인 영역만 살펴 보면 된다.

$r = |z| > 1$이라고 하자. 식 (3.1)에 따라서

$$\left(\frac{u(z)}{\frac{1}{2}(r + 1/r)}\right)^2 + \left(\frac{v(z)}{\frac{1}{2}(r - 1/r)}\right)^2 = \cos^2\theta + \sin^2\theta = 1$$

이다. 그러므로, 함수 f는 원 $|z| = r$을 장축이 실수축인 타원으로 일대일 대응한다. 여기서 r이 커질수록 대응되는 타원은 원에 가까워지고, r이 1에 가까워질수록 타원은 선분 $[-1, 1]$에 가까워진다.

편각이 θ로 고정된 반직선 $\arg z = \theta$에 대한 함수 f 의 상이 무엇인지 살펴 보자. 식 (3.1)에 따라서,

$$\left(\frac{u(z)}{\cos\theta}\right)^2 - \left(\frac{v(z)}{\sin\theta}\right)^2 = \frac{1}{4}\left[\left(r + \frac{1}{r}\right)^2 - \left(r - \frac{1}{r}\right)^2\right] = 1$$

이므로, 함수 f는 반직선 $\arg z = \theta$을 쌍곡선의 일부분으로 일대일 대응한다.

3.1.7 삼각함수

사인함수와 코사인함수를 각각

$$\cos z = \frac{e^{iz} + e^{-iz}}{2}, \quad \sin z = \frac{e^{iz} - e^{-iz}}{2i}$$

로 정의한다. 사인함수와 코사인함수는 복소평면 전체에서 정의됨을 알 수 있다. 그리고, 실변수 x에 대하여 $e^{ix} = \cos x + i \sin x$이고

$$\cos x = \frac{e^{ix} + e^{-ix}}{2}, \quad \sin x = \frac{e^{ix} - e^{-ix}}{2i}$$

이므로, 복소평면에 정의된 사인함수와 코사인함수는 실수에서 정의된 사인함수와 코사인함수의 확장이다.

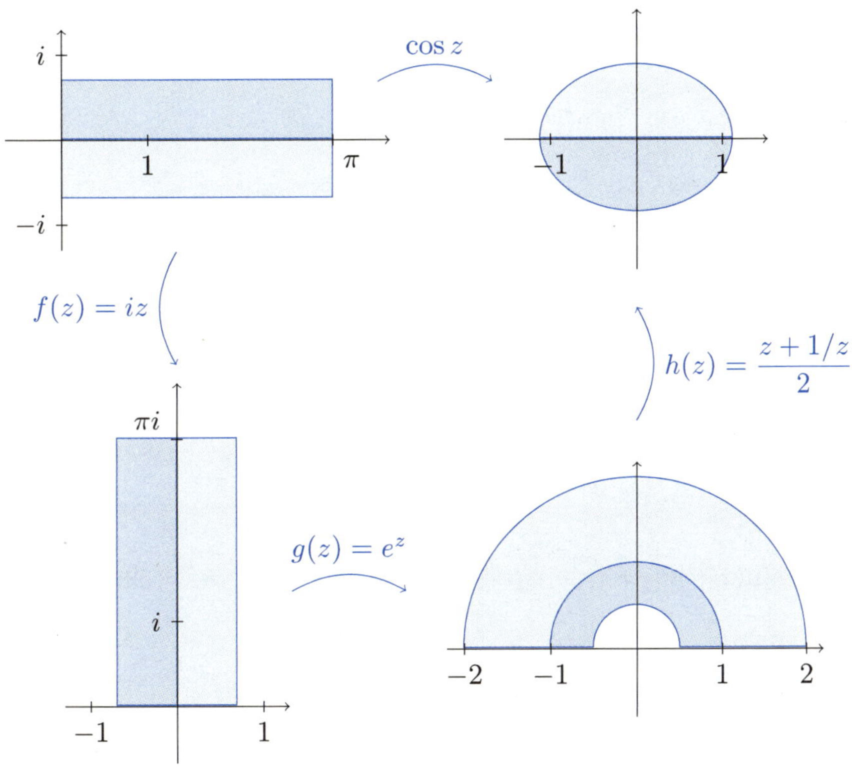

그림 3.10 코사인함수 $w = \cos z$ 의 그래프

코사인함수는 $\cos z = (e^{iz} + e^{-iz})/2$이므로, 함수 f, g, h를 각각

$$f(z) = iz, \quad g(z) = e^z, \quad h(z) = \frac{z + 1/z}{2}$$

로 정의하면, 코사인함수는 함수 f, g, h의 합성함수로서 $\cos z = h \circ g \circ f$이다. 따라서, 코사인함수의 그래프는 그림 3.10과 같이 나타난다.

식 $\sin(z + \pi/2) = \cos z$에서 사인함수의 그래프를 알 수 있다.

삼각함수들의 성질은 실함수에 대한 삼각함수의 성질과 같음을 알 수 있다.

정리 3.4: 삼각함수의 성질

복소수 z에 대하여,

(가) $\cos(z + 2\pi) = \cos z, \quad \sin(z + 2\pi) = \sin z$,

(나) $e^{iz} = \cos z + i \sin z$ (확장된 오일러의 공식),

(다) $\cos(-z) = \cos z, \quad \sin(-z) = -\sin z$,

(라) $\sin(z + \pi/2) = \cos z$ 그리고 $\cos(z + \pi/2) = -\sin z$,

(마) $\cos^2 z + \sin^2 z = 1$

이다.

증명 (가) 사인함수와 코사인함수의 정의에 따라서

$$\cos(z + 2\pi) = \frac{e^{i(z+2\pi)} + e^{-i(z+2\pi)}}{2} = \frac{e^{iz} + e^{-iz}}{2} = \cos z,$$
$$\sin(z + 2\pi) = \frac{e^{i(z+2\pi)} - e^{-i(z+2\pi)}}{2i} = \frac{e^{iz} - e^{-iz}}{2i} = \sin z$$

이다.

(나) 사인함수와 코사인함수의 정의에 따라서

$$\cos z + i \sin z = \frac{e^{iz} + e^{-iz}}{2} + \frac{e^{iz} - e^{-iz}}{2} = e^{iz}$$

이다.

(다) 사인함수와 코사인함수의 정의에 따라서

$$\cos(-z) = \frac{e^{-iz} + e^{iz}}{2} = \cos z,$$
$$\sin(-z) = \frac{e^{-iz} - e^{iz}}{i2} = -\frac{e^{iz} - e^{-iz}}{2i} = -\sin z$$

이다.

(라) 사인함수와 코사인함수의 정의에 따라서

$$\sin\left(z + \frac{\pi}{2}\right) = \frac{e^{i(z+\pi/2)} - e^{-i(z+\pi/2)}}{2i} = \frac{ie^{iz} + ie^{-iz}}{2i} = \cos z,$$
$$\cos\left(z + \frac{\pi}{2}\right) = \frac{e^{i(z+\pi/2)} + e^{-i(z+\pi/2)}}{2} = \frac{ie^{iz} - ie^{-iz}}{2} = -\frac{e^{iz} - e^{-iz}}{2i} = -\sin z$$

이다.

(마) 사인함수와 코사인함수에 대하여,

$$\begin{aligned}\cos^2 z + \sin^2 z &= (\cos z)^2 - (i\sin z)^2\\ &= (\cos z + i\sin z)(\cos z - i\sin z)\\ &= (\cos z + i\sin z)(\cos(-z) + i\sin(-z))\\ &= e^{iz}e^{-iz} = e^0 = 1\end{aligned}$$

이다. □

삼각함수에 대한 다음의 합의 공식을 알 수 있다.

정리 3.5: 삼각함수에 대한 합의 공식

복소수 z와 w에 대하여,

$$\cos(z+w) = \cos z\cos w - \sin z\sin w,$$
$$\sin(z+w) = \sin z\cos w + \cos z\sin w$$

이다.

증명 식

$$\begin{aligned}\cos(z+w)+i\sin(z+w) &= e^{i(z+w)} = e^{iz}e^{iw} \\ &= (\cos z + i\sin z)(\cos w + i\sin w) \\ &= (\cos z\cos w - \sin z\sin w) + i(\sin z\cos w + \cos w\sin z)\end{aligned}$$

와 식

$$\begin{aligned}\cos(z+w)-i\sin(z+w) &= e^{-i(z+w)} = e^{-iz}e^{-iw} \\ &= (\cos z - i\sin z)(\cos w - i\sin w) \\ &= (\cos z\cos w - \sin z\sin w) - i(\sin z\cos w + \cos w\sin z)\end{aligned}$$

에 따라서, 두 식을 더하면

$$\cos(z+w) = \cos z\cos w - \sin z\sin w$$

임을 알 수 있고, 첫 번째 식에서 두 번째 식을 빼면

$$\sin(z+w) = \sin z\cos w + \cos z\sin w$$

임을 알 수 있다. □

삼각함수의 합의 공식에서 $z = w$일 때, .삼각함수에 대한 **배각의 공식**

$$\cos 2z = \cos^2 z - \sin^2 z, \quad \sin 2z = 2\sin z\cos z$$

이 성립한다.

마지막으로 삼각함수에 대한 반각의 공식을 확인할 수 있다.

정리 3.6: 삼각함수에 대한 반각의 공식

복소수 z에 대하여,

$$\cos^2 z = \frac{1+\cos 2z}{2}, \quad \sin^2 z = \frac{1-\cos 2z}{2}$$

이다.

증명 배각의 공식에 따라서,

$$\cos 2z = \cos^2 z - \sin^2 z$$

이고 또한

$$1 = \cos^2 z + \sin^2 z$$

이므로,

$$1 + \cos 2z = 2\cos^2 z, \qquad 1 - \cos 2z = 2\sin^2 z$$

이다. □

3.1.8 쌍곡선함수

쌍곡코사인함수와 쌍곡사인함수를 각각

$$\cosh z = \frac{e^z + e^{-z}}{2}, \qquad \sinh z = \frac{e^z - e^{-z}}{2}$$

로 정의한다. 쌍곡코사인함수와 쌍곡사인함수는 복소평면 전체에서 정의된다.

실변수 x에 대하여

$$\cosh x = \frac{e^x + e^{-x}}{2}, \quad \sinh x = \frac{e^x - e^{-x}}{2}$$

이므로 복소평면에 정의된 쌍곡코사인함와 쌍곡사인함수는 각각 실변수에서 정의된 쌍곡코사인함와 쌍곡사인함수의 확장이다.

쌍곡코사인함수는 $\cosh z = (e^z + e^{-z})/2$이므로, 함수 f, g를 각각

$$f(z) = e^z, \quad g(z) = \frac{z + 1/z}{2}$$

로 정의하면, 쌍곡코사인함수는 함수 f, g의 합성함수로서

$$\cosh z = g \circ f$$

이다. 이것을 이용하여 쌍곡코사인함수의 그래프를 살펴볼 수 있다.

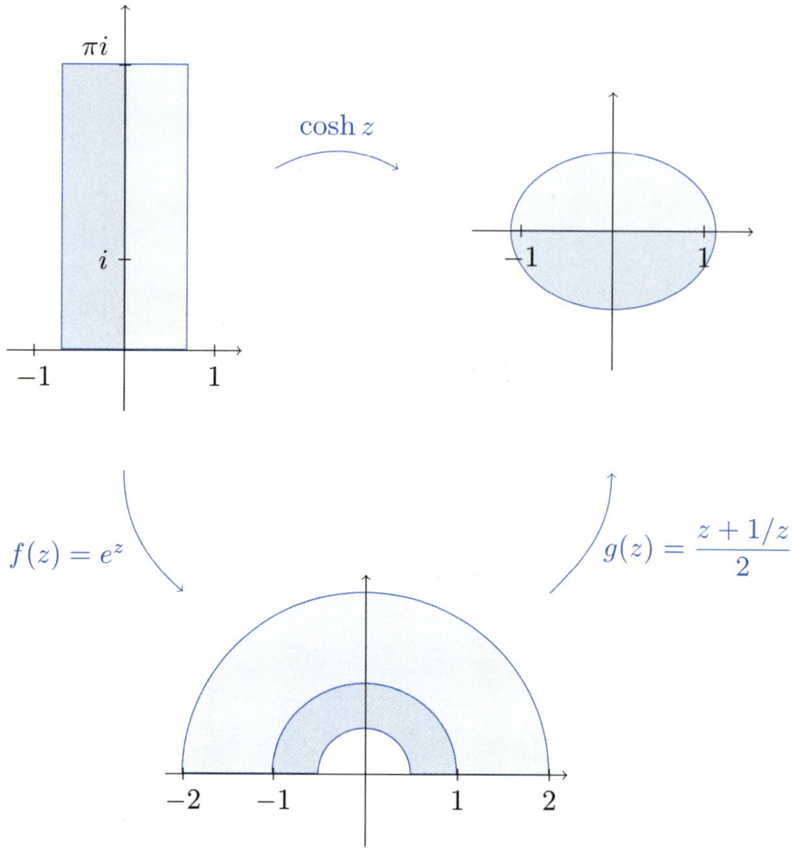

그림 3.11 함수 $w = \cosh z$의 그래프

예제 3.2. 쌍곡코사인함수와 코사인함수에 대하여,

$$\cosh(iz) = \cos z, \qquad \cos(iz) = \cosh z$$

임을 보여라.

풀이 쌍곡코사인함수와 코사인함수의 정의에 따라서

$$\cosh(iz) = \frac{e^{iz} + e^{-iz}}{2} = \cos z$$

이고

$$\cos(iz) = \frac{e^{iiz} + e^{-iiz}}{2} = \frac{e^{-z} + e^{z}}{2} = \cosh z$$

이다. □

이제 쌍곡선함수들에 관한 공식들을 살펴보자.

정리 3.7: 쌍곡선함수의 성질

복소수 z에 대하여,

(가) $\cosh(z+i2\pi) = \cosh z, \quad \sinh(z+i2\pi) = \sinh z,$

(나) $e^z = \cosh z + \sinh z,$

(다) $\cosh(-z) = \cosh z, \quad \sinh(-z) = -\sinh z,$

(라) $-i\sinh(z+i\pi/2) = \cosh z$ 그리고 $-i\cosh(z+i\pi/2) = \sinh z,$

(마) $\cosh^2 z - \sinh^2 z = 1$

이다.

증명 (가) 쌍곡코사인함수와 쌍곡사인함수의 정의에 따라서

$$\cosh(z+i2\pi) = \frac{e^{z+i2\pi}+e^{-z-i2\pi}}{2} = \frac{e^z+e^{-z}}{2} = \cosh z,$$
$$\sinh(z+2\pi i) = \frac{e^{z+i2\pi}-e^{-z-i2\pi}}{2} = \frac{e^z-e^{-z}}{2} = \sinh z$$

이다.

(나) 쌍곡코사인함수와 쌍곡사인함수의 정의에 따라서

$$\cosh z + \sinh z = \frac{e^z+e^{-z}}{2} + \frac{e^z-e^{-iz}}{2} = e^z$$

이다.

(다) 쌍곡코사인함수와 쌍곡사인함수의 정의에 따라서

$$\cosh(-z) = \frac{e^{-z}+e^z}{2} = \cosh z,$$
$$\sinh(-z) = \frac{e^{-z}-e^z}{2} = -\frac{e^z-e^{-z}}{2} = \sinh z$$

이다.

(라) 쌍곡코사인함수와 쌍곡사인함수의 정의에 따라서

$$\sinh\left(z+\frac{\pi}{2}i\right) = \frac{e^{(z+i\pi/2)} - e^{-(z+i\pi/2)}}{2} = i\frac{e^z + e^{-z}}{2} = i\cosh z,$$
$$\cosh\left(z+\frac{\pi}{2}i\right) = \frac{e^{(z+i\pi/2)} + e^{-(z+i\pi/2)}}{2} = i\frac{e^z - e^{-z}}{2} = i\sinh z$$

이다.

(마) 쌍곡코사인함수와 쌍곡사인함수의 정의에 따라서

$$\cosh^2 z - \sinh^2 z = (\cosh z + \sinh z)(\cosh z - \sinh z) = e^z e^{-z} = 1$$

이다. □

정리 3.8: 쌍곡선함수에 대한 합의 공식

복소수 z와 w에 대하여,

$$\cosh(z+w) = \cosh z \cosh w + \sinh z \sinh w,$$
$$\sinh(z+w) = \sinh z \cosh w + \cosh z \sinh w$$

이다.

증명 쌍곡선함수의 정의에 따라서

$$\begin{aligned}
&\cosh z \cosh w + \sinh z \sinh w \\
&\qquad = \frac{e^z + e^{-z}}{2} \cdot \frac{e^w + e^{-w}}{2} + \frac{e^z - e^{-z}}{2} \cdot \frac{e^w - e^{-w}}{2} \\
&\qquad = \frac{e^{z+w} + e^{-(z+w)}}{2} = \cosh(z+w)
\end{aligned}$$

그리고

$$\begin{aligned}
&\sinh z \cosh w + \cosh z \sinh w \\
&\qquad = \frac{e^z - e^{-z}}{2} \cdot \frac{e^w + e^{-w}}{2} + \frac{e^z + e^{-z}}{2} \cdot \frac{e^w - e^{-w}}{2} \\
&\qquad = \frac{e^{z+w} - e^{-(z+w)}}{2} = \sinh(z+w)
\end{aligned}$$

이다. □

합의 공식에서 $z = w$일 때, 다음이 성립한다.

따름정리 3.9: 쌍곡함수에 대한 배각의 공식

복소수 z에 대하여,

$$\cosh 2z = \cosh^2 z + \sinh^2 z, \quad \sinh 2z = 2\sinh z \cosh z$$

이다.

정리 3.10: 쌍곡선함수에 대한 반각의 공식

복소수 z에 대하여,

$$\cosh^2 z = \frac{\cosh 2z + 1}{2}, \quad \sinh^2 z = \frac{\cosh 2z - 1}{2}$$

이다.

증명 배각의 공식에 따라서, $\cosh 2z = \cosh^2 z + \sinh^2 z$이고 $1 = \cosh^2 z - \sinh^2 z$ 이므로,

$$\cosh 2z + 1 = 2\cosh^2 z, \qquad \cosh 2z - 1 = 2\sinh^2 z$$

이다. □

3.2 함수의 극한

함수 f에 대하여, 점 z가 z_0으로 접근할 때 $f(z)$가 어떻게 되는지를 살펴 보자. 이것은 함수의 연속성과 미분가능성을 다루는 데 기본이다.

3.2.1 함수의 극한의 정의

한정명제와 조건명제를 사용하여, 함수의 극한을 정의할 수 있다.

정의 3.6: 점에서의 함수의 극한

함수 $f\colon D \to \mathbb{C}$와 점 $z_0 \in \overline{D}$에 대하여

'임의의 양의 실수 ϵ에 대하여,

$$0 < |z - z_0| < \delta \quad \to \quad |f(z) - w_0| < \epsilon \tag{3.2}$$

인 양의 실수 δ가 존재한다'

이면, **z가 z_0으로 접근할 때 f의 극한은** w_0라고 하고 $\lim_{z\to z_0} f(z) = w_0$로 나타낸다.

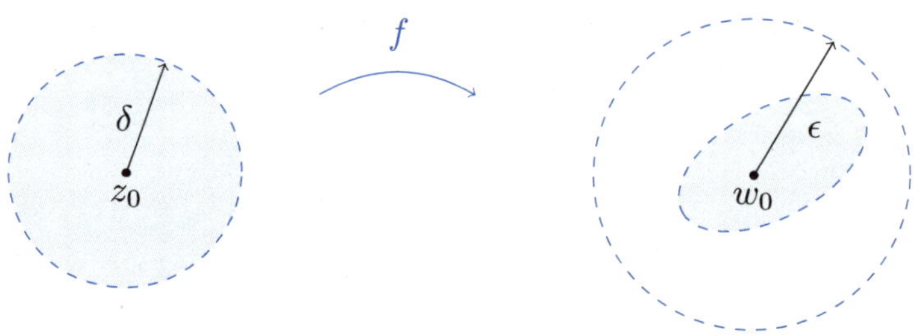

그림 3.12 극한 $\lim_{z\to z_0} f(z) = w_0$의 정의

그림 3.12에서와 같이, 조건

$$f(D(z_0;\delta) - \{z_0\}) \subset D(w_0;\epsilon)$$

은 (3.2)이기 위한 필요충분조건이다. 정의 3.6에서, 모든 양의 실수 ϵ, 특히 아주 작은 양의 실수 ϵ에 대하여, 조건 (3.2)이 성립하는 양의 실수 δ가 존재하면, $\lim_{z\to z_0} f(z) = w_0$이다.

점 z가 z_0으로 접근할 때 함수 f의 극한이 존재하면, 그 극한은 유일하다.

정리 3.11: 점에서 함수의 극한의 유일성

함수 $f\colon D \to \mathbb{C}$와 점 $z_0 \in \overline{D}$에 대하여,

$$\lim_{z\to z_0} f(z) = w_0, \qquad \lim_{z\to z_0} f(z) = w_1$$

이면 $w_0 = w_1$이다.

증명 $\lim_{z\to z_0} f(z) = w_0$이고 $\lim_{z\to z_0} f(z) = w_1$라고 가정하자. 이제 $w_0 = w_1$임을 보이기 위하여 임의의 양의 실수를 ϵ이라고 놓자. $\lim_{z\to z_0} f(z) = w_0$이므로

$$0 < |z - z_0| < \delta_1 \quad \to \quad |f(z) - w_0| < \frac{\epsilon}{2}$$

인 양의 실수 δ_1이 존재한다. 또한 $\lim_{z\to z_0} f(z) = w_1$이므로

$$0 < |z - z_0| < \delta_2 \quad \to \quad |f(z) - w_1| < \frac{\epsilon}{2}$$

인 양의 실수 δ_2가 존재한다. $\delta = \min\{\delta_1, \delta_2\}$으로 놓으면, $0 < |z - z_0| < \delta$일 때

$$|w_0 - w_1| \le |w_0 - f(z)| + |f(z) - w_1| < \frac{\epsilon}{2} + \frac{\epsilon}{2} = \epsilon$$

이므로 $|w_0 - w_1| < \epsilon$이다. 여기서 ϵ은 임의의 양의 실수이므로, $|w_0 - w_1| = 0$ 즉, $w_0 = w_1$이다. □

예제 3.3. 함수 $f(z) = 1 + 2zi$에 대하여, $\lim_{z\to 3} f(z) = 1 + 6i$임을 보여라.

풀이 함숫값 $f(z)$와 $1 + 6i$에 대하여,

$$|(1 + 2zi) - (1 + 6i)| = |2i(z - 3)| = 2|z - 3|$$

이므로, 임의의 양의 실수 ϵ에 대하여, $\delta = \epsilon/2$로 놓으면

$$0 < |z - 3| < \delta \quad \to \quad |(1 + 2zi) - (1 + 6i)| = 2|z - 3| < \epsilon$$

이다. □

함수 $f : D \to \mathbb{C}$에 대하여, $\lim_{z \to z_0} f(z) = w_0$일 때, $z_0 \in \overline{D}$이므로 z_0은 D의 원소일 필요는 없다.

예제 3.4. 영역 $D = \mathbb{C} - \{0\}$에서 정의된 함수 $f(z) = z/\overline{z}$에 대하여, 0에서 f의 극한이 존재하지 않음을 보여라.

풀이 극형식 $z = re^{i\theta}$에 대하여,

$$f(z) = \frac{re^{i\theta}}{re^{-i\theta}} = e^{i(2\theta)}$$

이다. 특히, 점 z가 실수축을 따라서 0에 접근할 때 f의 극한은

$$\lim_{x \to 0} \frac{x + i0}{x - i0} = 1$$

이지만, 점 z가 허수축을 따라서 0에 접근할 때 f의 극한은

$$\lim_{y \to 0} \frac{0 + iy}{0 - iy} = -1$$

이므로, 극한 $\lim_{z \to 0} z/\overline{z}$는 존재하지 않는다. □

예제 3.5. 영역 $D = \mathbb{C} - \{z \in \mathbb{C} : \operatorname{Re} z \leq 0, \operatorname{Im} z = 0\}$에 정의된 로그의 주분지 $f(z) = \operatorname{Log} z$에 대하여, 극한 $\lim_{z \to -1} f(z)$이 존재하지 않음을 보여라.

풀이 왜냐하면 점 z가 위쪽에서 -1로 접근할 때, 특히

$$\lim_{t \to \pi - 0} \operatorname{Log} e^{it} = \lim_{t \to \pi - 0} (0 + it) = \pi i$$

이지만, 점 z가 아래쪽에서 -1로 접근할 때, 특히

$$\lim_{t \to -\pi + 0} \operatorname{Log} e^{it} = \lim_{t \to -\pi + 0} (0 + it) = -\pi i$$

이기 때문에 극한 $\lim_{z \to -1} f(z)$는 존재하지 않는다. □

3.2.2 함수의 극한에 대한 기본적인 성질

정의 3.6에서 함수의 극한은 잘 정의된다. 그렇지만 이 정의만을 사용해서는, z가 z_0으로 접근할 때 f의 극한을 구하는 것은 일반적으로 쉽지 않다. 이제 함수의 극한을 구하는 방법을 찾기 위하여, 함수의 극한에 대한 기본적인 성질을 살펴 보자.

함수 f의 극한은 두 실함수 $\operatorname{Re} f$와 $\operatorname{Im} f$의 극한들과 밀접한 관계가 있다.

정리 3.12: 함수의 실수부와 허수부에 대한 극한과 함수의 극한

함수 $f: D \to \mathbb{C}$와 점 $z_0 \in \overline{D}$에 대하여,

$$\lim_{z \to z_0} \operatorname{Re} f(z) = \operatorname{Re} w_0 \qquad \text{그리고} \qquad \lim_{z \to z_0} \operatorname{Im} f(z) = \operatorname{Im} w_0$$

는 $\lim_{z \to z_0} f(z) = w_0$이기 위한 필요충분조건이다.

증명 $\lim_{z \to z_0} \operatorname{Re} f(z) = \operatorname{Re} w_0$이고 $\lim_{z \to z_0} \operatorname{Im} f(z) = \operatorname{Im} w_0$라고 가정하자. 이제 $\lim_{z \to z_0} f(z) = w_0$임을 보이기 위하여, 임의의 양의 실수를 ϵ으로 놓자. 그러면 가정에 따라서

$$0 < |z - z_0| < \delta_1 \quad \to \quad |\operatorname{Re} f(z) - \operatorname{Re} w_0| < \frac{\epsilon}{2}$$

인 양의 실수 δ_1이 존재하고,

$$0 < |z - z_0| < \delta_2 \quad \to \quad |\operatorname{Im} f(z) - \operatorname{Im} w_0| < \frac{\epsilon}{2}$$

인 양의 실수 δ_2가 존재하다. $\delta = \min\{\delta_1, \delta_2\}$로 놓자. 그러면 $0 < |z - z_0| < \delta$이면

$$|f(z) - w_0| \le |\operatorname{Re} f(z) - \operatorname{Re} w_0| + |\operatorname{Im} f(z) - \operatorname{Im} w_0| < \frac{\epsilon}{2} + \frac{\epsilon}{2} = \epsilon$$

이다. 따라서 $\lim_{z \to z_0} f(z) = w_0$이다.

$\lim_{z \to z_0} f(z) = w_0$라고 가정하자. 임의의 양의 실수를 ϵ으로 놓자. 그러면 가정에 따라서

$$0 < |z - z_0| < \delta \quad \to \quad |f(z) - w_0| < \epsilon$$

인 양의 실수 δ가 존재한다. 그러면

$$0 < |z - z_0| < \delta \quad \to \quad |\operatorname{Re} f(z) - \operatorname{Re} w_0| \le |f(z) - w_0| < \epsilon$$

이므로 $\lim_{z\to z_0} \operatorname{Re} f(z) = \operatorname{Re} w_0$이고,

$$0 < |z - z_0| < \delta \quad \to \quad |\operatorname{Im} f(z) - \operatorname{Im} w_0| \le |f(z) - w_0| < \epsilon$$

이므로 $\lim_{z\to z_0} \operatorname{Im} f(z) = \operatorname{Im} w_0$이다. □

예제 3.6. $z = x + iy$ $(x, y, \in \mathbb{R})$일 때, 함수 $f(z) = (x^2 + xy + 3) + i(x + y^2 + 2)$에 대하여, $\lim_{z\to 0} \operatorname{Re} f(z)$, $\lim_{z\to 0} \operatorname{Im} f(z)$, $\lim_{z\to 0} f(z)$를 구하여라.

풀이 함수 $f(z) = (x^2 + xy + 3) + i(x + y^2 + 2)$에 대하여,

$$\lim_{z\to 0} \operatorname{Re} f(z) = \lim_{(x,y)\to(0,0)} (x^2 + xy + 3) = 3$$

이고

$$\lim_{z\to 0} \operatorname{Im} f(z) = \lim_{(x,y)\to(0,0)} (x + y^2 + 2) = 2$$

이고 $\lim_{z\to 0} f(z) = 3 + i2$이다. □

함수 f와 g에 대하여, 새로운 함수 $f + g$, fg, f/g의 극한은 원래의 함수 f와 g의 극한과 밀접한 관계가 있다.

정리 3.13: 함수의 합과 곱과 몫에 대한 극한의 성질

함수 $f\colon D \to \mathbb{C}$, $g\colon D \to \mathbb{C}$와 점 $z_0 \in \overline{D}$에 대하여,

$$\lim_{z\to z_0} f(z) = w_1, \quad \lim_{z\to z_0} g(z) = w_2$$

이면

(가) $\lim_{z\to z_0}(f(z) + g(z)) = w_1 + w_2$,

(나) $\lim_{z\to z_0} f(z)g(z) = w_1 w_2$,

(다) $\lim_{z\to z_0} f(z)/g(z) = w_1/w_2$ (단, $w_2 \neq 0$)

이다.

증명 (가) 임의의 양의 실수를 ϵ으로 놓자. 그러면 $\lim_{z\to z_0} f(z) = w_1$이므로

$$0 < |z - z_0| < \delta_1 \quad \to \quad |f(z) - w_1| < \frac{\epsilon}{2}$$

인 양의 실수 δ_1이 존재하고, $\lim_{z\to z_0} g(z) = w_2$이므로

$$0 < |z - z_0| < \delta_2 \quad \to \quad |g(z) - w_2| < \frac{\epsilon}{2}$$

인 양의 실수 δ_2가 존재한다. $\delta = \min\{\delta_1, \delta_2\}$로 놓자. 그러면 $0 < |z - z_0| < \delta$이면

$$|(f(z) + g(z)) - (w_1 + w_2)| \le |f(z) - w_1| + |g(z) - w_2| < \frac{\epsilon}{2} + \frac{\epsilon}{2} = \epsilon$$

이다. 따라서 $\lim_{z\to z_0}(f(z) + g(z)) = w_1 + w_2$이다.

(나) 임의의 양의 실수를 ϵ으로 놓자. 그러면 $\lim_{z\to z_0} f(z) = w_1$이므로

$$0 < |z - z_0| < \delta_1 \quad \to \quad |f(z) - w_1| < \frac{1}{|w_2| + 1}\frac{\epsilon}{2}$$

인 양의 실수 δ_1이 존재하고, $\lim_{z\to z_0} g(z) = w_2$이므로

$$0 < |z - z_0| < \delta_2 \quad \to \quad |g(z) - w_2| < \min\left\{1, \frac{1}{|w_1| + 1}\frac{\epsilon}{2}\right\}$$

인 양의 실수 δ_2가 존재한다. $\delta = \min\{\delta_1, \delta_2\}$로 놓자. $0 < |z - z_0| < \delta$이면,

$$|g(z)| \le |g(z) - w_2| + |w_2| < 1 + |w_2|$$

이므로

$$\begin{aligned} |f(z)g(z) - w_1 w_2| &= |(f(z) - w_1)g(z) + w_1(g(z) - w_2)| \\ &\le |f(z) - w_1||g(z)| + |w_1||g(z) - w_2| \\ &< \frac{\epsilon}{2} + \frac{\epsilon}{2} = \epsilon \end{aligned}$$

이다. 따라서, $\lim_{z\to z_0}(f(z)g(z)) = w_1 w_2$이다.

(다) 먼저 $\lim_{z\to z_0} 1/g(z) = 1/w_2$임을 보이기 위하여, 임의의 양의 실수를 ϵ로 놓자. 그러면, $\lim_{z\to z_0} g(z) = w_2$이므로

$$0 < |z - z_0| < \delta \quad \to \quad |g(z) - w_2| < \min\left\{\frac{|w_2|}{2}, \frac{|w_2|^2}{2}\epsilon\right\}$$

인 양의 실수 δ가 존재한다. $0 < |z - z_0| < \delta$이면

$$\left|\frac{1}{g(z)} - \frac{1}{w_2}\right| = \left|\frac{w_2 - g(z)}{g(z)w_2}\right| \leq \frac{|g(z) - w_2|}{|w_2|^2/2} < \epsilon$$

이다. 따라서 $\lim_{z\to z_0} 1/g(z) = 1/w_2$이다. 그리고 (나)에 따라서

$$\lim_{z\to z_0} \frac{f(z)}{g(z)} = \frac{w_1}{w_2}$$

이다. □

3.2.3 다항함수와 유리함수의 극한

함수의 극한에 대한 기본적인 성질들에 따라서, 다항함수와 유리함수의 극한을 쉽게 구할 수 있다. 먼저 상수함수와 항등함수의 극한을 구하자.

정리 3.14: 상수함수와 항등함수의 극한

상수함수 $f(z) \equiv A$와 항등함수 $g(z) = z$에 대하여, 임의의 점 $z_0 \in \mathbb{C}$에서

$$\lim_{z\to z_0} f(z) = A, \quad \lim_{z\to z_0} g(z) = z_0$$

이다.

증명 임의의 점 $z_0 \in \mathbb{C}$을 택하고 임의의 양의 실수를 ϵ으로 놓자. 그러면 임의의 양의 실수 δ_1에 대하여,

$$0 < |z - z_0| < \delta_1 \quad \to \quad |f(z) - A| = 0 < \epsilon$$

이므로 $\lim_{z\to z_0} f(z) = A$이다. 또한 임의의 실수 ϵ에 대하여, $\delta_2 = \epsilon$으로 놓으면

$$0 < |z - z_0| < \delta_2 \quad \to \quad |g(z) - z_0| = |z - z_0| < \delta_2 = \epsilon$$

이므로 $\lim_{z\to z_0} g(z) = z_0$다. □

정리 3.14와 정리 3.13에 따라서, 다항함수와 유리함수의 극한은 다음과 같다.

따름정리 3.15: 다항함수의 극한

$0 \le n$인 정수 n차의 다항함수

$$p(z) = a_n z^n + a_{n-1} z^{n-1} + \cdots + a_1 z + a_0, \quad (a_n \neq 0)$$

에 대하여, 임의의 점 z_0에서

$$\lim_{z \to z_0} p(z) = a_n z_0^n + a_{n-1} z_0^{n-1} + \cdots + a_1 z_0 + a_0$$

이다.

따름정리 3.16: 유리함수의 극한

다항함수 p와 $q(z_0) \neq 0$인 다항함수 q에 대하여

$$\lim_{z \to z_0} \frac{p(z)}{q(z)} = \frac{p(z_0)}{q(z_0)}$$

이다.

예제 3.7. 유리함수 $(z^3 - 1)/(z - 1)$에 대하여, 극한 $\lim_{z \to 0}(z^3 - 1)/(z - 1)$을 구하여라.

풀이 $0 - 1 = -1 \neq 0$이므로,

$$\lim_{z \to 0} \frac{z^3 - 1}{z - 1} = \frac{-1}{-1} = 1$$

이다. □

3.3 함수의 연속

이 절에서는 함수의 극한을 이용하여 함수의 연속성을 정의한다. 또한 옹골찬 집합과 연결집합에 대한 연속함수의 성질을 알아본다.

연속함수를 다음과 같이 정의한다.

정의 3.7: 함수의 연속

함수 $f: D \to \mathbb{C}$와 점 $z_0 \in D$에 대하여,

$$\lim_{z \to z_0} f(z) = f(z_0)$$

이면 f는 점 z_0에서 **연속**이라고 한다. 모든 점 $z \in D$에서 f가 연속이면, f는 D에서 **연속**이라고 한다.

다시 말하면,

'임의의 양의 실수 ϵ에 대하여,

$$|z - z_0| < \delta \quad \to \quad |f(z) - f(z_0)| < \epsilon$$

인 양의 실수 δ가 존재한다'

이면 f는 점 z_0에서 연속이다. 위의 정의에서 조건 $0 < |z - z_0| < \delta$ 대신에 조건 $|z - z_0| < \delta$가 나타남을 명심하자. 함수의 극한에 대한 정의에서는 반드시 $0 < |z - z_0|$이지만, 함수의 연속에 대한 정의에서는 이 조건이 필요하지 않다. 왜냐하면 $z = z_0$이면, $|f(z) - f(z_0)| = 0$이기 때문에 $|f(z) - f(z_0)| < \epsilon$은 항상 참이고 따라서

$$|z - z_0| < \delta \quad \to \quad |f(z) - f(z\_0) < \epsilon$$

도 참이고

$$0 < |z - z_0| < \delta \quad \to \quad |f(z) - f(z\_0) < \epsilon$$

도 참이기 때문이다.

함수의 극한의 정의에서는 $z_0 \in \overline{D}$이지만, 함수의 연속의 정의에서는 $z_0 \in D$인 것도 명심하자.

공간에서 위상의 개념은 거리의 개념보다 더 기본적인 개념이다. 즉, 거리공간에서는 이 거리와 관계되는 위상 즉, 열린 집합을 정의할 수 있지만, 모든 위상공간에서

위상과 관계되는 거리를 정의할 수 있는 것은 아니다. 그런데 함수의 연속성은 공간의 위상으로 정의될 수 있음은 명심해야 할 결과이다.

정리 3.17: 위상과 함수의 연속

함수 $f: D \to \mathbb{C}$에 대하여,

'임의의 집합 A에 대하여, A가 열린 집합이면 $f^{-1}(A)$는 열린 집합이다'

는 f가 연속이기 위한 필요충분조건이다.

증명 임의의 집합 A에 대하여, A가 열린 집합이면 $f^{-1}(A)$가 열린 집합이라고 가정하자. 임의의 점 $z_0 \in D$를 택하고 임의의 양의 실수를 ϵ이라고 놓자. 열린 원판 $D(f(z_0);\epsilon)$은 열린 집합이므로 가정에 따라서 $f^{-1}(D(f(z_0);\epsilon))$은 열린 집합이다. 그런데 $z_0 \in f^{-1}(D(f(z_0);\epsilon))$이므로, $D(z_0;\delta) \subset f^{-1}(D(f(z_0);\epsilon))$인 양의 실수 δ가 존재한다. 따라서,

$$f(D(z_0;\delta)) \subset f(f^{-1}(D(f(z_0);\epsilon))) \subset D(f(z_0);\epsilon)$$

즉,

$$|z - z_0| < \delta \quad \to \quad |f(z) - f(z_0)| < \epsilon$$

이다. 그러므로 f는 z_0에서 연속이다. z_0이 임의의 점이므로, f는 연속함수이다.

함수 f가 연속이라고 가정하자. 임의의 열린 집합을 A라고 놓고 임의의 점 $z_0 \in f^{-1}(A)$를 택하자. 그러면, $f(z_0) \in A$이고 A는 열린 집합이므로, $D(f(z_0);\epsilon) \subset A$인 양의 실수 ϵ이 존재한다. 한편 f는 z_0에서 연속이므로

$$|z - z_0| < \delta \quad \to \quad |f(z) - f(z_0)| < \epsilon$$

즉, $f(D(z_0;\delta)) \subset D(f(z_0);\epsilon)$인 양의 실수 δ가 존재한다. 따라서

$$D(z_0;\delta) \subset f^{-1}(f(D(z_0;\delta))) \subset f^{-1}(D(f(z_0);\epsilon)) \subset f^{-1}(A)$$

이다. 그러므로, $f^{-1}(A)$는 열린 집합이다. □

3.3.1 연속함수의 기본적인 성질

함수의 극한에 대한 기본적이 성질로부터, 연속함수의 기본적인 성질을 알 수 있다.

정리 3.12에 따라서, 다음이 성립한다.

정리 3.18: 함수의 실수부와 허수부와 함수의 연속성

함수 $f\colon D \to \mathbb{C}$에 대하여,

$$\lim_{z\to z_0} \operatorname{Re} f(z) = \operatorname{Re} f(z_0) \quad \text{그리고} \quad \lim_{z\to z_0} \operatorname{Im} f(z) = \operatorname{Im} f(z_0)$$

은 $\lim_{z\to z_0} f(z) = f(z_0)$이기 위한 필요충분조건이다.

정리 3.13에 따라서, 다음이 성립한다.

정리 3.19: 함수의 합과 곱과 몫의 연속성

함수 $f, g\colon D \to \mathbb{C}$와 점 $z_0 \in D$에 대하여,

$$\lim_{z\to z_0} f(z) = f(z_0), \quad \lim_{z\to z_0} g(z) = g(z_0)$$

이면

(가) $\lim_{z\to z_0}(f(z) + g(z)) = f(z_0) + g(z_0)$,

(나) $\lim_{z\to z_0} f(z)g(z) = f(z_0)g(z_0)$,

(다) $\lim_{z\to z_0} f(z)/g(z) = f(z_0)/g(z_0)$ (단, $g(z_0) \neq 0$일 때)

이다.

3.3.2 다항함수와 유리함수의 연속성

함수의 연속성에 대한 기본적이 성질에 따라서, 다항함수와 유리함수의 연속성을 확인할 수 있다.

정리 3.14에 따라서 다음이 성립한다.

정리 3.20: 상수함수와 항등함수의 연속성

상수 함수 $f(z) \equiv A$와 항등함수 $g(z) = z$는 모든 점 z_0에서 연속이다. 즉,

$$\lim_{z \to z_0} f(z) = A = f(z_0), \quad \lim_{z \to z_0} g(z) = z_0 = g(z_0).$$

이다.

정리 3.20에서의 상수함수와 항등함수의 연속성과 정리 3.19에서의 함수의 연속에 대한 기본 성질을 이용하면, 다항함수와 유리함수의 연속성을 다음과 같이 알 수 있다.

따름정리 3.21: 다항함수와 유리함수의 연속성

n이 $0 \leq n$인 정수일 때, n차의 다항함수

$$p(z) = a_n z^n + a_{n-1} z^{n-1} + \cdots + a_1 z + a_0, \quad (a_n \neq 0)$$

는 임의의 점 z_0에서 연속이다. 즉,

$$\lim_{z \to z_0} p(z) = a_n z_0^n + a_{n-1} z_0^{n-1} + \cdots + a_1 z_0 + a_0$$

이다. 또한, $q(z_0) \neq 0$인 다항함수 q에 대하여, 유리함수 p/q는 z_0에서 연속이다. 즉

$$\lim_{z \to z_0} \frac{p(z)}{q(z)} = \frac{p(z_0)}{q(z_0)}$$

이다.

3.3.3 옹골찬 집합과 함수의 연속성

함수 f가 연속이면, 옹골찬 집합에 대한 f의 상은 옹골찬 집합이다.

정리 3.22: 옹골찬 집합에 대한 함수의 상의 옹골성

함수 $f : D \to \mathbb{C}$와 D의 부분집합 A에 대하여, 함수 f가 연속이고 부분집합 A가 옹골찬 집합이면 $f(A)$는 옹골찬 집합이다.

증명 함수 f가 연속이고 집합 A가 옹골찬 집합이라고 가정하자. 집합 $f(A)$의 임의의 열린 덮개를 $\mathcal{F}$라고 놓자. 그러면,

$$A \subset f^{-1}(f(A)) \subset f^{-1}\left(\bigcup_{U \in \mathcal{F}} U\right) = \bigcup_{U \in \mathcal{F}} f^{-1}(U)$$

이고 모든 $U \in \mathcal{F}$에 대하여 $f^{-1}(U)$는 열린 집합이므로, $\tilde{\mathcal{F}} = \{f^{-1}(U) \,|\, U \in \mathcal{F}\}$는 A의 열린 덮개이다. 그런데, A는 옹골찬 집합이므로,

$$A \subset f^{-1}(U_1) \cup f^{-1}(U_2) \cup \cdots \cup f^{-1}(U_k) = f^{-1}(U_1 \cup \cdots \cup U_k)$$

인 유한개의 열린 집합 $U_1, U_2, \ldots, U_k \in \mathcal{F}$가 존재한다. 그러면,

$$f(A) \subset f(f^{-1}(U_1 \cup U_2 \cup \cdots \cup U_k)) \subset U_1 \cup U_2 \cup \cdots \cup U_k$$

이므로, $\{U_1, \ldots, U_k\}$는 $f(A)$에 대한 $\mathcal{F}$의 유한 부분덮개이다. $\mathcal{F}$가 임의의 열린 덮개이므로, $f(A)$는 옹골찬 집합이다. □

함수의 연속보다 더 강한 연속성을 다음과 같이 정의하자.

정의 3.8: 함수의 균등연속

함수 $f\colon D \to \mathbb{C}$에 대하여,

'임의의 양의 수 ϵ에 대하여,

$$|z_1 - z_2| < \delta \quad \to \quad |f(z_1) - f(z_2)| < \epsilon$$

인 양의 실수 δ가 존재한다'

이면, f는 D에서 **균등연속**[a]이라고 한다.

[a]균등연속을 **고르게 연속**이라고도 한다.

정의에 따라서 균등연속인 함수는 연속함수이다. 하지만, 그 역은 성립하지 않는다.

예제 3.8. 함수 $f(z) = z^2$은 복소평면 $\mathbb{C}$에서 균등연속이 아님을 보여라.

풀이 함수 f는 복소평면 $\mathbb{C}$에서 균등연속이 아님을 보이기 위하여, $\epsilon = 1$로 놓자. 임의의 양의 실수 δ에 대하여,

$$z_1 = \frac{1}{\delta}, \quad z_2 = \frac{1}{\delta} + \frac{\delta}{2}$$

로 놓자. 그러면,

$$|z_1 - z_2| = \left|\frac{1}{\delta} - \left(\frac{1}{\delta} + \frac{\delta}{2}\right)\right| = \frac{\delta}{2} < \delta$$

이지만,

$$|f(z_1) - f(z_2)| = |z_1^2 - z_2^2| = \left|\frac{1}{\delta^2} - \left(\frac{1}{\delta} + \frac{\delta}{2}\right)^2\right| = 1 + \frac{\delta^2}{4} > 1 = \epsilon$$

이다. 따라서, f는 복소평면 $\mathbb{C}$에서 균등연속이 아니다. □

> **예제 3.9.** 함수 $f(z) = 1/z$는 영역 $D = \mathbb{C} - \{0\}$에서 균등연속이 아님을 보여라.

풀이 함수 f가 D에서 균등연속이 아님을 보이기 위하여, $\epsilon = 1$로 놓자. 임의의 양의 실수 δ에 대하여,

$$(z_1, z_2) = \begin{cases} (\delta, \delta/2), & 0 < \delta \leq 1\text{일 때}, \\ (1, 1/2), & \delta > 1\text{일 때} \end{cases}$$

로 놓자. 그러면,

(가) $0 < \delta \leq 1$일 때,

$$|z_1 - z_2| = \frac{\delta}{2} < \delta$$

이지만,

$$|f(z_1) - f(z_2)| = \left|\frac{1}{z_1} - \frac{1}{z_2}\right| = \left|\frac{1}{\delta} - \frac{2}{\delta}\right| = \frac{1}{\delta} \geq 1 = \epsilon$$

이다.

(나) $\delta > 1$일 때,

$$|z_1 - z_2| = \frac{1}{2} < 1 < \delta$$

이지만

$$|f(z_1) - f(z_2)| = \left|\frac{1}{z_1} - \frac{1}{z_2}\right| = 1 \geq 1 = \epsilon$$

이다.

따라서, f는 영역 $D = \mathbb{C} - \{0\}$에서 균등연속이 아니다. □

다음의 정리에서, 균등연속인 함수를 찾을 수 있다. 즉, 정의역이 옹골찬 집합인 연속함수는 균등연속이다.

정리 3.23: 옹골찬 집합에 정의된 연속함수의 균등연속성

옹골찬 집합 A에서 함수 $f : A \to \mathbb{C}$가 연속이면, 함수 f는 A에서 균등연속이다.

증명 옹골찬 집합 A에서 함수 $f : A \to \mathbb{C}$가 연속이라고 가정하자. 임의의 양의 실수를 ϵ이라고 놓자. 각각의 점 $p \in A$에 대하여, f는 p에서 연속이므로

$$|z - p| < \delta_p \quad \to \quad |f(z) - f(p)| < \frac{\epsilon}{2}$$

인 양의 실수 δ_p가 존재한다. 그러면, A는 옹골찬 집합이고 $\mathcal{F} = \{D(p; \delta_p/2) \,|\, p \in A\}$는 A의 열린 덮개이므로

$$A \subset D\left(p_1; \frac{\delta_{p_1}}{2}\right) \cup D\left(p_2; \frac{\delta_{p_2}}{2}\right) \cup \cdots \cup D\left(p_k; \frac{\delta_{p_k}}{2}\right)$$

인, 유한개의 점 $p_1, p_2, \ldots, p_k \in A$가 존재한다. 이제

$$\delta = \min\left\{\frac{\delta_{p_1}}{2}, \frac{\delta_{p_2}}{2}, \ldots, \frac{\delta_{p_k}}{2}\right\}$$

로 놓자. 그리고, A에서 $|z_1 - z_2| < \delta$인 임의의 두 점 z_1, z_2를 택하자. $\mathcal{F}$가 A의 열린 덮개이므로, $z_1 \in D(p_j, \delta_{p_j}/2)$인 $j \in \{1, 2, \ldots, k\}$가 존재한다. 따라서,

$$|f(z_1) - f(p_j)| < \frac{\epsilon}{2}$$

이다. 또한

$$|p_j - z_2| \le |p_j - z_1| + |z_1 - z_2| < \frac{\delta_j}{2} + \delta \le \frac{\delta_j}{2} + \frac{\delta_j}{2} = \delta_j$$

이므로

$$|f(p_j) - f(z_1)| < \frac{\epsilon}{2}$$

이다. 따라서,

$$|f(z_1) - f(z_2)| \le |f(z_1) - f(p_j)| + |f(p_j) - f(z_2)| < \frac{\epsilon}{2} + \frac{\epsilon}{2} = \epsilon$$

이다. 그러므로, f는 A에서 균등연속이다. □

3.3.4 연결집합과 함수의 연속성

복소평면의 부분집합에 대한 연결성을 정의하고, 이 성질과 연속함수 사이의 관계를 살펴 보자.

집합을 다음과 같이 두 부분으로 나눌 수 있음을 정의하고, 이를 이용하여 집합의 연결성을 정의한다.

정의 3.9: 집합의 분리와 연결성

복소평면 $\mathbb{C}$의 부분집합 S에 대하여,

(가) $U \cap V = \emptyset$,

(나) $S \subseteq [U \cup V]$,

(다) $U \cap S \neq \emptyset, \quad V \cap S \neq \emptyset$

인 열린 집합 U와 V가 존재하면 $\{U, V\}$는 집합 S의 **분리**라고 한다. 집합 S의 분리가 존재하지 않으면 S는 **연결된다**라고 한다.

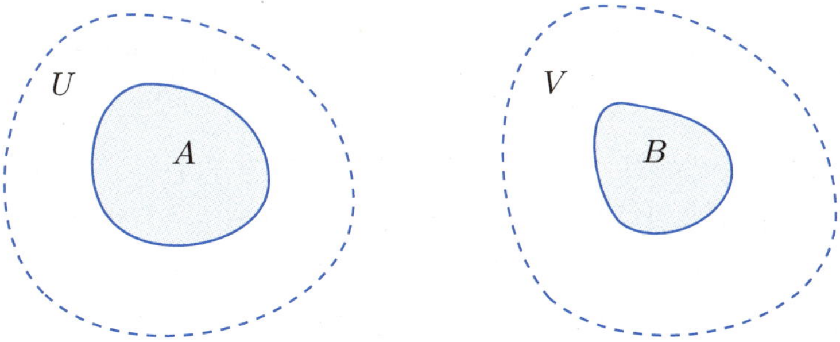

그림 3.13 집합 $S = A \cup B$의 분리 $\{U, V\}$

연결집합에 대한 연속함수의 상은 연결된다.

정리 3.24: 연결집합에 대한 연속함수의 상의 연결성

연속함수 $f\colon S \to \mathbb{C}$에 대하여, S가 연결되면 $f(S)$는 연결된다.

증명 대우법으로 증명하기 위하여, $f(S)$가 연결되지 않다고 가정하자. 즉, $f(S)$의 분리 $\{U, V\}$가 존재한다고 가정하자. 그러면, $f^{-1}(U \cap V) = f^{-1}(\emptyset) = \emptyset$이고 $f^{-1}(U) \cap f^{-1}(V) \subset f^{-1}(U \cap V)$이므로, $f^{-1}(U) \cap f^{-1}(V) = \emptyset$이며 또한

$$S \subset f^{-1}(f(S)) \subset f^{-1}(U \cup V) = f^{-1}(U) \cup f^{-1}(V)$$

이다. $U \cap f(S) \neq \emptyset$이고 $V \cap f(S) \neq \emptyset$이므로, $f^{-1}(U) \cap S \neq \emptyset$이고 $f^{-1}(V) \cap S \neq \emptyset$이다. 따라서 $(f^{-1}(U), f^{-1}(V))$는 S의 분리이다. 즉, S는 연결되지 않는다. □

유한인 닫힌 구간 $[a, b]$에서 정의된 연속함수 $\gamma\colon [a, b] \to \mathbb{C}$는 **곡선**이라고 한다. 곡선을 이용하면, 집합의 다음과 같은 연결성을 생각할 수 있다.

정의 3.10: 호로 연결된 집합

복소평면 $\mathbb{C}$의 부분집합 S에 대하여, S의 임의의 두 점 z_1과 z_2에 대하여 $\gamma(a) = z_1$이고 $\gamma(b) = z_2$인 곡선 $\gamma\colon [a, b] \to S$가 존재하면, S는 **호로 연결된다**라고 한다.

호로 연결된 집합은 연결집합이다.

정리 3.25: 호로 연결된 집합의 연결성

복소평면 $\mathbb{C}$의 부분집합 S에 대하여, S가 호로 연결되면 S는 연결된다.

증명 대우법으로 증명하기 위하여 집합 S가 연결되지 않는다고 가정하자. 그러면 S의 분리 $\{U, V\}$가 존재한다. 임의의 점 $z_1 \in S \cap U$와 $z_2 \in S \cap V$에 대하여, $\gamma(a) = z_1$이고 $\gamma(b) = z_2$인 곡선 $\gamma\colon [a, b] \to S$는 존재하지 않는다. 왜냐하면 $[a, b]$는 연결집합이므로, $\gamma([a, b])$도 연결집합이 되어야 하는데, $\gamma(a) = z_1$이고 $\gamma(b) = z_2$이면 $\{U, V\}$가 $g([a, b])$의 분리이므로 $\gamma([a, b])$가 연결되지 않기 때문이다. 따라서 S는 호로 연결되지 않는다. □

정리 3.25의 역은 성립하지 않는다.

예제 3.10. 집합

$$A = \{z \in \mathbb{C}\colon \operatorname{Im} z = 0\},$$
$$B = \{z \in \mathbb{C}\colon \operatorname{Re} z > 0, \operatorname{Im} z = \sin(1/\operatorname{Re} z)\}$$

에 대하여, $S = A \cup B$가 연결되지만 호로 연결되지 않음을 보여라.

풀이 집합 A와 B는 모두 호로 연결되므로 연결된다.

집합 S는 호로 연결되지 않음을 보이기 위하여, 임의의 점 $z_1 \in A$와 $z_2 \in B$에 대하여 $\gamma(a) = z_1$이고 $\gamma(b) = z_2$인 곡선 $\gamma\colon [a,b] \to S$가 존재한다고 가정하자. 그러면 $\gamma([a,b])$는 옹골찬 집합, 즉 유계인 닫힌 집합이고, 또한 연결집합이다. 따라서 $\gamma([a,b])$이 유계인 연결집합이므로, 집합 A에서 z_1의 오른쪽부분을 모두 포함하여야 하고 집합 B에서 z_2의 왼쪽부분을 모두 포함하여야 한다. 그러면, 점 $i/2$는 $\gamma([a,b])$의 쌓인 점이지만 $i/2 \notin \gamma([a,b])$이다. 즉 $\gamma([a,b])$는 닫힌 집합이 아니어야 하므로 모순이다.

집합 S는 연결됨을 보이기 위하여

$$S \subset U \cup V, \quad U \cap V = \emptyset$$

인, 임의의 열린 집함의 순서쌍 (U, V)를 생각하자. $0 \in U$라고 가정하자. 그러면 A는 연결집합이므로 $A \subset U$이어야 한다. 또한

$$0 \subset D(0;\epsilon) \subset U$$

인 양의 상수 ϵ이 존재하는데, $D(0;\epsilon) \cap B \neq \emptyset$이고 B는 연결되므로, $B \subset U$이다. 따라서 $V \cap S = \emptyset$이므로 $\{U, V\}$는 S의 분할이 아니다. □

복소평면에 놓인 집합이 열린 연결집합이면, 이 집합은 호로 연결된 집합이다.

정리 3.26: 열린 연결집합의 호로 연결성

복소평면 $\mathbb{C}$의 부분집합 S에 대하여, S가 열린 연결집합이면 S는 호로 연결된 집합이다.

증명 집합 S가 공집합이면 결과는 당연하므로 집합 S는 공집합이 아니라고 가정하자. 집합 S에 놓인 한 점 z_0을 고정하자. 점 z_0과 곡선에 따라서 연결되는 S에 놓인 모든

점들의 집합을 A라고 놓고 $B = S - A$라고 놓자. 그러면

$$A \cup B = S, \quad A \cap B = \emptyset$$

이다. 여기서 집합 A와 B가 모두 열린 집합이라는 것을 보일 것이다. 그러면, 집합 A는 공집합이 아니고 또한 집합 S가 연결집합이므로 집합 B가 공집합이다. 따라서 결과가 성립한다.

먼저 집합 A가 열린 집합임을 보이자. 집합 A에 놓인 임의의 점 z_1을 택하자. 그러면 집합 S가 열린 집합이므로, $D(z_1; r) \subset S$인 열린 원판 $D(z_1; r)$이 존재한다. 그런데 열린 원판 $D(z_1; r)$에 놓인 모든 점 z는, 점 z_1과 열린 원판 $D(z_1; r)$에 놓인 선분으로 연결되므로, 점 z_0과 곡선으로 연결된다. 따라서 $D(z_1; r) \subseteq A$이다. 즉, 집합 A는 열린 집합이다.

집합 B가 열린 집합임을 보이자. 집합 B에 놓인 임의의 점 z_1을 택하자. 그러면 집합 S가 열린 집합이므로, $D(z_1; s) \subset S$인 양의 실수 s가 존재한다. 그런데, 열린 원판 $D(z_1; s)$에 놓인 모든 점은, 점 z_1와 원판 $D(z_1; s)$에 놓인 선분으로 연결되므로, 곡선으로 점 z_0과 연결되지 않는다. 그러므로 $D(z_1; s) \subseteq B$, 즉 집합 B는 열린 집합이다. □

앞으로 열린 연결집합을 **영역**이라고 하자.

3.4 함수의 미분

이 절에서는 함수의 미분가능에 대하여 살펴 본다. 미분가능한 함수에 대하여, 함수의 실수부와 허수부에 대한 코시-리만의 방정식이 성립한다. 도함수의 기본적인 성질을 이용하면 여러 함수의 도함수를 구할 수 있다.

3.4.1 미분계수와 일차근사

복소함수의 미분계수를 실함수의 미분계수와 같은 방식으로 정의한다.

정의 3.11: 점에서 함수의 미분가능

함수 $f\colon D \to \mathbb{C}$와 점 $z_0 \in D$에 대하여, 극한

$$\lim_{z\to z_0} \frac{f(z)-f(z_0)}{z-z_0}$$

이 존재하면 z_0에서 함수 f는 **미분가능하다**고 한다. 여기서 이 극한을 z_0에서의 함수 f의 **미분계수**라고 하고 $f'(z_0)$ 또는 $\dfrac{df}{dz}(z_0)$으로 나타낸다. f가 D의 모든 점에서 미분가능하면 f는 D에서 **미분가능하다**고 한다. 이때, $z \mapsto f'(z)$으로 정의되는 함수 $f'\colon D \to \mathbb{C}$를 f의 **도함수**[a]라고 한다. 도함수 f'가 연속이면 f는 **연속 미분가능하다**고 한다.

[a] 함수 f에 따라서 **유도된 함수**라는 의미에서 도함수라고 한다.

예제 3.11. 복소상수 a, b에 대한 일차함수 $f(z) = a + bz$에 대하여, f가 미분가능한지를 판별하고, 미분가능하면 도함수 f'을 구하여라.

풀이 임의의 점 z_0에 대하여, $z \neq z_0$일 때

$$\frac{f(z)-f(z_0)}{z-z_0} = \frac{(a+bz)-(a+bz_0)}{z-z_0} = b$$

이므로

$$f'(z_0) = \lim_{z\to z_0} \frac{f(z)-f(z_0)}{z-z_0} = b$$

이다. 임의의 점 z_0에서 f가 미분가능하므로, f는 미분가능하고 이때,

$$f'(z_0) = b$$

이므로 도함수 $f' = b$은 함숫값이 b인 상수함수이다. □

예제 3.12. 함수 $f(z) = \overline{z}$에 대하여, f가 미분가능한지를 판별하고, 미분가능하면 도함수 f'을 구하여라.

풀이 임의의 점 z_0에 대하여, $z \neq z_0$일 때

$$\frac{f(z) - f(z_0)}{z - z_0} = \frac{\overline{z} - \overline{z_0}}{z - z_0}$$

이므로, $z = x + iy_0$가 x축을 따라서 $z_0 = x_0 + iy_0$로 접근하면 극한은

$$\lim_{x \to x_0} \frac{f(z) - f(z_0)}{z - z_0} = \lim_{x \to x_0} \frac{(x - iy_0) - (x_0 - iy_0)}{x - x_0} = 1$$

이고 $z = x_0 + iy$가 y축을 따라서 $z_0 = x_0 + iy_0$로 접근하면 극한은

$$\lim_{y \to y_0} \frac{f(z) - f(z_0)}{z - z_0} = \lim_{y \to y_0} \frac{(x_0 - iy) - (x_0 - iy_0)}{iy - iy_0} = -1$$

이다. 따라서

$$\lim_{x \to x_0} \frac{f(z) - f(z_0)}{z - z_0} \neq \lim_{y \to y_0} \frac{f(z) - f(z_0)}{z - z_0}$$

이므로, 극한

$$\lim_{z \to z_0} \frac{f(z) - f(z_0)}{z - z_0}$$

은 존재하지 않는다. 즉, z_0에서 f는 미분가능하지 않다. z_0은 임의의 점이므로, 모든 점에서 f는 미분가능하지 않다. □

함수 f가 점 z_0에서 미분가능하다고 가정하자. 그러면, 극한

$$f'(z_0) = \lim_{z \to z_0} \frac{f(z) - f(z_0)}{z - z_0}$$

이 존재하므로,

$$\begin{aligned} 0 &= \lim_{z \to z_0} \frac{f(z) - f(z_0)}{z - z_0} - f'(z_0) \\ &= \lim_{z \to z_0} \frac{f(z) - f(z_0) - f'(z_0)(z - z_0)}{z - z_0} \end{aligned}$$

이다. 따라서

$$g(z) = \begin{cases} \dfrac{f(z) - f(z_0) - f'(z_0)(z - z_0)}{z - z_0}, & z \neq z_0\text{일 때,} \\ 0, & z = z_0\text{일 때} \end{cases}$$

으로 정의된 함수 g는 점 z_0에서 연속이다. 함수 g를 이용하여 함수 f를 나타내면

$$f(z) = f(z_0) + f'(z_0) \cdot (z - z_0) + g(z) \cdot (z - z_0)$$

이다. 여기서

$$0 = g(z_0) = \lim_{z \to z_0} g(z) = \lim_{z \to z_0} \frac{f(z) - f(z_0) - f'(z_0)(z - z_0)}{z - z_0}$$

이므로, z가 z_0으로 접근할 때 z가 z_0으로 접근하는 것보다 $f(z)$가

$$L(z) = f(z_0) + f'(z_0)(z - z_0)$$

에 훨씬 빨리 접근하는 것을 알 수 있다. 이때, 함수 L은 z에 대한 일차함수이고 z_0 근방에서 f와 함숫값이 거의 같으므로, 함수 L은 z_0에서의 함수 f의 **일차근사**[2]라고 한다.

여기서 함수 L은 다음과 같이 두 가지로 나누어 생각할 수 있다.

(1) $f'(z_0) = 0$인 경우, $L(z) = f(a)$로 L은 상수함수이다.

(2) $f'(z_0) \neq 0$인 경우, L는 일차함수

$$L(z) = f(z_0) + f'(z_0)(z - z_0)$$

이다. 따라서, L는

(가) 복소평면 $\mathbb{C}$를 평행이동 $z \mapsto z - z_0$ 한 후,

(나) 이것을 다시 $|f'(z_0)|$만큼 확대 또는 축소 $z \mapsto |f'(z_0)|z$ 한 후,

(다) 이것을 $\arg f'(z_0)$만큼 원점 0을 중심으로 회전이동 $z \mapsto e^{i \arg f'(z_0)} z$ 한 후,

(라) 이것을 평행이동 $z \mapsto z + f(z_0)$ 하는

변환이다.

---

2 일차근사를 **선형근사**라고도 한다.

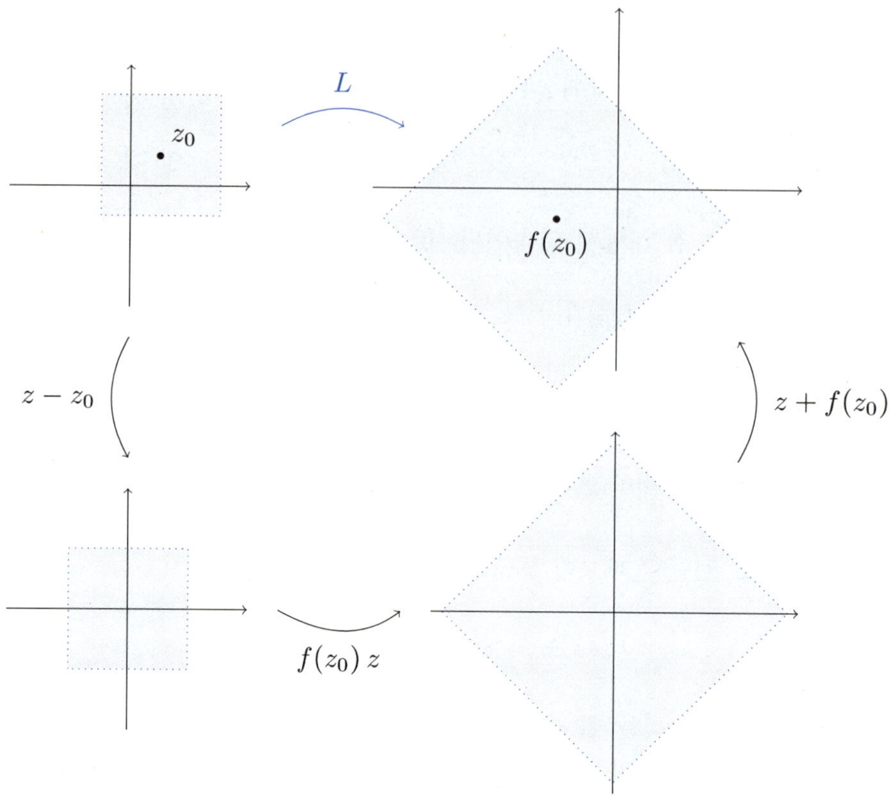

그림 3.14 $f'(z_0) \neq 0$일 때, 함수 $L(z) = f(z_0) + f'(z_0)(z - z_0)$

예제 3.13. 함수 $f(z) = z^2 + z + 3$에 대하여, 1에서의 f의 일차근사 L을 구하고 $f(z) = L(z) + g(z)(z-1)$인 함수 g를 구하여라.

풀이 함수 f의 도함수는

$$f'(z) = 2z + 1$$

이므로, $f'(1) = 3$이다. $f(1) = 5$이므로, 1에서의 f의 일차근사는

$$L(z) = 5 + 3(z-1)$$

이다. 또한

$$f(z) - L(z) = (z^2 + z + 3) - 5 - 3(z-1) = z^2 - 2z + 1 = (z-1)^2$$

이므로,

$$g(z) = \frac{f(z) - L(z)}{z - 1} = z - 1$$

이다. □

3.4.2 코시-리만의 방정식

미분가능한 함수의 실수부와 허수부의 성질을 이해하기 위하여, 다음의 편미분계수와 편도함수를 정의하자.

함수 $f : D \to \mathbb{C}$와 점 $z_0 \in D$에 대하여, 점 $z = x + iy_0$가 x축을 따라서 $z_0 = x_0 + iy_0$에 접근할 때의 극한

$$\lim_{x \to x_0} \frac{f(x + iy_0) - f(x_0 + iy_0)}{x - x_0}$$

이 존재하면 z_0에서 함수 f는 x에 대하여 **편미분가능하다**고 한다. 여기서, 이 극한을 z_0에서의 함수 f의 x에 대한 **편미분계수**라고 하고

$$\frac{\partial f}{\partial x}(z_0)$$

으로 나타낸다. f가 D의 모든 점에서 x에 대하여 편미분가능하면 f는 D에서 x에 대하여 **편미분가능하다**고 한다. 이때,

$$z \mapsto \frac{\partial f}{\partial x}(z)$$

으로 정의되는 함수 $\frac{\partial f}{\partial x} : D \to \mathbb{C}$를 f의 x에 대한 **편도함수**라고 한다.

함수 $f : D \to \mathbb{C}$와 점 $z_0 \in D$에 대하여, 점 $z = x_0 + iy$가 y축을 따라서 $z_0 = x_0 + iy_0$에 접근할 때의 극한

$$\lim_{y \to y_0} \frac{f(x_0 + iy) - f(x_0 + iy_0)}{y - y_0}$$

이 존재하면 z_0에서 함수 f는 y에 대하여 **편미분가능하다**고 한다. 여기서 이 극한을 z_0에서의 함수 f의 y에 대한 **편미분계수**라고 하고

$$\frac{\partial f}{\partial y}(z_0)$$

으로 나타낸다. f가 D의 모든 점에서 y에 대하여 편미분가능하면 f는 D에서 y에 대하여 **편미분가능하다**고 한다. 이때,

$$z \mapsto \frac{\partial f}{\partial y}(z)$$

으로 정의되는 함수 $\frac{\partial f}{\partial y}: D \to \mathbb{C}$를 f의 y에 대한 **편도함수**라고 한다.

정리 3.12의 증명과 같은 방식으로, 다음의 정리가 성립함을 알 수 있다.

정리 3.27: 함수의 실수부와 허수부와 함수의 편미분

함수 $f: D \to \mathbb{C}$와 점 z_0에 대하여, z_0에서 f가 x에 대하여 편미분가능한 것은 z_0에서 $\operatorname{Re} f$와 $\operatorname{Im} f$가 x에 대하여 편미분가능하기 위한 필요충분조건이다. 이때,

$$\frac{\partial f}{\partial x}(z_0) = \frac{\partial \operatorname{Re} f}{\partial x}(z_0) + i\frac{\partial \operatorname{Im} f}{\partial x}(z_0)$$

이다.

또한 z_0에서 f가 y에 대하여 편미분가능한 것은 z_0에서 $\operatorname{Re} f$와 $\operatorname{Im} f$가 y에 대하여 편미분가능하기 위한 필요충분조건이다. 이때,

$$\frac{\partial f}{\partial y}(z_0) = \frac{\partial \operatorname{Re} f}{\partial y}(z_0) + i\frac{\partial \operatorname{Im} f}{\partial y}(z_0)$$

이다.

예제 3.14. 함수 $f(z) = z^2$에 대하여, f가 x에 대하여 편미분가능한지를 판정하고 편미분가능하면 편도함수 $\partial f/\partial x$를 구하여라. 또한 f가 y에 대하여 편미분가능한지를 보이고 편미분가능하면 편도함수 $\partial f/\partial y$를 구하여라.

풀이 함수 f에 대하여,

$$u(z) = \operatorname{Re} f(z), \qquad v(z) = \operatorname{Im} f(z)$$

로 놓자. 그러면

$$f(z) = z^2 = (x+iy)^2 = (x^2 - y^2) + i(2xy)$$

이므로,

$$u(z) = x^2 - y^2, \quad v(z) = 2xy$$

이다. 여기서 u와 v가 x와 y에 대하여 편미분가능하므로 f는 x와 y에 대하여 편미분가능하다. 그리고,

$$\frac{\partial u}{\partial x}(z) = 2x, \quad \frac{\partial u}{\partial y}(z) = -2y$$

이고

$$\frac{\partial v}{\partial x}(z) = 2y, \quad \frac{\partial v}{\partial y}(z) = 2x$$

이므로,

$$\frac{\partial f}{\partial x}(z) = \frac{\partial u}{\partial x}(z) + i\frac{\partial v}{\partial x}(z) = 2x + i2y = 2z$$

이고

$$\frac{\partial f}{\partial y}(z) = \frac{\partial u}{\partial y}(z) + i\frac{\partial v}{\partial y}(z) = -2y + i2x = i2z$$

이다. □

함숫값이 실수인 함수 u와 v에 대한 코시-리만의 방정식을 정의하자.

정의 3.12: 코시-리만의 방정식

함숫값이 실수인 함수 $u\colon D \to \mathbb{R}$와 $v\colon D \to \mathbb{R}$에 대하여, 연립미분방정식

$$\frac{\partial u}{\partial x}(z) = \frac{\partial v}{\partial y}(z), \qquad \frac{\partial u}{\partial y}(z) = -\frac{\partial v}{\partial x}(z)$$

를 u와 v에 대한 **코시-리만의 방정식**이라고 한다.

예제 3.15. 함수 $u(x+iy) = x^2 - y^2$와 $v(x+iy) = 2xy$에 대하여, u와 v에 대한 코시-리만의 방정식이 성립함을 보여라.

풀이 함수 u와 v에 대하여,

$$\frac{\partial u}{\partial x}(z) = 2x = \frac{\partial v}{\partial y}(z), \quad \frac{\partial u}{\partial y}(z) = -2y = -\frac{\partial v}{\partial x}(z)$$

이므로, u와 v에 대한 코시-리만의 방정식이 성립한다. □

함수 f가 미분가능하면, f의 실수부 u와 허수부 v에 대한 코시-리만의 방정식이 성립한다.

정리 3.28: 함수의 미분가능성과 코시-리만의 방정식

함수 $f: D \to \mathbb{C}$에 대하여, f가 미분가능하면 f의 실수부 u와 허수부 v에 대한 편도함수 $\partial u/\partial x$, $\partial u/\partial y$, $\partial v/\partial x$, $\partial v/\partial y$가 존재하고 u와 v에 대한 코시-리만의 방정식이 성립한다.

증명 함수 $f: D \to \mathbb{C}$가 미분가능하다고 가정하자. 그러면 $z_0 = x_0 + iy_0$, $z = x + iy$ $(x_0, y_0, x, y \in \mathbb{R})$일 때, 실수축을 따라서 $z = x + iy_0$가 $z_0 = x_0 + iy_0$에 접근하면

$$\begin{aligned} f'(z_0) &= \lim_{z \to z_0} \frac{f(z) - f(z_0)}{z - z_0} \\ &= \lim_{x \to x_0} \frac{\{u(x + iy_0) + iv(x + iy_0)\} - \{u(x_0 + iy_0) + iv(x_0 + iy_0)\}}{x - x_0} \\ &= \lim_{x \to x_0} \left(\frac{u(x + iy_0) - u(x_0 + iy_0)}{x - x_0} + i \frac{v(x + iy_0) - v(x_0 + iy_0)}{x - x_0} \right) \end{aligned}$$

이다. 여기서 극한

$$\lim_{x \to x_0} \frac{f(x + iy_0) - f(x_0 + iy_0)}{x - x_0}$$

이 존재하는 것은 극한

$$\lim_{x \to x_0} \frac{u(x + iy_0) - u(x_0 + iy_0)}{x - x_0}, \quad \lim_{x \to x_0} \frac{v(x + iy_0) - v(x_0 + iy_0)}{x - x_0}$$

이 존재하기 위한 필요충분조건이므로,

$$\frac{\partial u}{\partial x}(z_0), \quad \frac{\partial v}{\partial x}(z_0)$$

가 존재하고

$$f'(z_0) = \frac{\partial u}{\partial x}(z_0) + i \frac{\partial v}{\partial x}(z_0)$$

이다.

한편 허수축을 따라서 $z = x_0 + iy$가 $z_0 = x_0 + iy_0$에 접근하면

$$\begin{aligned} f'(z_0) &= \lim_{z \to z_0} \frac{f(z) - f(z_0)}{z - z_0} \\ &= \lim_{y \to y_0} \frac{[u(x_0 + iy) + iv(x_0 + iy)] - [u(x_0 + iy_0) + iv(x_0 + iy_0)]}{i(y - y_0)} \\ &= \lim_{y \to y_0} \left(\frac{v(x_0 + iy) - v(x_0 + iy_0)}{y - y_0} - i \frac{u(x_0 + iy) - u(x_0 + iy_0)}{y - y_0} \right) \end{aligned}$$

이다. 여기서 극한

$$\lim_{y \to y_0} \frac{f(x_0 + iy) - f(x_0 + iy_0)}{y - y_0}$$

이 존재하는 것은 극한

$$\lim_{y \to y_0} \frac{u(x_0 + iy) - u(x_0 + iy_0)}{y - y_0}, \quad \lim_{y \to y_0} \frac{v(x_0 + iy) - v(x_0 + iy_0)}{y - y_0}$$

이 존재하기 위한 필요충분조건이므로,

$$\frac{\partial u}{\partial y}(z_0), \quad \frac{\partial v}{\partial y}(z_0)$$

가 존재하고

$$f'(z_0) = \frac{\partial v}{\partial y}(z_0) - i \frac{\partial u}{\partial y}(z_0)$$

이다. 따라서,

$$\frac{\partial u}{\partial x}(z_0) + i \frac{\partial v}{\partial x}(z_0) = f'(z_0) = \frac{\partial v}{\partial y}(z_0) - i \frac{\partial u}{\partial y}(z_0)$$

다시 말하면,

$$\frac{\partial u}{\partial x}(z_0) = \frac{\partial v}{\partial y}(z_0), \qquad \frac{\partial u}{\partial y}(z_0) = -\frac{\partial v}{\partial x}(z_0)$$

이다. □

함수 f가 미분가능하면, 앞에서 살펴본 것과 같이 $u(z) = \operatorname{Re} f(z)$와 $v(z) = \operatorname{Im} f(z)$에 대한 코시-리만의 방정식이 성립한다. 그런데 편도함수

$$\frac{\partial u}{\partial x}, \quad \frac{\partial u}{\partial y}, \quad \frac{\partial v}{\partial x}, \quad \frac{\partial v}{\partial y}$$

가 모두 연속인 경우에는 역도 성립한다.

정리 3.29: 코시-리만의 방정식과 함수의 미분가능성

함수 $u\colon D \to \mathbb{R}$, $v\colon D \to \mathbb{R}$와 함수 $f(z) = u(z) + iv(z)$에 대하여, 편도함수$\partial u/\partial x$, $\partial u/\partial y$, $\partial v/\partial x$, $\partial v/\partial y$이 존재하고 연속일 때는, u와 v에 대한 코시-리만의 방정식이 성립하는 것은 f가 미분가능하기 위한 필요충분조건이다.

증명 함수 f가 미분가능하면 u와 v에 대한 코시-리만의 방정식이 성립한다는 것은 앞에서 보였다. 그러므로 그 역을 보이자. u와 v에 대한 코시-리만의 방정식이 성립한다고 가정하자. 이제 f가 미분가능하다는 것을 보이자. 즉, 임의의 점 z에서

$$\lim_{h\to 0} \frac{f(z+h) - f(z)}{h}$$

가 존재함을 보이자. 여기서

$$z = x + iy, \quad h = h_1 + ih_2, \quad (x, y, h_1, h_2 \in \mathbb{R})$$

으로 놓으면, 평균값 정리에 따라서

$$\begin{aligned} f(z+h) - f(z) &= [f(x+iy+h_1+ih_2) - f(x+iy+ih_2)] \\ &\quad + [f(x+iy+ih_2) - f(x+iy)] \\ &= \frac{\partial u}{\partial x}(s_1 + i(y+h_2)) \cdot h_1 + i\frac{\partial v}{\partial x}(s_2 + i(y+h_2)) \cdot h_1 \\ &\quad + \frac{\partial u}{\partial y}(x+it_1) \cdot h_2 + i\frac{\partial v}{\partial y}(x+it_2) \cdot h_2 \end{aligned}$$

인, x와 $x+h_1$ 사이의 실수 s_1과 s_2, 그리고 y와 $y+h_2$ 사이의 실수 t_1과 t_2가 존재한다. u와 v에 대한 코시-리만의 방정식이 성립하므로

$$\begin{aligned} &f(z+h) - f(z) \\ &\quad = \frac{\partial u}{\partial x}(s_1 + i(y+h_2)) \cdot h_1 + i\frac{\partial v}{\partial x}(s_2 + i(y+h_2)) \cdot h_1 \\ &\qquad + i\frac{\partial v}{\partial x}(x+it_1) \cdot (ih_2) + \frac{\partial u}{\partial x}(x+it_2) \cdot (ih_2) \\ &\quad = \frac{\partial u}{\partial x}(s_1 + i(y+h_2)) \cdot h_1 + \frac{\partial u}{\partial x}(x+it_2) \cdot (ih_2) \\ &\qquad + i\left(\frac{\partial v}{\partial x}(s_2 + i(y+h_2)) \cdot h_1 + \frac{\partial v}{\partial x}(x+it_1) \cdot (ih_2)\right) \end{aligned}$$

이다. 따라서

$$\lim_{h \to 0} \frac{f(z+h) - f(z)}{h} = \frac{\partial u}{\partial x}(z) + i\frac{\partial v}{\partial x}(z) = \frac{\partial f}{\partial x}(z)$$

이다. □

위의 정리의 증명에서

$$f'(z) = \frac{\partial f}{\partial x}(z)$$

임을 알 수 있다. 같은 방식으로, f가 미분가능하면

$$f'(z) = \frac{1}{i}\frac{\partial f}{\partial y}(z) = -i\frac{\partial f}{\partial y}(z)$$

임을 알 수 있다. 또한

$$\frac{\partial f}{\partial x}(z) = \frac{\partial u}{\partial x}(z) + i\frac{\partial v}{\partial x}(z)$$

이고

$$\frac{1}{i}\frac{\partial f}{\partial y}(z) = \frac{1}{i}\left(\frac{\partial u}{\partial y}(z) + i\frac{\partial v}{\partial y}(z)\right) = \frac{\partial v}{\partial y}(z) - i\frac{\partial u}{\partial y}(z)$$

이므로, 방정식

$$\frac{\partial f}{\partial x}(z) = \frac{1}{i}\frac{\partial f}{\partial y}(z)$$

이 u와 v에 대한 코시-리만의 방정식임을 알 수 있다.

> **예제 3.16.** 함수 $f(z) = z^2$에 대하여, f가 미분가능한지를 판별하고, 미분가능하면 도함수 f를 구하여라.

풀이 함수 f는

$$f(z) = (x+iy)^2 = (x^2 - y^2) + i(2xy)$$

이므로, f의 실수부와 허수부

$$u(z) = x^2 - y^2, \qquad v(z) = 2xy$$

의 x와 y에 대한 편도함수가 존재하고 연속이며

$$\frac{\partial u}{\partial x}(z) = 2x, \quad \frac{\partial u}{\partial y}(z) = -2y, \quad \frac{\partial v}{\partial x}(z) = 2y, \quad \frac{\partial v}{\partial y}(z) = 2x$$

이다. 따라서, u와 v에 대한 코시-리만의 방정식

$$\frac{\partial u}{\partial x} = \frac{\partial v}{\partial y}, \qquad \frac{\partial u}{\partial y} = -\frac{\partial u}{\partial x}$$

이 성립하므로 f는 미분가능하다. 이때, 도함수는

$$f'(z) = \frac{\partial f}{\partial x}(z) = 2x + i2y = 2z$$

이다. □

예제 3.17. 반전 $f(z) = \overline{z}$에 대하여, f가 미분가능한지를 판별하고, 미분가능하면 도함수 f를 구하여라.

풀이 함수 f는

$$f(z) = x - iz$$

이므로, f의 실수부와 허수부

$$u(z) = x, \qquad v(z) = -y$$

의 x와 y에 대한 편도함수가 존재하고 연속이며

$$\frac{\partial u}{\partial x}(z) = 1, \quad \frac{\partial u}{\partial y}(z) = 0, \quad \frac{\partial v}{\partial x}(z) = 0, \quad \frac{\partial v}{\partial y}(z) = -1$$

이다. 여기서

$$\frac{\partial u}{\partial x}(z) = 1 \neq -1 = \frac{\partial v}{\partial y}(z)$$

이므로, u와 v에 대한 코시-리만의 방정식이 성립하지 않는다. 따라서 반전 f는 모든 점에서 미분가능하지 않는다. □

예제 3.18. 함수 $f(z) = \mathrm{Re}\, z$가 미분가능한지 판별하여라.

풀이 함수 f의 실수부와 허수부는 각각

$$u(x+iy) = x, \qquad v(x+iy) = 0$$

이다. 이때, 임의의 점 z에서

$$\frac{\partial u}{\partial x}(z) = 1, \quad \frac{\partial v}{\partial y}(z) = 0$$

이므로, u와 v에 대한 코시-리만의 방정식이 성립하지 않는다. 따라서 함수 f는 모든 점에서 미분가능하지 않다. □

예제 3.19. 지수함수 $f(z) = e^z$의 도함수를 구하여라.

풀이 지수함수의 도함수는 $f'(z) = e^z$이다. 왜냐하면

$$f(z) = e^z = e^x e^{iy} = e^x \cos y + ie^x \sin y$$

이므로,

$$f'(z) = \frac{\partial f}{\partial x}(z) = e^x \cos y + ie^x \sin y = e^z$$

이기 때문이다. □

예제 3.20. 로그의 분지 $f(z) = \log z$의 도함수를 구하여라.

풀이 함수 f의 정의역에 놓인 점 z_0을 고정하였을 때, 점 z_0 근방에서 함수 f는 일대일 대응이며 $f^{-1}(z) = e^z$이다. 따라서

$$\begin{aligned} f'(z_0) &= \lim_{z \to z_0} \frac{\log z - \log z_0}{z - z_0} \\ &= \lim_{z \to z_0} \frac{1}{(e^{\log z} - e^{\log z_0})/(\log z - \log z_0)} \\ &= \frac{1}{e^{\log z_0}} \\ &= \frac{1}{z_0} \end{aligned}$$

이므로, 로그의 분지 $f(z) = \log z$의 도함수는 $f'(z) = 1/z$이다. □

미분가능한 함수는 연속이다.

정리 3.30: 미분가능한 함수의 연속성

함수 $f\colon D \to \mathbb{C}$에 대하여, f가 $z_0 \in D$에서 미분가능하면 f는 z_0에서 연속이다.

증명 함수 f가 점 z_0에서 미분가능하므로

$$\begin{aligned} f(z) &= f(z_0) + f'(z_0)(z - z_0) + g(z)(z - z_0), \\ g(z_0) &= 0 \end{aligned}$$

인, z_0에서 연속인 함수 $g\colon D \to \mathbb{C}$가 존재한다. 그러므로

$$\lim_{z \to z_0} f(z) = \lim_{z \to z_0} (f(z_0) + f'(z_0)(z - z_0) + g(z)(z - z_0)) = f(z_0)$$

이다. □

3.4.3 도함수에 대한 기본적인 성질

여러 함수의 도함수를 구하기 위하여, 도함수에 대한 기본적인 성질을 알아보자.

정리 3.31: 함수의 합의 미분가능성

함수 $f\colon D \to \mathbb{C}$와 $g\colon D \to \mathbb{C}$에 대하여, f와 g가 점 $z_0 \in D$에서 미분가능하면 함수 $h(z) = f(z) + g(z)$는 z_0에서 미분가능하며

$$h'(z_0) = f'(z_0) + g'(z_0)$$

이다.

증명 점 $z_0 \in D$에서,

$$\begin{aligned} h'(z_0) &= \lim_{z \to z_0} \frac{h(z) - h(z_0)}{z - z_0} = \lim_{z \to z_0} \frac{(f(z) + g(z)) - (f(z_0) + g(z_0))}{z - z_0} \\ &= \lim_{z \to z_0} \frac{(f(z) - f(z_0)) + (g(z) - g(z_0))}{z - z_0} \\ &= f'(z_0) + g'(z_0) \end{aligned}$$

이다. □

정리 3.32: (라이프니츠) 함수의 곱의 미분가능성

함수 $f: D \to \mathbb{C}$와 $g: D \to \mathbb{C}$에 대하여, f와 g가 점 $z_0 \in D$에서 미분가능하면 함수 $h(z) = f(z)g(z)$는 z_0에서 미분가능하며

$$h'(z_0) = f'(z_0)g(z_0) + f(z_0)g'(z_0)$$

이다.

증명 점 $z_0 \in D$에서,

$$\begin{aligned} h'(z_0) &= \lim_{z \to z_0} \frac{f(z)g(z) - f(z_0)g(z_0)}{z - z_0} \\ &= \lim_{z \to z_0} \left(\frac{f(z) - f(z_0)}{z - z_0} g(z) + f(z_0) \frac{g(z) - g(z_0)}{z - z_0} \right) \\ &= f'(z_0)g(z_0) + f(z_0)g'(z_0) \end{aligned}$$

이다. □

정리 3.33: 함수의 몫의 미분가능성

함수 $f: D \to \mathbb{C}$와 $g: D \to \mathbb{C}$에 대하여, f와 g가 점 $z_0 \in D$에서 미분가능하고 $g(z_0) \neq$이면 함수 $h(z) = f(z)/g(z)$는 z_0에서 미분가능하며

$$h'(z_0) = \frac{f'(z_0)g(z_0) - f(z_0)g'(z_0)}{g(z_0)^2}$$

이다.

증명 $g(z_0) \neq 0$인 점 z_0에서,

$$\begin{aligned} h'(z_0) &= \lim_{z\to z_0} \frac{h(z)-h(z_0)}{z-z_0} \\ &= \lim_{z\to z_0} \frac{f(z)/g(z)-f(z_0)/g(z_0)}{z-z_0} \\ &= \lim_{z\to z_0} \frac{f(z)g(z_0)-f(z_0)g(z)}{g(z)g(z_0)} \frac{1}{z-z_0} \\ &= \lim_{z\to z_0} \left[\left(\frac{f(z)-f(z_0)}{z-z_0} g(z_0) - f(z_0) \frac{g(z)-g(z_0)}{z-z_0} \right) \frac{1}{g(z)g(z_0)} \right] \\ &= \frac{f'(z_0)g(z_0)-f(z_0)g'(z_0)}{g(z_0)^2} \end{aligned}$$

이다. □

다음과 같이 간단한 여러 함수의 도함수를 쉽게 구할 수 있다.

정리 3.34: 간단한 다항함수의 도함수

함수 $f: D \to \mathbb{C}$에 대하여 다음이 성립한다.

(가) 함수 f가 상수함수이면, 도함수 f'은 영함수이다.

(나) 함수 f가 항등함수 즉 $f(z) = z$이면, 도함수 f'은 값이 1인 상수함수이다.

(다) 임의의 정수 n에 대하여, $f(z) = z^n$이면 도함수는 $f'(z) = nz^{n-1}$이다.

증명 (가) 함수 f가 상수함수라고 가정하자. 즉, 모든 $z \in D$에 대하여, $f(z) = c$인 상수 c가 존재한다고 가정하자. 그러면

$$f'(z) = \lim_{w\to z} \frac{f(w)-f(z)}{w-z} = \lim_{w\to z} \frac{0}{w-z} = 0$$

이다.

(나) 함수 f가 항등함수라고 가정하자. 즉, 모든 $z \in D$에 대하여, $f(z) = z$라고 가정하자. 그러면

$$f'(z) = \lim_{w\to z} \frac{f(w)-f(z)}{w-z} = \lim_{w\to z} \frac{w-z}{w-z} = 1$$

이다.

(다) $n = 0$이면, (가)에 따라서 $f'(z) = 0z^{0-1}$이다.

$n > 0$이면, $w^n - z^n = (w-z)(w^{n-1} + w^{n-2}z + \cdots + wz^{n-2} + z^{n-1})$이므로,

$$f'(z) = \lim_{w \to z} \frac{w^n - z^n}{w - z} = nz^{n-1}$$

이다.

$n < 0$이면, $k = -n$으로 놓고

$$\begin{aligned} w^n - z^n &= \left(\frac{1}{w}\right)^k - \left(\frac{1}{z}\right)^k \\ &= \left(\frac{1}{w} - \frac{1}{z}\right)\left(\left(\frac{1}{w}\right)^{k-1} + \left(\frac{1}{w}\right)^{k-2}\frac{1}{z} + \cdots + \frac{1}{w}\left(\frac{1}{z}\right)^{k-2} + \left(\frac{1}{z}\right)^{k-1}\right) \\ &= -\frac{w-z}{wz}\left(\left(\frac{1}{w}\right)^{k-1} + \left(\frac{1}{w}\right)^{k-2}\frac{1}{z} + \cdots + \frac{1}{w}\left(\frac{1}{z}\right)^{k-2} + \left(\frac{1}{z}\right)^{k-1}\right) \end{aligned}$$

이므로

$$f'(z) = \lim_{w \to z} \frac{w^n - z^n}{w - z} = \frac{-k}{z^2}\left(\frac{1}{z}\right)^{k-1} = nz^{n-1}$$

이다. □

정리 3.31~3.33와 정리 3.34에 따라서, 다항함수와 유리함수의 도함수는 쉽게 구할 수 있다. 특히 다항함수의 도함수는 다음과 같다.

따름정리 3.35: 다항함수의 도함수

다항함수

$$f(z) = a_n z^n + a_{n-1}z^{n-1} + \cdots + a_1 z + a_0, \quad a_n \neq 0$$

의 도함수는

$$f'(z) = na_n z^{n-1} + (n-1)a_{n-1}z^{n-2} + \cdots + 2a_2 z + a_1$$

이다.

3.4.4 합성함수의 도함수에 대한 연쇄법칙

미분가능한 두 함수의 합성함수는 미분가능하다.

정리 3.36: (연쇄법칙) 미분가능한 두 함수의 합성의 미분가능성

함수 $f\colon D \to G$와 $g\colon G \to \mathbb{C}$에 대하여, f와 g가 각각 D와 G에서 미분가능하면 합성함수 $g \circ f$는 D에서 미분가능하고

$$(g \circ f)'(z) = g'(f(z))f'(z)$$

이다.

증명 점 $z \in D$을 고정하자. 함수 g는 $f(z)$에서 미분가능하므로

$$\begin{aligned} g(w) &= g(f(z)) + g'(f(z))(w - f(z)) + h(w)(w - f(z)), \\ h(f(z)) &= 0 \end{aligned}$$

인, $f(z)$에서 연속인 함수 $h\colon G \to \mathbb{C}$가 존재한다. 그러므로

$$\begin{aligned} &\lim_{h\to 0} \frac{g(f(z+h)) - g(f(z))}{h} \\ &\quad = \lim_{h\to 0} \left(g'(f(z)) \frac{f(z+h) - f(z)}{h} + h(f(z+h)) \frac{(f(z+h) - f(z))}{h} \right) \\ &\quad = g'(f(z)) \cdot f'(z) \end{aligned}$$

이다. □

예제 3.21. 함수 $f(z) = \cos z$의 도함수는 $f'(z) = -\sin z$임을 보여라.

풀이 코사인함수의 정의에 따라서

$$f(z) = \frac{e^{iz} + e^{-iz}}{2}$$

이므로, 연쇄법칙에 따라서

$$f'(z) = \frac{ie^{iz} - ie^{-iz}}{2} = -\frac{e^{iz} - e^{-iz}}{2i} = -\sin z$$

이다. □

> **예제 3.22.** 함수 $f(z) = \sin z$의 도함수는 $f'(z) = \cos z$임을 보여라.

풀이 사인함수의 정의에 따라서

$$f(z) = \frac{e^{iz} - e^{-iz}}{2i}$$

이므로, 연쇄법칙에 따라서

$$f'(z) = \frac{ie^{iz} + ie^{-iz}}{2i} = -\frac{e^{iz} + e^{-iz}}{2} = \cos z$$

이다. □

> **예제 3.23.** 함수 $f(z) = \cosh z$의 도함수는 $f'(z) = \sinh z$임을 보여라.

풀이 쌍곡코사인함수의 정의에 따라서

$$f(z) = \frac{e^{z} + e^{-z}}{2}$$

이므로, 연쇄법칙에 따라서

$$f'(z) = \frac{e^{z} - e^{-z}}{2} = \sinh z$$

이다. □

3.4.5 극형식에서의 코시-리만의 방정식

극형식에서의 코시-리만의 방정식은 살펴 보자. 먼저 극형식이 $z = re^{i\theta}$일 때, r과 θ에 대한 편도함수를 다음과 같이 정의한다.

정의 3.13: 반지름과 편각에 대한 실함수의 편도함수

함수 $u\colon D \to \mathbb{R}$에 대하여,

$$\frac{\partial u}{\partial r}(z_0) = \lim_{r \to r_0} \frac{u(re^{i\theta_0}) - u(r_0 e^{i\theta_0})}{r - r_0}$$

로 정의되는 함수 $\partial u/\partial r$를 r에 대한 u의 **편도함수**라고 하고,

$$\frac{\partial u}{\partial \theta}(z_0) = \lim_{\theta \to \theta_0} \frac{u(r_0 e^{i\theta}) - u(r_0 e^{i\theta_0})}{\theta - \theta_0}$$

로 정의되는 함수 $\partial u/\partial \theta$를 θ에 대한 u의 **편도함수**라고 한다. 여기서 $z_0 = r_0 e^{i\theta_0}$이다.

정의 3.14: 반지름과 편각에 대한 복소함수의 편도함수

함수 $f\colon D \to \mathbb{C}$에 대하여, $\partial f/\partial r$와 $\partial f/\partial \theta$를 각각

$$\frac{\partial f}{\partial r}(z) = \frac{\partial \operatorname{Re} f}{\partial r}(z) + i\frac{\partial \operatorname{Im} f}{\partial r}(z), \qquad \frac{\partial f}{\partial \theta}(z) = \frac{\partial \operatorname{Re} f}{\partial \theta}(z) + i\frac{\partial \operatorname{Im} f}{\partial \theta}(z)$$

로 정의한다. 여기서 $z = re^{i\theta}$은 극형식이다.

그러면, 극형식 $z = re^{i\theta}$에서, 코시-리만의 방정식이 성립한다.

정리 3.37: 극좌표에서의 코시-리만의 방정식

함수 $f\colon D \to \mathbb{C}$에 대하여, f의 실수부와 허수부가 각각

$$u(z) = \operatorname{Re} f(z), \quad v(z) = \operatorname{Im} f(z)$$

이고 점 $z \neq 0$의 극형식이 $z = re^{i\theta}$일 때, f가 미분가능하면

$$\frac{\partial u}{\partial r}(z) = \frac{1}{r}\frac{\partial v}{\partial \theta}(z), \qquad \frac{1}{r}\frac{\partial u}{\partial \theta}(z) = -\frac{\partial v}{\partial r}(z)$$

이다.

증명 함수 f가 미분가능하다고 가정하자. 영이 아닌 점 $z_0 \in D$을 고정하자. 함수 f가

점 z_0에서 미분가능하므로, 편각 θ_0이 일정한 방향으로 $z = re^{i\theta_0}$가 $z_0 = r_0 e^{i\theta_0}$으로 접근하면

$$\begin{aligned} f'(z_0) &= \lim_{r \to r_0} \frac{f(re^{i\theta_0}) - f(re^{i\theta_0})}{re^{i\theta_0} - r_0 e^{i\theta_0}} \\ &= \frac{1}{e^{i\theta_0}} \frac{\partial f}{\partial r}(z_0) \\ &= \frac{1}{e^{i\theta_0}} \left(\frac{\partial u}{\partial r}(z_0) + i \frac{\partial v}{\partial r}(z_0) \right) \end{aligned} \tag{3.3}$$

이고, 반지름 r_0가 일정한 방향으로 $z = r_0 e^{i\theta}$가 $z_0 = r_0 e^{i\theta_0}$으로 접근하면

$$\begin{aligned} f'(z_0) &= \lim_{\theta \to \theta_0} \frac{f(r_0 e^{i\theta}) - f(r_0 e^{i\theta_0})}{r_0 e^{i\theta} - r_0 e^{i\theta_0}} \\ &= \frac{1}{r_0} \lim_{\theta \to \theta_0} \left(\frac{f(r_0 e^{i\theta}) - f(r_0 e^{i\theta_0})}{\theta - \theta_0} \frac{1}{\frac{e^{i\theta} - e^{i\theta_0}}{\theta - \theta_0}} \right) \\ &= \frac{1}{r_0} \frac{1}{ie^{i\theta_0}} \frac{\partial f}{\partial \theta}(z_0) \\ &= \frac{1}{r_0} \frac{1}{ie^{i\theta_0}} \left(\frac{\partial u}{\partial \theta}(z_0) + i \frac{\partial v}{\partial \theta}(z_0) \right) \\ &= \frac{1}{r_0} \frac{1}{e^{i\theta_0}} \left(\frac{\partial v}{\partial \theta}(z_0) + -i \frac{\partial u}{\partial \theta}(z_0) \right) \end{aligned} \tag{3.4}$$

이다. 그러므로 식 (3.3)과 (3.4)에 따라서

$$\frac{\partial u}{\partial r}(z_0) = \frac{1}{r_0} \frac{\partial v}{\partial \theta}(z_0), \qquad \frac{1}{r_0} \frac{\partial u}{\partial \theta}(z_0) = -\frac{\partial v}{\partial r}(z_0)$$

이다. □

위의 증명과정에서 극형식이 $z = re^{i\theta}$일 때,

$$f'(z) = \frac{1}{e^{i\theta}} \frac{\partial f}{\partial r}(z) = \frac{1}{iz} \frac{\partial f}{\partial \theta}(z)$$

임을 알 수 있다.

3.5 조화함수

미분가능한 함수의 실수부와 허수부에는 특별한 성질이 있다. 이 절에서는 이들 함수에 대하여 알아본다.

정의 3.15: 조화함수

함수 $u\colon D \to \mathbb{R}$에 대하여, u의 모든 이계편도함수가 존재하고 연속이며 **라플라스의 방정식**

$$\frac{\partial^2 u}{\partial x^2} + \frac{\partial^2 u}{\partial y^2} = 0$$

이 성립하면, u는 **조화함수**라고 한다.

예제 3.24. 함수 $u(x+iy) = x^2 - y^2$은 조화함수임을 보여라.

풀이 함수 u는 x와 y에 대하여, 모든 편도함수들이 존재하고,

$$\frac{\partial u}{\partial x}(x+iy) = 2x, \quad \frac{\partial u}{\partial y}(x+iy) = -2y$$

이므로

$$\frac{\partial^2 u}{\partial x \partial x}(x+iy) + \frac{\partial^2 u}{\partial y \partial y}(x+iy) = 2 - 2 = 0$$

이다. 따라서, 함수 u는 조화함수이다. □

미분가능한 함수 $f\colon D \to \mathbb{C}$에 대하여, f의 실수부와 허수부는 조화함수임을 쉽게 알 수 있다.

정리 3.38: 미분가능한 함수의 실수부와 허수부의 조화성

미분가능한 함수 $f\colon D \to \mathbb{C}$에 대하여, 함수 f의 실수부 u와 허수부 v의 이계편도함수들이 존재하고 연속이면[a] u와 v는 조화함수이다.

[a] 미분가능한 함수 f에 대하여, f의 실수부 u와 허수부 v가 무한번 미분가능함을 다음 장에서 확인할 것이다.

증명 함수 u에 대하여, u와 v에 대한 코시-리만의 방정식에 따라서

$$\frac{\partial^2 u}{\partial x^2}+\frac{\partial^2 u}{\partial y^2}=\frac{\partial}{\partial x}\left(\frac{\partial u}{\partial x}\right)+\frac{\partial}{\partial y}\left(\frac{\partial u}{\partial y}\right)=\frac{\partial}{\partial x}\left(\frac{\partial v}{\partial y}\right)+\frac{\partial}{\partial y}\left(-\frac{\partial v}{\partial x}\right)$$

이다. 그런데 v의 이계편도함수들이 존재하고 연속이므로

$$\frac{\partial}{\partial x}\left(\frac{\partial v}{\partial y}\right)-\frac{\partial}{\partial y}\left(\frac{\partial v}{\partial x}\right)=0$$

이다. 따라서 u는 조화함수이다.

함수 v에 대하여, u와 v에 대한 코시-리만의 방정식에 따라서

$$\frac{\partial^2 v}{\partial x^2}+\frac{\partial^2 v}{\partial y^2}=\frac{\partial}{\partial x}\left(\frac{\partial v}{\partial x}\right)+\frac{\partial}{\partial y}\left(\frac{\partial v}{\partial y}\right)=\frac{\partial}{\partial x}\left(-\frac{\partial u}{\partial y}\right)+\frac{\partial}{\partial y}\left(\frac{\partial u}{\partial x}\right)$$

이다. 그런데 u의 이계편도함수들이 존재하고 연속이므로

$$-\frac{\partial}{\partial x}\left(\frac{\partial u}{\partial y}\right)+\frac{\partial}{\partial y}\left(\frac{\partial u}{\partial x}\right)=0$$

이다. 따라서 v는 조화함수이다. □

정의 3.16: 조화켤레

함수 f, u, v가 정리 3.38와 같을 때, v는 u의 **조화켤레**[a]라고 한다.

[a] 조화켤레를 **조화공액**이라고도 한다.

예제 3.25. 함수 $v(x+iy)=2xy$는 함수 $u(x+iy)=x^2-y^2$의 조화켤레임을 보여라.

풀이 함수 $f(z)=z^2$에 대하여, $z=x+iy$ $(x, y\in\mathbb{R})$일 때,

$$z^2=(x+iy)(x+iy)=(x^2-y^2)+i(2xy)$$

이고 f가 미분가능한 함수이므로, 함수 v는 u의 조화켤레이다. □

예제 3.26. 영역 $D = \mathbb{R} - \{(0,0)\}$에 정의된 함수 $u(z) = \operatorname{Log}|z|$에 대하여 다음을 보여라.

(가) 함수 u는 조화함수이다.

(나) 영역 D에서 함수 u의 조화켤레는 존재하지 않는다.

풀이 (가) 점 $z = x + iy \in D$ 근방에서 함수 $f(z) = \log z$는 미분가능하고 $u(z) = \operatorname{Re} f(z)$이므로, 함수 u는 조화함수이다.

(나) 귀류법을 적용하기 위하여, 영역 D에서 함수 u의 조화켤레 v가 존재한다고 가정하자. 그러면 $g(z) = u(z) + iv(z)$인 함수 g는 영역 D에서 미분가능하다. 점 $z = x + iy \in D$ 근방에서, 로그의 가지 $\log z$가 존재하고 미분가능하며 $u(z) = \operatorname{Re}\log z$이므로,

$$h(z) = g(z) - \log z = i(v(z) - \operatorname{Im}\log z)$$

도 미분가능한 함수이다. 코시-리만의 방정식에 따라서 h는 상수함수이다. 따라서 영역 D에서

$$\log z = u(z) + i(v(z) + c)$$

인 상수 c가 존재한다. 그런데 이것은 불가능하므로, 귀류법에 따라서 영역 D에서 함수 u의 조화켤레는 존재하지 않음을 알 수 있다. □

예제 3.26에서와 같이, 영역 D에 정의된 조화함수 u에 대하여, u의 조화켤레이 존재하지 않을 수도 있다. 그렇지만, 특정 부류의 영역 D에서는, 예를 들면 D가 볼록영역이면, D에서 임의의 조화함수 u의 조화켤레가 존재함을 보일 수 있다.

$a, b \in \mathbb{R}$일 때, 열린 원판

$$D(a+ib;r) = \left\{x + iy \in \mathbb{C} \colon \sqrt{(x-a)^2 + (y-b)^2} < r\right\}$$

에서 조화함수 u의 조화켤레 v가 존재하면, $D(a+ib;r)$에서

$$v(x+iy) = v(a+ib) + \int_a^x \frac{\partial v}{\partial x}(s+ib)\,ds + \int_b^y \frac{\partial v}{\partial y}(x+it)\,dt$$

이다. 여기에 u와 v에 대한 코시-리만의 방정식을 적용하면

$$v(x+iy) = v(a+ib) - \int_a^x \frac{\partial u}{\partial y}(s+ib)\,ds + \int_b^y \frac{\partial u}{\partial x}(x+it)\,dt$$

이다. 이 방정식의 우변에서 둘째와 셋째 항은 주어진 함수 u로 표현된다.

정리 3.39: 열린 원판에서의 조화켤레의 존재성

함수 $u\colon D(a+ib;r)\to\mathbb{R}$에 대하여, u가 조화함수이면 $D(a+ib;r)$에서 u의 조화켤레 v가 존재한다.

증명 열린 원판 $D(a+ib;r)$에서 함수 v를

$$v(x+iy) = -\int_a^x \frac{\partial u}{\partial y}(s+ib)\,ds + \int_b^y \frac{\partial u}{\partial x}(x+it)\,dt$$

로 놓자. 그러면

$$\begin{aligned}\frac{\partial v}{\partial x}(x+iy) &= -\frac{\partial u}{\partial y}(x+ib) + \int_b^y \frac{\partial^2 u}{\partial x\partial x}(x+it)\,dt \\ &= -\frac{\partial u}{\partial y}(x+ib) - \int_b^y \frac{\partial^2 u}{\partial y\partial y}(x+it)\,dt \\ &= -\frac{\partial u}{\partial y}(x+ib) - \left(\frac{\partial u}{\partial y}(x+iy) - \frac{\partial u}{\partial y}(x+ib)\right) \\ &= -\frac{\partial u}{\partial y}(x+iy)\end{aligned}$$

이고

$$\begin{aligned}\frac{\partial v}{\partial y}(x+iy) &= \frac{\partial}{\partial y}\left(-\int_a^x \frac{\partial u}{\partial y}(s+ib)\,ds\right) + \frac{\partial}{\partial y}\left(\int_b^y \frac{\partial u}{\partial x}(x+it)\,dt\right) \\ &= 0 + \frac{\partial u}{\partial x}(x+iy) \\ &= \frac{\partial u}{\partial x}(x+iy)\end{aligned}$$

이므로 v의 이계편도함수들이 존재하고 연속이며, 또한 u와 v에 대하여 코시-리만의 방정식이 성립한다. 따라서 함수 $f(z)=u(z)+iv(z)$는 미분가능하다. □

예제 3.27. 복소평면 $\mathbb{C}$에 정의된 함수 $u(x+iy)=2x+2xy$의 조화켤레를 구하여라.

풀이 함수 u에 대하여,

$$\frac{\partial^2 u}{\partial x^2}(x+iy)+\frac{\partial^2 u}{\partial y^2}(x+iy)=0$$

이므로, u는 조화함수이다. 복소평면 $\mathbb{C}$에서,

$$\frac{\partial u}{\partial x}(x+iy)=2+2y,\quad \frac{\partial u}{\partial y}(x+iy)=2x$$

이다. 실수 함수 c_0에 대하여, 함수 v를

$$\begin{aligned} v(x+iy) &= c_0-\int_0^x \frac{\partial u}{\partial y}(s+i0)\,ds+\int_0^y \frac{\partial u}{\partial x}(x+it)\,dt \\ &= c_0-\int_0^x 2s\,ds+\int_0^y (2+2t)\,dt \\ &= c_0-x^2+2y+y^2 \end{aligned}$$

으로 놓으면, 복소평면 $\mathbb{C}$에서 v는 u의 조화켤레이다. 이때, $z=x+iy$ $(x,y\in\mathbb{R})$이면

$$\begin{aligned} u(z)+iv(z) &= 2x+2xy+i(c_0-x^2+2y+y^2) \\ &= ic_0+2(x+iy)-i((x^2-y^2)+i2xy) \\ &= ic_0+2z-iz^2 \end{aligned}$$

이다. □

3.6 거듭제곱급수

이 절에서는 거듭제곱급수에 대하여 알아본다. 나중에 미분가능한 복소함수를 거듭제곱급수로 나타낼 수 있음을 확인할 것이다. 따라서 거듭제곱급수에 대한 성질로부터 미분가능한 복소함수의 여러 성질을 알 수 있다.

3.6.1 실함수의 거듭제곱급수 표현

테일러의 정리에 따르면, c 근방에서 정의된 여러 실함수 f를

$$f(x) = a_0 + a_1(x-c) + a_2(x-c)^2 + \cdots$$

와 같이 나타낼 수 있다. 여기서 $a_0, a_1, \ldots$는 실수 상수들이다.

거듭제곱급수

$$a_0 + a_1(x-c) + a_2(x-c)^2 + \cdots$$

에 대하여, 이 거듭제곱급수의 수렴반지름 τ가 존재하여 $|x_0 - c| < \tau$인 점 x_0에서는 이 거듭제곱급수가 수렴하지만 $\tau < |x_1 - c|$인 점 x_1에서는 이 거듭제곱급수는 발산한다. 그런데 실함수의 이론만으로는 수렴반지름의 존재의 이유를 알기 힘들다.

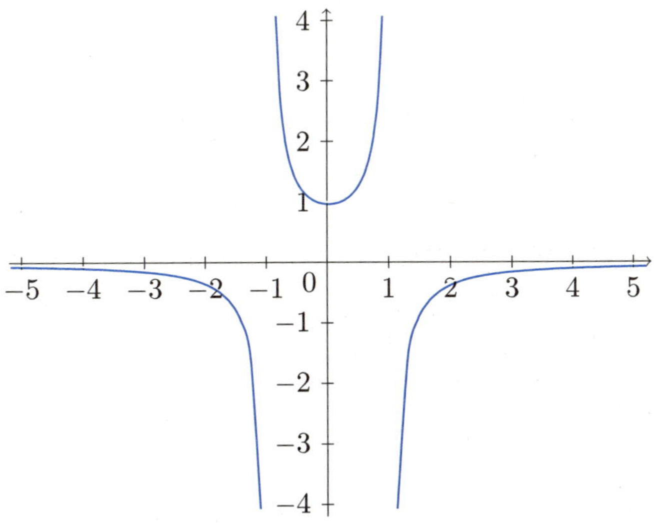

그림 3.15 함수 $f(x) = \dfrac{1}{1-x^2}$의 그래프

두 함수

$$f(x) = \frac{1}{1-x^2}, \quad g(x) = \frac{1}{1+x^2}$$

을 살펴보자. 함수 f를 중심이 0인 거듭제곱급수로 나타내면

$$\frac{1}{1-x^2} = 1 + x^2 + x^4 + x^6 + \cdots$$

이다. 여기서 이 거듭제곱급수는 구간 $(-1,1)$에서 수렴한다. 그림 3.15에서 볼 수 있는 것과 같이, 함수 f는 점 -1과 1에서 정의되지 않으므로 위의 거듭제곱급수의 수렴반지름이 1임을 짐작할 수 있다. 함수 g를 중심이 0인 거듭제곱급수로 나타내면

$$\frac{1}{1+x^2} = 1 + (-1)x^2 + (-1)^2x^4 + (-1)^3x^6 + \cdots$$

이며, 이때의 거듭제곱급수도 구간 $(-1,1)$에서 수렴한다. 그런데, 그림 3.16에서 확인하는 것과 같이, 함수 g는 실수 전구간에서 미분가능하므로, 위의 거듭제곱급수의 수렴반지름이 1임을 짐작하기는 매우 힘들다.

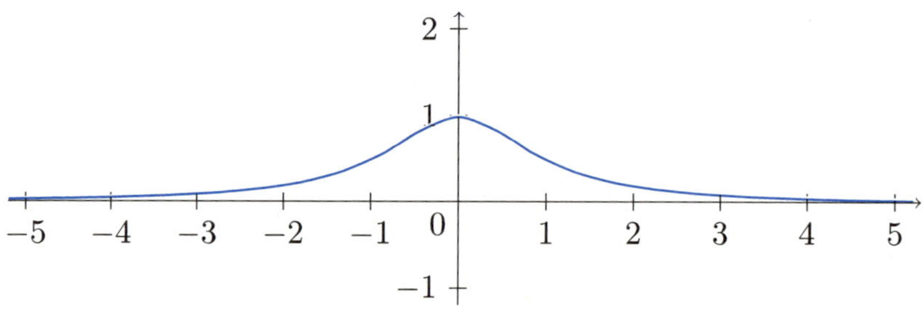

그림 3.16 함수 $g(x) = \dfrac{1}{1+x^2}$의 그래프

함수 f의 경우에는 함수의 그래프로부터 거듭제곱급수의 수렴반지름이 예측가능하게 보였지만, 함수 g의 경우에는 그렇지 않다. 그런데 위의 함수들을 복소함수들로 확장하면, 그 해답이 보인다. 즉, 두 함수

$$f(z) = \frac{1}{1-z^2}, \quad g(z) = \frac{1}{1+z^2}$$

의 특이점들은 각각 ± 1과 $\pm i$이다. 그러므로 수렴구간이 함수의 특이점과 관계가 있다는 것을 알 수 있다.

3.6.2 거듭제곱급수

거듭제곱급수를 다음과 같이 정의한다.

정의 3.17: 거듭제곱급수

복소수 $c \in \mathbb{C}$와 복소수수열 $a_0, a_1, a_2, \ldots$에 대하여,

$$\sum_{j=0}^{\infty} a_j(z-c)^j = a_0 + a_1(z-c) + a_2(z-c)^2 + \cdots$$

을 **중심**이 c이고 n번째 **계수**가 a_n인 **거듭제곱급수**라고 한다. 다항함수

$$\sum_{j=0}^{n} a_j(z-c)^j = a_0 + a_1(z-c) + \cdots + a_n(z-c)^n$$

를 거듭제곱급수 $\sum_{j=0}^{\infty} a_j(z-c)^j$의 n번째 **부분합**이라고 한다.

거듭제곱급수 $\sum_{j=0}^{\infty} a_j(z-c)^j$는 형식적인 정의로서 아직 의미를 가지지 못한다. 점 z_0에서의 극한

$$\lim_{n\to\infty} \sum_{j=0}^{n} a_j(z_0-c)^j$$

이 존재할 때, 다음과 같이 이 극한을 점 z_0에서 거듭제곱급수 $\sum_{j=0}^{\infty} a_j(z-c)^j$의 값으로 정의할 수 있다.

정의 3.18: 거듭제곱급수의 수렴

거듭제곱급수 $\sum_{j=0}^{\infty} a_j(z-c)^j$와 복소수 $z_0 \in \mathbb{C}$에 대하여, 극한

$$\sum_{j=0}^{\infty} a_j(z_0-c)^j = \lim_{n\to\infty} \sum_{j=0}^{n} a_j(z_0-c)^j$$

이 존재하면 거듭제곱급수 $\sum_{j=0}^{\infty} a_j(z-c)^j$는 점 z_0에서 $\sum_{j=0}^{\infty} a_j(z_0-c)^j$으로 **수렴한다**고 한다. 거듭제곱급수 $\sum_{j=0}^{\infty} a_j(z-c)^j$가 점 $z = z_0$에서 수렴하지 않으면, 거듭제곱급수 $\sum_{j=0}^{\infty} a_j(z-c)^j$는 점 z_0에서 **발산한다**고 한다.

거듭제곱급수 $\sum_{j=0}^{\infty} a_j(z-c)^j$는 중심 c에서 a_0으로 수렴한다.

거듭제곱급수 $\sum_{j=0}^{\infty} a_j(z-c)^j$의 절대수렴을 다음과 같이 정의한다.

정의 3.19: 거듭제곱급수의 절대수렴

거듭제곱급수 $\sum_{j=0}^{\infty} a_j(z-c)^j$와 복소수 $z_0 \in \mathbb{C}$에 대하여, 극한

$$\sum_{j=0}^{\infty} |a_j(z_0-c)^j| = \lim_{n\to\infty} \sum_{j=0}^{n} |a_j(z_0-c)^j|$$

이 존재하면 거듭제곱급수 $\sum_{j=0}^{\infty} a_j(z-c)^j$는 점 z_0에서 **절대수렴한다**고 한다.

거듭제곱급수 $\sum_{j=0}^{\infty} a_j(z-c)^j$가 점 z_0에서 절대수렴하는 것은 이 거듭제곱급수가 점 z_0에서 수렴하기 위한 충분조건이다.

정리 3.40: 거듭제곱급수의 수렴성과 절대수렴성

거듭제곱급수 $\sum_{j=0}^{\infty} a_j(z-c)^j$가 점 z_0에서 절대수렴하면, 이 거듭제곱급수는 점 z_0에서 수렴한다.

증명 거듭제곱급수 $\sum_{n=0}^{\infty} a_n(z-c)^n$가 점 z_0에서 절대수렴한다고 가정하자. 이제 점 z_0에서 이 거듭제곱급수가 수렴함을 보이자. 임의의 양의 실수를 ϵ이라고 놓자. 거듭제곱급수 $\sum_{j=1}^{\infty} |a_j(z-c)^j|$이 점 z_0에서 수렴하므로, 부분합의 수열 $\left(\sum_{j=1}^{n} |a_j(z_0-c)^j|\right)$은 코시 수열이다. 따라서

$N \le n \le m$인 임의의 자연수 n과 m에 대하여

$$|a_{n+1}(z_0-c)^{n+1}| + |a_{n+2}(z_0-c)^{n+2}| + \cdots + |a_m(z_0-c)^m| < \epsilon$$

인 자연수 N이 존재한다. 그러므로 $N \le n \le m$인 임의의 자연수 n과 m에 대하여

$$\begin{aligned}
&\left|\sum_{j=1}^{m} a_j(z_0-c)^j - \sum_{j=1}^{n} a_j(z_0-c)^j\right| \\
&\qquad = |a_{n+1}(z_0-c)^{n+1} + a_{n+2}(z_0-c)^{n+2} + \cdots + a_m(z_0-c)^m| \\
&\qquad \le |a_{n+1}(z_0-c)^{n+1}| + |a_{n+2}(z_0-c)^{n+2}| + \cdots + |a_m(z_0-c)^m| \\
&\qquad < \epsilon
\end{aligned}$$

이다. 즉, 부분합의 수열 $\left(\sum_{j=1}^{n} a_j(z_0-c)^j\right)$ 은 코시 수열이다. 따라서 거듭제곱급수 $\sum_{n=0}^{\infty} a_n(z-c)^n$는 점 z_0에서 수렴한다. □

3.6.3 거듭제곱급수의 수렴반지름

거듭제곱급수의 수렴성에는 독특한 특징(따름정리 3.43)이 있는데, 그것은 다음의 정리로부터 시작된다.

정리 3.41: 거듭제곱급수의 수렴성의 성질

거듭제곱급수 $\sum_{j=0}^{\infty} a_j(z-c)^j$에 대하여, 거듭제곱급수 $\sum_{j=0}^{\infty} a_j(z-c)^j$가 점 z_0에서 수렴하면 거듭제곱급수 $\sum_{j=0}^{\infty} a_j(z-c)^j$는 $|z_1-c| < |z_0-c|$인 임의의 점 z_1에서 절대수렴한다.

증명 거듭제곱급수 $\sum_{n=0}^{\infty} a_n(z-c)^n$가 점 z_0에서 수렴한다고 가정하자. 이제 $|z_1-c| < |z_0-c|$인 임의의 점 z_1을 고정하고 점 z_1에서 거듭제곱급수 $\sum_{n=0}^{\infty} a_n(z-c)^n$가 절대수렴하는 것을 보이자. 이를 보이기 위해서는 임의의 양수를 ϵ으로 놓자. 거듭제곱급수 $\sum_{n=0}^{\infty} a_n(z-c)^n$는 점 z_0에서 수렴하므로, 임의의 양수 δ에 대하여,

$$n \geq M \quad \rightarrow \quad |a_n(z_0-c)^n| < \delta$$

인 자연수 M이 존재한다. 그러므로

$$\tau = \left|\frac{z_1-c}{z_0-c}\right|$$

으로 놓으면, $0 \leq \tau < 1$이고

$$n \geq M \quad \rightarrow \quad |a_n(z_1-c)^n| = |a_n(z_0-c)^n| \cdot \left|\frac{z_1-c}{z_0-c}\right|^n < \delta\tau^n$$

이다. 여기에서 $\delta = \epsilon(1-\tau)$로 놓으면, $M \leq n < m$인 임의의 자연수 n과 m에 대하여

$$\begin{aligned} &|a_{n+1}(z_1-c)^{n+1}| + |a_{n+2}(z_1-c)^{n+2}| + \cdots + |a_m(z_1-c)^m| \\ &\quad < \delta\left(\tau^{n+1} + \tau^{n+2} + \cdots + \tau^m\right) \\ &\quad < \delta \cdot \frac{\tau^{n+1} - \tau^{m+1}}{1-\tau} \\ &\quad < \epsilon \end{aligned}$$

이다. 따라서 거듭제곱급수 $\sum_{j=0}^{\infty} a_j(z-c)^j$는 점 z_1에서 절대수렴한다. □

정리 3.41로부터 다음을 알 수 있다.

따름정리 3.42: 거듭제곱급수의 수렴성의 성질

거듭제곱급수 $\sum_{j=0}^{\infty} a_j(z-c)^j$가 점 z_1에서 발산하면 $|z_1 - c| < |z_0 - c|$인 임의의 점 z_0에서 $\sum_{j=0}^{\infty} a_j(z-c)^j$는 발산한다.

증명 거듭제곱급수 $\sum_{j=0}^{\infty} a_j(z-c)^j$가 점 z_1에서 발산한다고 가정하자. 만약 $|z_1-c| < |z_0 - c|$인 어떤 점 z_0에서 이 거듭제곱급수가 수렴하면, 정리 3.41에 따라서 이 거듭제곱급수는 점 z_1에서 절대수렴해야 하기 때문에 가정에 모순이다. 따라서, 이 거듭제곱급수는 $|z_1 - c| < |z_0 - c|$인 임의의 점 z_0에서 발산한다. □

거듭제곱급수 $\sum_{n=0}^{\infty} a_n(z-c)^n$는 중심인 c에서 a_0로 수렴한다. 정리 3.41와 따름정리 3.42로부터 거듭제곱급수의 수렴성에 대하여 다음을 알 수 있다.

따름정리 3.43: 거듭제곱급수의 수렴반지름

거듭제곱급수 $\sum_{j=0}^{\infty} a_j(z-c)^j$에 대하여, 다음 중 오직 한 가지만 성립한다.

(가) 이 거듭제곱급수가 c에서만 수렴한다.

(나) 이 거듭제곱급수가 모든 점에서 수렴한다.

(다) $|z_0 - c| < \tau$인 임의의 점 z_0에서는 이 거듭제곱급수가 절대수렴하고 $|z_1 - c| > \tau$인 임의의 점 z_1에서는 이 거듭제곱급수가 발산하는, 양의 실수 τ이 존재한다.

증명 (가)가 성립하면 (나)와 (다)는 성립하지 않는다. 또한 (나)가 성립하면 (가)와 (다)는 성립하지 않는다.

이제 (가)와 (나)가 성립하지 않는다고 가정하자. (가)가 성립하지 않으므로, $0 < |z_1 - c|$이면서, 거듭제곱급수 $\sum_{j=0}^{\infty} a_j(z-c)^j$가 z_1에서 수렴하는 점 z_1이 존재한다. (나)가 성립하지 않으므로 거듭제곱급수 $\sum_{j=0}^{\infty} a_j(z-c)^j$가 발산하는 점 w_1이 존재한다. 그러면 정리 3.41에 따라서 $|z_1 - c| < |w_1 - c|$이다. 여기서 $r_1 = |z_1 - c|$와 $s_1 = |w_1 - c|$로 놓자. 이제

$$|w - c| = \frac{r_1 + s_1}{2}$$

인 임의의 점 w를 택하자. 만약 거듭제곱급수 $\sum_{j=0}^{\infty} a_j(z-c)^j$가 w에서 수렴하면

$$z_2 = w, \quad w_2 = w_1, \quad r_2 = |z_2 - c|, \quad s_2 = |w_2 - c|$$

으로 놓고, 거듭제곱급수 $\sum_{j=0}^{\infty} a_j(z-c)^j$가 w에서 발산하면

$$z_2 = z_1, \quad w_2 = w, \quad r_2 = |z_2 - c|, \quad s_2 = |w_2 - c|$$

으로 놓자. 재귀적 방식으로 계속 선택하면, 수열 (z_n), (w_n), (r_n) 그리고 (s_n)이 생성된다. 이때,

$$\tau = \lim_{n\to\infty} r_n$$

으로 놓으면 정리 3.41와 따름정리 3.42에 따라서 (다)가 성립한다. □

따름정리 3.43에서, (가)의 경우 $\tau = 0$으로 놓고, (나)의 경우 $\tau = \infty$로 놓는다. 그러면 거듭제곱급수 $\sum_{j=0}^{\infty} a_j(z-c)^j$에 대하여, $0 \le \tau \le \infty$이고 따름정리 3.43가 성립하는 유일한 실수 τ이 존재한다. 이때, τ를 거듭제곱급수 $\sum_{j=0}^{\infty} a_j(z-c)^j$의 **수렴 반지름**이라고 한다.

예제 3.28. 거듭제곱급수

$$\sum_{j=0}^{\infty} z^n = 1 + z + z^2 + z^3 + \cdots$$

의 수렴반지름이 1임을 보여라.

풀이 $|z_0| < 1$인 임의의 점 z_0을 고정하자.

$$S_n = 1 + z_0 + z_0^2 + \cdots + z_0^n \tag{3.5}$$

으로 놓으면

$$z_0 S_n = z_0 + z_0^2 + \cdots + z_0^n + z_0^{n+1} \tag{3.6}$$

이므로, 식 (3.5)에서 식 (3.6)을 빼면

$$(1 - z_0)S_n = 1 - z_0^{n+1}$$

이다. 따라서

$$\sum_{j=0}^{\infty} z_0^n = \lim_{n\to\infty} S_n = \lim_{n\to\infty} \frac{1 - z_0^{n+1}}{1 - z_0} = \frac{1}{1 - z_0}$$

이므로, 점 z_0에서 거듭제곱급수 $\sum_{j=0}^{\infty} z^n$은 $1/(1 - z_0)$으로 수렴한다.

$|z_0| > 1$인 임의의 점 z_0을 고정하자. 그러면, $\lim_{n\to\infty} z_0^n \neq 0$이므로, 무한등비급수

$$\sum_{j=0}^{\infty} z_0^n$$

은 발산한다. 따라서, 점 z_0에서 거듭제곱급수 $\sum_{j=0}^{\infty} z^n$은 발산한다.

$|z_0| < 1$인 z_0에서 거듭제곱급수 $\sum_{j=0}^{\infty} z^n$은 수렴하고 $|z_0| < 1$인 z_0에서 거듭제곱급수 $\sum_{j=0}^{\infty} z^n$은 발산하므로, 거듭제곱급수 $\sum_{j=0}^{\infty} z^n$의 수렴반지름은 1이다. □

보기 3.5. $|z| < 1$일 때

$$\frac{1}{1-z} = 1 + z + z^2 + \cdots$$

이 성립하다. 여기서 왼쪽 항의 함수 $1/(1-z)$는 1이 아닌 모든 점에서 정의되는 함수이다. 그러나, 오른쪽 항의 거듭제곱급수의 수렴반지름은 1이므로, 이 거듭제곱급수는 $|z_0| < 1$인 점 z_0에서는 절대수렴하지만 $1 < |z_0|$인 z_0에서는 발산한다.

3.6.4 실수 수열에 대한 상한과 상극한

실수 전체의 집합 $\mathbb{R}$에 $-\infty$와 $+\infty$를 포함한 집합

$$[-\infty, +\infty] = \{-\infty\} \cup \mathbb{R} \cup \{+\infty\}$$

을 **확장된 수직선**이라고 하자.

실수 부분집합 $S \subset \mathbb{R}$에 대하여, 만약 $S = \emptyset$이면 S의 상한을

$$\sup S = -\infty$$

로 놓고, 만약 $S \neq \emptyset$이고 S가 위로 유계이지 않으면

$$\sup S = +\infty$$

로 놓는다. 만약 $S \neq \emptyset$이고 S가 위로 유계이면, 실수 c에 대하여,

(가) c는 집합 S의 상계이고 (즉, 모든 $x \in S$에 대하여 $x \leq c$이고),

(나) 임의의 양의 상수 ϵ에 대하여, $c - \epsilon < x$인 $x \in S$가 존재한다

이면

$$\sup S = c$$

이다. 따라서, 임의의 부분집합 $S \subset \mathbb{R}$에 대하여, S의 상한 $\sup S$는 항상 존재한다.

실수 수열 (a_n)에 대하여, 수열 (a_n)의 **상극한**을

$$\lim_{n\to\infty} \sup\{a_n, a_{n+1}, a_{n+2}, \ldots\}$$

으로 정의하고 $\limsup_{n\to\infty} a_n$으로 나타낸다. 따라서, 수열의 상 $\{a_1, a_2, a_3, \ldots\}$이 위로 유계가 아니면

$$\limsup_{n\to\infty} a_n = \infty$$

이고, $\lim_{n\to\infty} a_n = -\infty$이면

$$\limsup_{n\to\infty} a_n = -\infty$$

이다. 그리고 실수 c에 대하여,

(가) $\forall\epsilon > 0, \exists N \in \mathbb{N}, \forall n \in \mathbb{N},\ N \le n\ \rightarrow\ a_n < c + \epsilon$이고

(나) $\forall\epsilon > 0, \forall N \in \mathbb{N}, \exists n \in \mathbb{N},\ N \le n\ \wedge\ c - \epsilon < a_n$

은 $\limsup_{n\to\infty} a_n = c$이기 위한 필요충분조건이다.

3.6.5 거듭제곱급수의 수렴반지름을 구하는 방법

거듭제곱급수 $\sum_{j=0}^{\infty} a_j(z-c)^j$의 수렴반지름이 유일하게 존재한다는 것을 앞에서 살펴보았다. 이제 이 수렴반지름을 구하는 방법을 알아보자. 먼저 무한급수의 수렴성에 대한 다음의 보조정리를 살펴보자.

보조정리 3.1: 무한급수의 수렴성에 대한 거듭제곱근 판정법

무한급수 $\sum_{n=1}^{\infty} z_n$에 대하여, 다음이 성립한다.

(가) 만약 $\limsup_{n\to\infty} |z_n|^{1/n} < 1$이면 무한급수 $\sum_{n=1}^{\infty} z_n$는 절대수렴한다.

(나) 만약 $\limsup_{n\to\infty} |z_n|^{1/n} > 1$이면 무한급수 $\sum_{n=1}^{\infty} z_n$는 발산한다.

증명 수열 (z_n)에 대하여,

$$s = \limsup_{n\to\infty} |z_n|^{1/n}$$

으로 놓자.

(가) 만약 $s < 1$이라고 가정하자. 그러면 $s < r < 1$인 실수 r이 존재한다. $s < r$이고 $s = \limsup_{n\to\infty} |z_n|^{1/n}$, $N \le n$인 모든 n에 대하여 $|z_n|^{1/n} < r$인 자연수 N이 존재한다. 따라서

$$\sum_{n=N}^{\infty} |z_n| < \sum_{n=N}^{\infty} r^n \le \sum_{n=0}^{\infty} r^n = \frac{1}{1-r}$$

이므로, 무한급수 $\sum_{n=1}^{\infty} z_n$은 절대수렴한다.

(나) 만약 $1 < s$이라고 가정하자. 그러면 $1 < r < s$인 실수 r이 존재한다. $r < s$이고 $s = \limsup_{n\to\infty} |z_n|^{1/n}$이므로, 임의의 자연수 N에 대하여,

$$N \le n\text{이고 } r < |z_n|^{1/n} \text{ 즉 } 1 < r^n < |z_n|$$

인 자연수 n이 존재한다. 따라서, $\lim_{n\to\infty} z_n \ne 0$이므로 무한급수 $\sum_{n=1}^{\infty} z_n$은 발산한다. □

임의의 거듭제곱급수의 수렴반지름을 다음과 같이 구할 수 있다.

정리 3.44: 거듭제곱급수의 수렴반지름

거듭제곱급수 $\sum_{n=0}^{\infty} a_n(z-c)^n$에 대하여,

$$s = \limsup_{n\to\infty} |a_n|^{1/n}$$

으로 놓으면 이 거듭제곱급수의 수렴반지름은 $r = 1/s$이다.

증명 먼저

$$s = \limsup_{n\to\infty} |a_n|^{1/n}$$

으로 놓자. 복소수 z_0에 대하여, 만약 $|z_0 - c| < 1/s$이면

$$\limsup_{n\to\infty} |a_n(z_0-c)^n|^{1/n} = |z_0 - c| \cdot \limsup_{n\to\infty} |a_n|^{1/n} < 1$$

이므로, 보조정리 3.1에 따라서 무한급수 $\sum_{n=0}^{\infty} a_n(z_0-c)^n$은 절대수렴한다.

만약 $|z_0 - c| > 1/s$이면

$$\limsup_{n\to\infty} |a_n(z_0 - c)^n|^{1/n} = |z_0 - c| \cdot \limsup_{n\to\infty} |a_n|^{1/n} > 1$$

이므로, 보조정리 3.1에 따라서 무한급수 $\sum_{n=0}^{\infty} a_n(z_0 - c)^n$은 발산한다. □

> **예제 3.29.** 다음 거듭제곱급수의 수렴반지름을 구하여라.
>
> (가) $\sum_{n=0}^{\infty} 5^n z^n$,　　(나) $\sum_{n=0}^{\infty} z^{2n}$,
>
> (다) $\displaystyle\sum_{n=0}^{\infty} \left(\frac{n+2}{3n-4}\right)^n z^n$,　　(라) $\displaystyle\sum_{n=0}^{\infty} 3^{n(-1)^n} z^n$.

풀이 (가) 거듭제곱급수 $\sum_{n=0}^{\infty} 5^n z^n$에 대하여,

$$s = \limsup_{n\to\infty} |a_n|^{1/n} = \limsup_{n\to\infty} (5^n)^{1/n} = 5$$

이므로 거듭제곱급수 $\sum_{n=0}^{\infty} 5^n z^n$의 수렴반지름은 $1/5$이다.

(나) 거듭제곱급수 $\sum_{n=0}^{\infty} z^{2n}$에 대하여, n번째의 계수는

$$a_n = \begin{cases} 1, & n\text{이 짝수일 때}, \\ 0, & n\text{이 홀수일 때} \end{cases}$$

이므로 $s = \limsup_{n\to\infty} |a_n|^{1/n} = 1$이다. 따라서 거듭제곱급수 $\sum_{n=0}^{\infty} z^{2n}$의 수렴반지름은 1이다.

(다) 거듭제곱급수 $\sum_{n=0}^{\infty} \left(\frac{n+2}{3n-4}\right)^n z^n$에 대하여,

$$s = \limsup_{n\to\infty} |a_n|^{1/n} = \limsup_{n\to\infty} \left|\frac{n+2}{3n-4}\right| = \frac{1}{3}$$

이므로 이 거듭제곱급수의 수렴반지름은 3이다.

(라) 거듭제곱급수 $\sum_{n=0}^{\infty} 3^{n(-1)^n} z^n$에 대하여, n번째의 계수는

$$a_n = \begin{cases} 3^n, & n\text{이 짝수일 때}, \\ 1/3^n, & n\text{이 홀수일 때} \end{cases}$$

이므로 $s = \limsup_{n\to\infty} |a_n|^{1/n} = 3$이다. 따라서 이 거듭제곱급수의 수렴반지름은 $1/3$이다. □

정리 3.44에 따라서, 임의의 거듭제곱급수 $\sum_{n=0}^{\infty} a_n(z-c)^n$의 수렴반지름을 구하는 방법이 존재한다. 하지만, $\limsup_{n\to\infty} |a_n|^{1/n}$을 계산하기가 어려운 경우가 많다. 그런데, 아래와 같은 특수한 경우에는 좀 더 쉽게 수렴반지름을 구할 수도 있다.

정리 3.45: 거듭제곱급수의 수렴반지름

거듭제곱급수 $\sum_{n=0}^{\infty} a_n(z-c)^n$에 대하여, 극한

$$r = \lim_{n\to\infty} \left| \frac{a_n}{a_{n+1}} \right|$$

이 존재하면 이 거듭제곱급수의 수렴반지름은 r이다.

증명 먼저 $|z_0 - c| < r$인 점 z_0에서 거듭제곱급수 $\sum_{n=0}^{\infty} a_n(z-c)^n$이 절대수렴함을 보이자. $|z_0 - c| < s < r$인 양수 s를 택하자. 그러면 $r = \lim_{n\to\infty} |a_n/a_{n+1}|$이므로,

$$n \geq N \quad \to \quad s < \left| \frac{a_n}{a_{n+1}} \right|$$

인 자연수 N이 존재한다. 여기서 $A = |a_N|s^N$으로 놓으면,

$$\begin{aligned} |a_{N+1}|s^{N+1} &= |a_{N+1}| \cdot s \cdot s^N < |a_N| \cdot s^N = A, \\ |a_{N+2}|s^{N+2} &= |a_{N+2}| \cdot s \cdot s^{N+1} < |a_{N+1}| \cdot s^{N+1} < A, \\ &\vdots \end{aligned}$$

이므로, 모든 $n \geq N$에 대하여

$$|a_n|s^n < A$$

이다. 그러므로 $\rho = |z_0 - c|/s$으로 놓으면, $\rho < 1$이고

$$\sum_{n=N}^{\infty} |a_n(z_0 - c)^n| = \sum_{n=N}^{\infty} |a_n s^n| \cdot \left(\frac{|z_0 - c|}{s} \right)^n \leq \sum_{n=N}^{\infty} A\rho^n \leq \frac{A}{1-\rho}$$

이므로 거듭제곱급수 $\sum_{n=0}^{\infty} a_n(z-c)^n$는 점 z_0에서 절대수렴한다.

이제 $r < |z_1 - c|$인 점 z_1에서 거듭제곱급수 $\sum_{n=0}^{\infty} a_n(z-c)^n$이 발산함을 보이자. $r < s < |z_1 - c|$인 양수 s를 택하자. 그러면 $r = \lim_{n\to\infty} |a_n/a_{n+1}|$이므로,

$$N \le n \quad \to \quad \left|\frac{a_n}{a_{n+1}}\right| < s$$

인 자연수 N이 존재한다. 여기서 $A = |a_N|s^N$으로 놓으면,

$$\begin{aligned}
|a_{N+1}|s^{N+1} &= |a_{N+1}| \cdot s \cdot s^N > |a_N| \cdot s^N = A, \\
|a_{N+2}|s^{N+2} &= |a_{N+2}| \cdot s \cdot s^{N+1} > |a_{N+1}| \cdot s^{N+1} > A, \\
&\vdots
\end{aligned}$$

이므로, 모든 $n \ge N$에 대하여

$$|a_n|s^n > A$$

이다. 그러므로 $\rho = |z_1 - c|/s$으로 놓으면, $n \ge N$일 때

$$|a_n(z_1 - c)^n| = |a_n s^n| \cdot \left(\frac{|z_1 - c|}{s}\right)^n > A\rho^n > A$$

이므로, 거듭제곱급수 $\sum_{n=0}^{\infty} a_n(z-c)^n$는 점 z_1에서 발산한다. □

예제 3.30. 거듭제곱급수 $\displaystyle\sum_{n=0}^{\infty} \frac{z^n}{n!}$의 수렴반지름을 구하여라.

풀이 거듭제곱급수 $\displaystyle\sum_{n=0}^{\infty} \frac{z^n}{n!}$에 대하여,

$$\lim_{n\to\infty} \frac{\frac{1}{n!}}{\frac{1}{(n+1)!}} = \lim_{n\to\infty} (n+1) = \infty$$

이므로 이 거듭제곱급수의 수렴반지름은 ∞이다. □

3.6.6 거듭제곱급수의 도함수

다항함수 $p(z) = a_0 + a_1 z + a_2 z^2 + \cdots + a_n z^n$의 도함수는

$$p'(z) = a_1 + 2a_2 z^1 + \cdots + n a_n z^{n-1}$$

이다. 이 결과가 거듭제곱급수에 대해서도 성립함을 이 절에서 확인하자.

먼저 다음을 알 수 있다.

보조정리 3.2: 거듭제곱급수의 도함수의 수렴반지름

거듭제곱급수 $\sum_{n=0}^{\infty} a_n(z-c)^n$과 $\sum_{n=1}^{\infty} na_n(z-c)^{n-1}$의 수렴반지름은 서로 같다.

증명 정리 3.44에 따라서,

$$\limsup_{n\to\infty} |a_n|^{1/n} = \limsup_{n\to\infty} |(n+1)a_{n+1}|^{1/n}$$

임을 보이면 된다. 로피탈의 정리에 따라서

$$\lim_{n\to\infty} \frac{\log(n+1)}{n} = \lim_{n\to\infty} \frac{\frac{1}{n+1}}{1} = 0$$

이므로, $\lim_{n\to\infty}(n+1)^{1/n} = \lim_{n\to\infty} e^{\frac{1}{n}\log(n+1)} = 1$이다. 그리고, $\lim_{n\to\infty}(n+1)/n = 1$이므로

$$\limsup_{n\to\infty} |a_{n+1}|^{1/n} = \limsup_{n\to\infty} \left(|a_{n+1}|^{1/(n+1)}\right)^{\frac{n+1}{n}} = \limsup_{n\to\infty} |a_n|^{1/n}$$

이다. 따라서

$$\limsup_{n\to\infty} |(n+1)a_{n+1}|^{1/n} = \limsup_{n\to\infty} \left((n+1)^{1/n}|a_{n+1}|^{1/n}\right) = \limsup_{n\to\infty} |a_n|^n$$

이다. □

거듭제곱급수 $\sum_{n=0}^{\infty} a_n(z-c)^n$의 수렴반지름 r이 양수이면, 영역 $D(c;r)$에서,

$$f(z) = \sum_{n=0}^{\infty} a_n(z-c)^n$$

와 같이 함수 $f\colon D(c;r) \to \mathbb{C}$를 정의할 수 있다. 이때, 함수 f는 영역 $D(c;r)$에서 미분가능하며, f의 도함수 f'을 다음과 같이 거듭제곱급수의 항별 미분으로 쉽게 구할 수 있다.

정리 3.46: 거듭제곱급수의 도함수

거듭제곱급수 $\sum_{n=0}^{\infty} a_n(z-c)^n$에 대하여, 수렴반지름 r이 양수이면 영역 $D(c;r)$에서 $f(z)=\sum_{n=0}^{\infty} a_n(z-c)^n$으로 정의된 함수 f는 미분가능하며

$$f'(z)=\sum_{n=1}^{\infty} na_n(z-c)^{n-1}$$

이다.

증명 거듭제곱급수 $\sum_{n=0}^{\infty} a_n(z-c)^n$의 수렴반지름 r이 양수라고 가정하자. 점 $z_0 \in D(c;r)$을 고정하고

$$f'(z_0)=\sum_{n=1}^{\infty} na_n(z_0-c)^{n-1}$$

임을 보이자. 임의의 양의 실수를 ϵ이라고 놓자. 그러면

$$|z-z_0|<\delta \quad \to \quad \left|\frac{f(z)-f(z_0)}{z-z_0}-\sum_{n=1}^{\infty} na_n(z_0-c)^{n-1}\right|<\epsilon$$

인 $\delta>0$가 존재함을 보이면 된다.

자연수 n에 대하여 $p_n(z)=\sum_{j=0}^{n} a_j(z-c)^j$이라고 놓으면

$$\begin{aligned}\frac{f(z)-f(z_0)}{z-z_0}&=\sum_{n=0}^{N} a_n\frac{(z-c)^n-(z_0-c)^n}{z-z_0}+\sum_{n=N+1}^{\infty} a_n\frac{(z-c)^n-(z_0-c)^n}{z-z_0}\\&=\frac{p_N(z)-p_N(z_0)}{z-z_0}+\sum_{n=N+1}^{\infty} a_n\frac{(z-c)^n-(z_0-c)^n}{z-z_0}\end{aligned}$$

이므로

$$\begin{aligned}\left|\frac{f(z)-f(z_0)}{z-z_0}-\sum_{n=1}^{\infty} na_n(z_0-c)^{n-1}\right|&\le\left|\frac{p_N(z)-p_N(z_0)}{z-z_0}-p_N'(z_0)\right|\\&\quad+\left|\sum_{n=N+1}^{\infty} a_n\frac{(z-c)^n-(z_0-c)^n}{z-z_0}\right|+\left|\sum_{n=N+1}^{\infty} na_n(z_0-c)^{n-1}\right|\end{aligned}$$

이다.

여기서 z는 z_0 근방에 놓여 있으므로,

$$|z-c|<\rho<r \quad \text{그리고} \quad |z_0-c|<\rho<r$$

인 양수 ρ를 택할 수 있다. 그러면

$$\begin{aligned}\left|\frac{(z-c)^n-(z_0-c)^n}{z-z_0}\right| &= \left|(z-c)^{n-1}+(z-c)^{n-2}(z_0-c)+\cdots+(z_0-c)^{n-1}\right| \\ &\le n\rho^{n-1}\end{aligned}$$

이므로

$$\left|\sum_{n=N+1}^{\infty} a_n \frac{(z-c)^n-(z_0-c)^n}{z-z_0}\right| \le \sum_{n=N+1}^{\infty} n|a_n|\rho^{n-1}$$

이다. 그런데 위 식의 오른쪽 항은 절대수렴하는 무한급수의 나머지이므로

$$N \ge N_1 \quad \to \quad \left|\sum_{n=N+1}^{\infty} a_n \frac{(z-c)^n-(z_0-c)^n}{z-z_0}\right| < \frac{\epsilon}{3}$$

인 자연수 N_1이 존재한다. 또한 같은 이유로

$$N \ge N_2 \quad \to \quad \left|\sum_{n=N+1}^{\infty} na_n(z_0-c)^{n-1}\right| < \frac{\epsilon}{3}$$

인 자연수 N_2가 존재한다. 이제 $N=\max\{N_1,N_2\}$으로 놓자. 그러면, p_N은 미분가능하므로,

$$|z-z_0|<\delta \quad \to \quad \left|\frac{p_N(z)-p_N(z_0)}{z-z_0}-p_N'(z_0)\right| < \frac{\epsilon}{3}$$

이고 $\delta<\rho$인 양수 δ가 존재한다. 따라서

$$|z-z_0|<\delta \quad \to \quad \left|\frac{f(z)-f(z_0)}{z-z_0}-\sum_{n=1}^{\infty} na_n(z_0-c)^{n-1}\right| < \epsilon$$

이다. □

정리 3.46에서의 f'을 이 정리에 적용하면 영역 $D(c;r)$에서 f'의 도함수인 이계도함수 f''이 존재함을 알 수 있다. 재귀적으로 k계 도함수 $f^{(k)}$을 이 정리에 적용하면 영역 $D(c;r)$에서 $f^{(k)}$의 도함수인 $(k+1)$계도함수 $f^{(k+1)}$이 존재한다. 따라서 f는 영

역 $D(c;r)$에서 무한번 미분가능하다. 이때,

$$\begin{aligned} f'(z) &= a_1 + 2a_2(z-c) + 3a_3(z-c)^2 + \cdots, \\ f''(z) &= 2a_2 + 3\cdot 2a_3(z-c) + 4\cdot 3a_4(z-c)^2 + \cdots, \\ f^{(3)}(z) &= 3\cdot 2a_3 + 4\cdot 3\cdot 2a_4(z-c) + 5\cdot 4\cdot 3a_5(z-c)^2 + \cdots, \\ &\vdots \end{aligned}$$

이므로,

$$f(c) = a_0, \quad f'(c) = a_1, \quad \ldots, \quad f^{(k)}(c) = k!a_k, \quad \ldots$$

이다.

따름정리 3.47: 거듭제곱급수에 대한 테일러 정리

거듭제곱급수 $\sum_{n=0}^{\infty} a_n(z-c)^n$에 대하여, 수렴반지름 r이 양수이면 영역 $D(c;r)$에서 $f(z) = \sum_{n=0}^{\infty} a_n(z-c)^n$으로 정의된 함수 f는 무한번 미분가능하며,

$$a_n = \frac{f^{(n)}(c)}{n!} \quad (n \geq 0)$$

이다.

3.7 연습문제

1. 다음의 함수에 대한, 영역

$$R = \{x + yi \in \mathbb{C} : 0 < x < 1,\ 0 < y < 1\}$$

의 상 $f(R)$을 구하여라.

(가) $f(z) = (1+i)z + (1+2i)$,

(나) $f(z) = \left(\sqrt{3}+i\right)z + (1+i)$,

(다) $f(z) = \left(1-\sqrt{3}i\right)z + (1+2i)$.

2. 다음 방정식을 풀어라.

(가) $z^3 + 8 = 0$,

(나) $z^4 + i = 0$,

(다) $z^4 + 16 = 0$.

3. 다음 복소수의 제곱근을 구하여라.

(가) $3i$, (나) $1+\sqrt{3}i$.

4. 다음 복수수의 3제곱근을 구하여라.

(가) $8i$, (나) $1-\sqrt{3}i$.

5. 집합 $\{z : z^4 = i\}$을 원소나열법으로 나타내어라.

6. 함수 $f(z) = z^3$에 대한, 영역

$$D = \{re^{i\theta} \in \mathbb{C} : 0 < r < 1,\ 0 < \theta < \pi/4\}$$

의 상 $f(D)$를 구하여라.

7. 다음을 계산하여라.

(가) $e^{2-\pi i}$, (나) $\exp\left(\dfrac{3+\pi i}{3}\right)$.

8. 함수 $f(z) = e^z$에 대한, 영역

$$D = \{x + yi \in \mathbb{C} : 0 < x < 1, 0 < y < \pi\}$$

이 상 $f(D)$를 구하여라.

9. 방정식

$$e^z = \sqrt{3} + i$$

를 풀어라.

10. 분지절단이

$$\left\{z \in \mathbb{C} : z = 0 \text{ 또는 } \arg z = -\frac{\pi}{2}\right\}$$

인 로그의 분지 $\log z$에 대하여, $\log 1 = 2\pi i$일 때 $\log z$를 이용하여 정의된 $(-1)^i$의 값을 구하여라.

11. 분지절단이

$$\{z \in \mathbb{C} : z = 0 \text{ 또는 } \arg z = \pi\}$$

인 로그의 분지 $\log z$에 대하여, $\log 1 = 2\pi i$일 때 다음 물음에 답하여라.

(가) $\log i$를 구하여라.

(나) i^{2i}를 구하여라.

12. 함수

$$f(z) = \frac{1}{2}\left(z + \frac{1}{z}\right)$$

에 의한 반직선 $\ell : z = re^{i\theta}$ $(r > 0, \theta$는 상수$)$의 상을 구하여라.

13. 코사인함수

$$f(z) = \cos z = \frac{e^{iz} + e^{-iz}}{2}$$

에 대한, 집합

$$A = \{z \in \mathbb{C} : 0 \le \operatorname{Re} z \le \pi, \ \operatorname{Im} z = 1\}$$

의 상 $f(A)$를 구하여라.

14. 사인함수

$$f(z) = \sin z = \frac{e^{iz} - e^{-iz}}{2i}$$

에 대한, 집합

$$A = \{z \in \mathbb{C} : 0 \leq \operatorname{Re} z \leq \pi,\ \operatorname{Im} z = 1\}$$

의 상 $f(A)$를 구하여라.

15. 극한의 정의를 이용하여

$$\lim_{z \to 0} \frac{z^2}{\overline{z}} = 0$$

임을 보여라.

16. 임의의 복소수 z_0에 대하여,

$$\lim_{z \to z_0} (z^2 + 1) = z_0^2 + 1$$

임을 보여라.

17. 다음 계산을 하여라.

(가) $\displaystyle\lim_{z \to 1+i} (z^2 - 4z + 7)$, (나) $\displaystyle\lim_{z \to i} \frac{z^3 - 1}{z + i}$.

18. 함수 $f : D \to \mathbb{C}$에 대하여, $\lim_{z \to z_0} f(z) = A \neq 0$이면,

$$0 < |z - z_0| < \delta \quad \to \quad 0 < |f(z)|$$

인 양의 실수 δ가 존재함을 보여라.

19. 함수 $f : \mathbb{C} \to \mathbb{C}$가

$$f(z) = \begin{cases} \dfrac{z^3 - z + 2i}{z - i} & z \neq i\text{일 때} \\ -4 & z = i\text{일 때} \end{cases}$$

으로 정의될 때, f는 점 i에서 연속인지 판정하여라.

20. 함수 $f : D \to \mathbb{C}$에 대하여,

임의의 부분집합 A에 대하여, $f^{-1}(\operatorname{Int} A) \subset \operatorname{Int} f^{-1}(A)$

는, f가 연속이기 위한 필요충분조건임을 보여라.

21. 열린 원판 $\Delta = \{z \in \mathbb{C} : |z| < 1\}$에서 함수 $f(z) = z^2$은 균등연속임을 보여라.

22. 영역 $D = \{z \in \mathbb{C} : 0 < |z| < 1\}$에서 함수 $f(z) = 1/z$는 균등연속이 아님을 보여라.

23. 다음의 빈 칸을 채워라.

(가) 함수 $f: D \to \mathbb{C}$가 점 $z_0 \in U$에서 미분가능하면

$$f(z) = (\qquad) + f'(z_0) \cdot (\qquad\qquad) + E(z) \cdot (\qquad\qquad),$$
$$E(z_0) = 0$$

이고, z_0에서 연속인 함수 $E: D \to \mathbb{C}$가 존재한다.

(나) 연속미분가능한 함수 $u: \mathbb{R}^2 \to \mathbb{R}$와 두 점 (x, y)와 (a, b)에 대하여,

$$u(x, y) = u(a, b) + \int_{(\quad)}^{(\quad)} (\qquad\qquad\qquad) \, ds$$
$$+ \int_{(\quad)}^{(\quad)} (\qquad\qquad\qquad) \, ds$$

이다.

24. 복소평면의 모든 점에서 다음의 함수가 미분가능함을 보여라.

(가) $f(x + iy) = (2x - 3y) + i\,(3x + 2y)$,

(나) $f(x + iy) = e^x \cos y + i\, e^x \sin y$,

(다) $f(x + iy) = (x^2 - y^2) + i2xy$.

25. 복소평면 $\mathbb{C}$의 영역

$$A = \left\{ z \in \mathbb{C} : 0 < \operatorname{Im} z < \frac{\pi}{2} \right\}$$

에서 영역

$$B = \{z \in \mathbb{C} : \operatorname{Im} z > 0\}$$

으로의 일대일 대응인 미분가능한 함수 $f: A \to B$를 구하여라.

26. 0을 포함하지 않는 영역 D에서 함수 f가 미분가능하면

$$f'(z) = e^{-i\theta}\frac{\partial f}{\partial r} = \frac{1}{iz}\frac{\partial f}{\partial \theta}$$

임을 보여라. 여기에서 $re^{i\theta}$는 z의 극형식이다.

27. 영역 D에 정의된 함수 f에 대하여, f가 미분가능하고 모든 $z \in D$에서 $f'(z) = 0$이면 f는 상수함수임을 보여라.

28. 복소평면 $\mathbb{C}$의 부분집합 A에 대하여

$$A^* = \{\overline{z} \in \mathbb{C} : z \in A\}$$

일 때, 함수 $f: A \to \mathbb{C}$가 영역 A에서 미분가능하면 함수

$$f^*(z) = \overline{f(\overline{z})}$$

는 영역 A^*에서 미분가능함을 보여라.

29. 다음 함수의 도함수를 구하여라.

(가) $f(z) = z^2 - 3x + 2$, (나) $f(z) = (1 + 5z^4)^9$,

(다) $f(z) = \dfrac{2z - 1}{z + 2}$ $(z \neq -2)$, (라) $f(z) = \dfrac{(1 + 2z^3)^3}{z}$ (단, $z \neq 0$).

30. 함수 $u(x, y) = e^x \cdot \cos y$에 대한 조화켤레 $v(x, y)$를 구하여라.

31. 복소평면 $\mathbb{C}$에 정의된 조화함수 $u(x, y) = x^2 - y^2$에 대하여, u의 조화켤레 v를 구하여라.

32. 다항함수 p에 대하여,

(가) $p(0) = 0$,

(나) $z^{100} = a + b \cdot (z - 1) + p(z) \cdot (z - 1)$

일 때, 상수 a, b와 다항함수 p를 구하여라.

33. 급수 $\sum_{n=1}^{\infty} \frac{n}{2^n}$의 값을 구하여라.

34. 다음 거듭제곱급수의 수렴 반지름을 구하여라.

(가) $\sum_{n=1}^{\infty} z^n$,

(나) $\sum_{n=0}^{\infty} 4^n z^{3n}$,

(다) $\sum_{n=1}^{\infty} \frac{1}{n^2 3^n}(z-1)^n$,

(라) $\sum_{n=0}^{\infty} a^{n^2} z^n$ (단 $a \neq 0$).

35. 다항함수 $p(z) = z^{100}$을 중심이 1인 거듭제곱급수 $\sum_{n=0}^{100} a_n(z-1)^n$으로 나타낼 때, a_{100}, a_{99}, a_{98}을 구하여라.

36. 다항함수 $p(z) = z^4 + 3z^2 + 2$을 중심이 1인 거듭제곱급수로 나타내어라.

37. 함수 $f(z) = e^z$를 중심이 0인 거듭제곱급수로 나타내고, 이때의 수렴반지름을 구하여라.

38. 단위원판 $\Delta = \{z : |z| < 1\}$에서

$$\frac{1}{1-z} = \sum_{n=0}^{\infty} z^n$$

이 성립한다. 단위원판 Δ에서

$$\frac{1}{(1-z)^2} = \sum_{n=0}^{\infty} (n+1) z^n$$

임을 보여라.

제 4 장

함수의 적분과 코시의 정리

복소함수를 미분하는 것은 실함수의 경우와 같은 형식이지만, 복소함수의 적분은 실함수의 경우와 다르다. 복소적분이란, 정의역에 놓인 곡선 위에서 복소함수를 선적분하는 것이다. 복소적분에 대한 코시의 정리는 실함수에 대한 미분적분학의 기본정리에 해당한다. 코시의 정리를 이용하여 코시의 적분공식을 구할 수 있고, 이것의 응용으로 복소함수의 많은 정보를 구할 수 있다.

4.1 곡선의 미분과 적분

4.1.1 곡선의 미분

함수 $\gamma\colon [a,b] \to \mathbb{C}$에 대하여, γ가 연속이면 γ는 **곡선**이라고 한다. 곡선 γ의 미분과 적분에 대하여 알아보자. 먼저 미분을 정의하자.

정의 4.1: 곡선의 미분가능성과 도함수

곡선 $\gamma\colon [a,b] \to \mathbb{C}$와 점 $c \in (a,b)$에 대하여, 극한

$$\lim_{t\to c} \frac{\gamma(t) - \gamma(c)}{t-c}$$

이 존재하면, 곡선 γ는 c에서 **미분가능하다**고 한다. 여기서 이 극한을 c에서의 곡선 γ의 **미분계수**라고 하고 $\gamma'(c)$ 또는 $\frac{d\gamma}{dt}(c)$로 나타낸다. γ가 (a,b)의 모든 점에서 미분가능하면 γ는 (a,b)에서 **미분가능하다**고 한다. 이때,

$$t \mapsto \gamma'(t)$$

로 정의되는 함수 $\gamma'\colon (a,b) \to \mathbb{C}$를 γ의 **도함수**라고 한다.

예제 4.1. 곡선 $\gamma(t) = e^{it}$의 도함수를 구하여라.

풀이 $h_1(t) = \cos t$이고 $h_2(t) = \sin t$로 놓으면 $h_1'(t) = -\sin t$이고 $h_2'(t) = \cos t$이므로

$$\begin{aligned}
\gamma'(t) &= \lim_{s\to t} \frac{e^{is} - e^{it}}{s-t} \\
&= \lim_{s\to t} \frac{(\cos s - \cos t) + i(\sin s - \sin t)}{s-t} \\
&= h_1'(t) + ih_2'(t) \\
&= -\sin t + i\cos t \\
&= i(\cos t + i\sin t) \\
&= ie^{it}
\end{aligned}$$

이다. □

곡선 γ의 실수부와 허수부 모두가 c에서 미분가능한 것은 γ가 점 c에서 미분가능하기 위한 필요충분조건이다.

정리 4.1: 곡선의 실수부와 허수부에 대한 미분가능성

곡선 $\gamma\colon [a,b] \to \mathbb{C}$에 대하여,

$$h_1(t) = \operatorname{Re}\gamma(t), \quad h_2(t) = \operatorname{Im}\gamma(t)$$

로 놓으면, h_1과 h_2 모두가 점 $c \in (a,b)$에서 미분가능한 것은 γ가 점 c에서 미분가능하기 위한 필요충분조건이다. 또한 이때,

$$\gamma'(c) = h_1'(c) + i\,h_2'(c)$$

이다.

증명 곡선 γ가 c에서 미분가능하다고, 즉 극한

$$\lim_{t\to c}\frac{\gamma(t)-\gamma(c)}{t-c}$$

이 존재한다고 가정하자. 그러면, 함수 $g_1(z) = \operatorname{Re} z$와 $g_2(z) = \operatorname{Im} z$가 연속함수이므로 극한

$$\lim_{t\to c}\frac{h_1(t)-h_1(c)}{t-c} = \lim_{t\to c}\operatorname{Re}\left(\frac{\gamma(t)-\gamma(c)}{t-c}\right) = \operatorname{Re}\left(\lim_{t\to c}\frac{\gamma(t)-\gamma(c)}{t-c}\right)$$

와 극한

$$\lim_{t\to c}\frac{h_2(t)-h_2(c)}{t-c} = \lim_{t\to c}\operatorname{Im}\left(\frac{\gamma(t)-\gamma(c)}{t-c}\right) = \operatorname{Im}\left(\lim_{t\to c}\frac{\gamma(t)-\gamma(c)}{t-c}\right)$$

이 존재한다. 따라서 h_1과 h_2는 모두 c에서 미분가능하다.

함수 h_1과 h_2 모두가 c에서 미분가능하다고, 즉 극한

$$\lim_{t\to c}\frac{h_1(t)-h_1(c)}{t-c}, \quad \lim_{t\to c}\frac{h_2(t)-h_2(c)}{t-c}$$

이 존재한다고 가정하자. 그러면

$$\begin{aligned}\lim_{t\to c}\frac{\gamma(t)-\gamma(c)}{t-c} &= \lim_{t\to c}\frac{(h_1(t)-h_1(c)) + i\,(h_2(t)-h_2(c))}{t-c}\\ &= \lim_{t\to c}\frac{h_1(t)-h_1(c)}{t-c} + i\lim_{t\to c}\frac{h_2(t)-h_2(c)}{t-c}\end{aligned}$$

이므로, 곡선 γ는 c에서 미분가능하다. □

곡선에 대한 다음의 새로운 곡선을 정의하자.

정의 4.2: 곡선합과 곡선곱과 곡선의 실수배

복소수 상수 α와 곡선 $\gamma\colon [a,b] \to \mathbb{C}$와 $\lambda\colon [a,b] \to \mathbb{C}$에 대하여, 곡선 $\gamma+\lambda\colon [a,b] \to \mathbb{C}$와 $\alpha\gamma\colon [a,b] \to \mathbb{C}$와 $\gamma \cdot \lambda\colon [a,b] \to \mathbb{C}$를 각각

$$(\gamma+\lambda)(t) = \gamma(t) + \lambda(t), \qquad (\alpha\gamma)(t) = \alpha\gamma(t), \qquad (\gamma \cdot \lambda)(t) = \gamma(t) \cdot \lambda(t)$$

로 정의한다.

곡선의 도함수에 대한 선형성이 성립한다.

정리 4.2: 곡선의 도함수의 선형성

복소수 상수 α와 곡선 $\gamma\colon [a,b] \to \mathbb{C}$와 $\lambda\colon [a,b] \to \mathbb{C}$에 대하여, 다음이 성립한다.

(가) 곡선 γ와 λ가 점 $c \in (a,b)$에서 미분가능하면, $\gamma+\lambda$는 c에서 미분가능하고

$$(\gamma+\lambda)'(c) = \gamma'(c) + \lambda'(c)$$

이다.

(나) 곡선 γ가 점 $c \in (a,b)$에서 미분가능하면, $\alpha\gamma$도 점 c에서 미분가능하고

$$(\alpha\gamma)'(c) = \alpha\gamma'(c)$$

이다.

증명 곡선 γ와 λ에 대하여,

$$h_1(t) = \operatorname{Re}\gamma(t), \quad h_2(t) = \operatorname{Im}\gamma(t), \quad k_1(t) = \operatorname{Re}\lambda(t), \quad k_2(t) = \operatorname{Im}\lambda(t)$$

로 놓자.

(가) 곡선 γ와 λ가 점 $c \in (a,b)$에서 미분가능하면,

$$\begin{aligned}\gamma'(c) + \lambda'(c) &= (h_1'(c) + ih_2'(c)) + (k_1'(c) + ik_2'(c)) \\ &= (h_1'(c) + k_1'(c)) + i\,(h_2'(c) + k_2'(c)) \\ &= (h_1 + k_1)'\,(c) + i\,(h_2 + k_2)'\,(c) \\ &= (\gamma + \lambda)'(c)\end{aligned}$$

이므로, $\gamma + \lambda$는 점 c에서 미분가능하다.

(나) 복소수 상수 α에 대하여,

$$\alpha_1 = \operatorname{Re}\alpha, \quad \alpha_2 = \operatorname{Im}\alpha$$

로 놓자. 곡선 γ가 점 $c \in (a,b)$에서 미분가능하면,

$$\begin{aligned}\alpha\gamma'(c) &= (\alpha_1 + i\alpha_2)\,(h_1'(c) + ih_2'(c)) \\ &= (\alpha_1 h_1'(c) - \alpha_2 h_2'(c)) + i\,(\alpha_1 h_2'(c) + \alpha_2 h_1'(c)) \\ &= (\alpha_1 h_1 - \alpha_2 h_2)'\,(c) + i\,(\alpha_1 h_2 + \alpha_2 h_1)'\,(c) \\ &= [(\alpha_1 h_1 - \alpha_2 h_2) + i\,(\alpha_1 h_2 + \alpha_2 h_1)]'\,(c) \\ &= [(\alpha_1 + i\alpha_2)(h_1 + ih_2)]'\,(c) \\ &= (\alpha\gamma)'\,(c)\end{aligned}$$

이므로, $\alpha\gamma$는 점 c에서 미분가능하다. □

곡선의 도함수에 대한 라이프니츠의 법칙이 성립한다.

정리 4.3: 곡선의 도함수에 대한 라이프니츠의 법칙

곡선 $\gamma\colon [a,b] \to \mathbb{C}$와 $\lambda\colon [a,b] \to \mathbb{C}$에 대하여, 함수 γ와 λ가 점 $c \in (a,b)$에서 미분가능하면, $\gamma \cdot \lambda$는 점 c에서 미분가능하고

$$(\gamma \cdot \lambda)'(c) = \gamma'(c) \cdot \lambda(c) + \gamma(c) \cdot \lambda'(c)$$

이다.

증명 곡선 γ와 λ에 대하여,

$$h_1(t) = \operatorname{Re}\gamma(t), \quad h_2(t) = \operatorname{Im}\gamma(t), \quad k_1(t) = \operatorname{Re}\lambda(t), \quad k_2(t) = \operatorname{Im}\lambda(t)$$

로 놓자. 곡선 γ와 λ가 점 $c \in (a,b)$에서 미분가능하면,

$$\begin{aligned}
\gamma'(c) \cdot \lambda(c) + \gamma(c) \cdot \lambda'(c) \\
&= (h_1'(c) + ih_2'(c)) \cdot (k_1(c) + ik_2(c)) \\
&\quad + (h_1(c) + ih_2(c)) (k_1'(c) + ik_2'(c)) \\
&= (h_1'(c) \cdot k_1(c) - h_2'(c) \cdot k_2(c) + h_1(c) \cdot k_1'(c) - h_2(c) \cdot k_2'(c)) \\
&\quad + i (h_1'(c) \cdot k_2(c) + h_2'(c) \cdot k_1(c) + h_1(c) \cdot k_2'(c) + h_2(c) \cdot k_1'(c)) \\
&= (h_1 \cdot k_1 - h_2 \cdot k_2)'(c) + i (h_1 \cdot k_2 + h_2 \cdot k_1)'(c) \\
&= [(h_1 \cdot k_1 - h_2 \cdot k_2) + i (h_1 \cdot k_2 + h_2 \cdot k_1)]'(c) \\
&= (\gamma \cdot \lambda)'(c)
\end{aligned}$$

이므로, $\gamma \cdot \lambda$는 점 c에서 미분가능하다. □

함수의 합성에 대한 연쇄법칙을 살펴보자.

정리 4.4: 합성함수의 도함수에 대한 연쇄법칙

(가) 곡선 $\gamma\colon [a,b] \to D$와 함수 $f\colon D \to \mathbb{C}$에 대하여, γ와 f가 미분가능하면 곡선 $f \circ \gamma$도 미분가능하며

$$(f \circ \gamma)'(t) = f'(\gamma(t)) \cdot \gamma'(t)$$

이다.

(나) 함수 $\phi\colon [a,b] \to [c,d]$와 곡선 $\gamma\colon [c,d] \to \mathbb{C}$에 대하여, ϕ와 γ가 미분가능하면 $\gamma \circ \phi$도 미분가능하며

$$(\gamma \circ \phi)'(t) = \gamma'(\phi(t)) \cdot \phi'(t)$$

이다.

증명 (가) 곡선 γ와 함수 f가 미분가능하다고 가정하자. 점 $\gamma(t)$를 고정하자. 그러면 함수 f는 점 $\gamma(t)$에서 미분가능하므로,

$$\begin{aligned}
f(z) &= f(\gamma(t)) + f'(\gamma(t)) \cdot (z - \gamma(t)) + E(z) \cdot (z - \gamma(t)) \\
E(\gamma(t)) &= 0
\end{aligned}$$

인, $\gamma(t)$에서 연속인 함수 $E\colon D \to \mathbb{C}$가 존재한다. 따라서

$$\begin{aligned}(f\circ\gamma)'(t) &= \lim_{s\to t}\frac{f(\gamma(s))-f(\gamma(t))}{s-t}\\ &= \lim_{s\to t}\frac{f'(\gamma(t))\cdot(\gamma(s)-\gamma(t))+E(\gamma(s))\cdot(\gamma(s)-\gamma(t))}{s-t}\\ &= f'(\gamma(t))\cdot\gamma'(t)+0\cdot\gamma'(t)\\ &= f'(\gamma(t))\cdot\gamma'(t)\end{aligned}$$

이다.

(나) 함수 ϕ와 곡선 γ가 미분가능하다고 가정하자. $a<s<b$일 때 $\phi(s)$를 고정하자. 점 $\gamma(t)$를 고정하자. 곡선 γ가 $\phi(s)$에서 미분가능하므로,

$$\begin{aligned}\gamma(t) &= \gamma(\phi(s))+\gamma'(\phi(s))\cdot(t-\phi(s))+\eta(t)\cdot(t-\phi(s))\\ \eta(\phi(s)) &= 0\end{aligned}$$

인, $\phi(s)$에서 연속인 함수 $\eta\colon [c,d]\to\mathbb{C}$가 존재한다. 따라서

$$\begin{aligned}(\gamma\circ\phi)'(s) &= \lim_{\tau\to s}\frac{\gamma(\phi(\tau))-\gamma(\phi(s))}{\tau-s}\\ &= \lim_{\tau\to s}\frac{\gamma'(\phi(s))\cdot(\phi(\tau)-\phi(s))+\eta(\phi(\tau))\cdot(\phi(\tau)-\phi(s))}{\tau-s}\\ &= \gamma'(\phi(s))\cdot\phi'(s)+0\cdot\phi'(s)\\ &= \gamma'(\phi(s))\cdot\phi'(s)\end{aligned}$$

이다. □

예제 4.2. 곡선 $\eta(t)=e^{i(\pi-t)}$의 도함수를 합성함수의 연쇄법칙을 이용하여 구하여라.

풀이 곡선 γ와 함수 f를 각각 $\gamma(t)=i(\pi-t)$와 $f(z)=e^z$로 놓으면, $\eta=f\circ\gamma$이므로,

$$\eta'(t)=f'(\gamma(t))\cdot\gamma'(t)=e^{i(\pi-t)}\cdot(-i)$$

이다. □

4.1.2 실변수함수의 적분

실변수함수들에 대하여, 적분의 의미를 생각하여 보자.

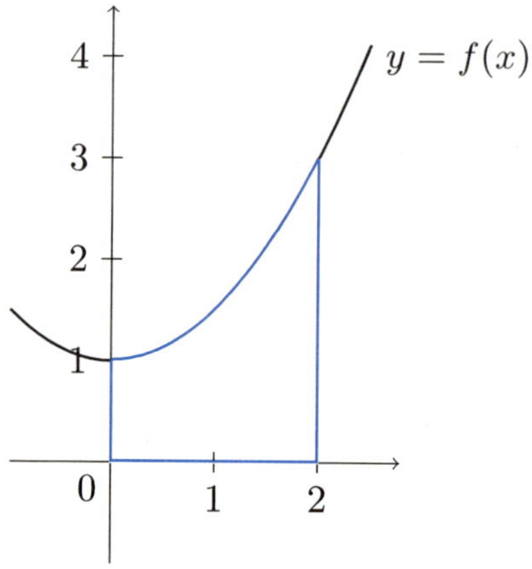

그림 4.1 구간 $[0, 2]$에서의 함수 f의 정적분

연속함수 $f\colon [a, b] \to \mathbb{R}$에 대하여, 그림 4.1와 같이 x-축과 $y = f(x)$의 그래프와 직선 $x = a$와 $x = b$로 둘러싸인 영역의 넓이를 구간 $[a, b]$에서의 함수 f의 **정적분**이라고 하고

$$\int_a^b f(x)\,dx$$

로 나타낸다. 단, 여기서 넓이는 음의 부호를 가질 수 있다. 즉, 만약 열린 구간 (c, d)에서 $f > 0$이면 $\int_c^d f(x)\,dx > 0$이고, 만약 열린 구간 (c, d)에서 $f < 0$이면 $\int_c^d f(x)\,dx < 0$이다.

구간 $[a, b]$에서 함수 f의 정적분 $\int_a^b f(x)\,dx$를 구하는 것은 중요한 의미가 있다. 만약 시간 $t \in [a, b]$일 때, 어떤 비행체의 속력이 $v(t)$이면 정적분 $\int_a^b v(t)\,dt$는 시간구간 $[a, b]$에서 비행체가 비행한 곡선의 길이를 나타낸다. 즉, 정적분을 이용하면 곡선의 길이를 구할 수 있다.

정적분 $\int_a^b f(x)\,dx$를 구하는 것은 일반적으로 매우 어려운데, 17세기에 뉴턴과 라이프니츠는 일정한 조건에서 함수의 정적분을 쉽게 구할 수 있는 방법인 미분적분학의 기본정리를 각각 독자적으로 개발하였다.

정리 4.5: 미분적분학의 기본정리

연속함수 $f\colon [a,b] \to \mathbb{R}$에 대하여, $f = F'$인 연속미분가능한 함수 $F\colon [a,b] \to \mathbb{R}$가 존재하면

$$\int_a^b f(t)\, dt = F(b) - F(a) \tag{4.1}$$

이다.

식 (4.1)의 의미를 살펴보면 다음과 같다.

(가) 왼쪽 항 $\int_a^b f(t)\, dt$는 닫힌 구간 $[a,b]$에서의 함수 f의 정적분이다. 그런데, 일반적으로 함수의 정적분을 직접 계산하기는 어렵다.

(나) 그런데 오른쪽 항 $F(b) - F(a)$은 함수 f의 부정적분 $F + c$에 대하여

$$F(b) - F(a) = (F(b) + c) - (F(a) + c)$$

를 나타내므로, 함수 f의 역도함수 F를 알 수 있으면 오른쪽 항을 쉽게 계산할 수 있다.

정리하여 말하면, 일반적으로 구분구적법을 이용하여 복잡한 계산과정을 통하여 구하는 정적분을 함수의 역도함수만 알면 쉽게 구할 수 있다.

위의 미분적분학의 기본정리가 어떻게 해서 성립하는지 대략적인 이유를 살펴보자. 구간 $[a,b]$를 n등분한 점들을 $t_0 = a, t_1, t_2, \ldots, t_n = b$로 놓자. 그러면

$$F(b) - F(a) = F(t_n) - F(t_0) = \sum_{k=1}^{n} [F(t_k) - F(t_{k-1})]$$

이다. 한편 $k = 1, \ldots, n$일 때, 구간 $[t_{i-1}, t_i]$에서, 함수 F에 대한 평균값의 정리에 의하여,

$$F(t_k) - F(t_{k-1}) = f(s_k)(t_k - t_{k-1})$$

인 실수 s_k가 구간 (t_{k-1}, t_k)에 존재한다. 그러므로,

$$\begin{aligned}\int_a^b f(t)\,dt &= \lim_{n\to\infty}\sum_{k=1}^{n}[f(s_k)(t_k - t_{k-1})]\\ &= \lim_{n\to\infty}\sum_{k=1}^{n}[F(t_k) - F(t_{k-1})]\\ &= F(b) - F(a)\end{aligned}$$

이다.

예제 4.3. 정적분 $\int_1^2 2x\,dx$을 구분구적법을 이용하여 계산하고 또한 미분적분학의 기본정리를 이용하여 계산하여라.

풀이 (가) 먼저 구분구적법을 이용하여 $\int_1^2 2x\,dx$를 계산하자. $f(x) = 2x$로 놓자. 정적분 $\int_1^2 f(x)\,dx$를 계산하기 위하여 먼저 구간 $[1, 2]$를 n등분한다. 즉, $k = 0, 1, 2, \ldots, n$에 대하여

$$t_k = 1 + \frac{k}{n}$$

로 놓자. 구간 $[1, 2]$에서 함수 f는 증가함수이므로

$$\sum_{k=1}^{n} f(t_{k-1})\frac{1}{n} \le \int_1^2 f(x)\,dx \le \sum_{k=1}^{n} f(t_k)\frac{1}{n}$$

이다. 그런데

$$\begin{aligned}\sum_{k=1}^{n} f(t_{k-1})\frac{1}{n} &= \sum_{k=1}^{n}\frac{2}{n}\left(1 + \frac{k-1}{n}\right) = 2 + \frac{2}{n^2}(0 + 1 + \cdots + (n-1))\\ &= 2 + \frac{n(n-1)}{n^2}\end{aligned}$$

이고

$$\begin{aligned}\sum_{k=1}^{n} f(t_k)\frac{1}{n} &= \sum_{k=1}^{n}\frac{2}{n}\left(1 + \frac{k}{n}\right) = 2 + \frac{2}{n^2}(1 + 2 + \cdots + n)\\ &= 2 + \frac{n(n+1)}{n^2}\end{aligned}$$

이므로

$$\lim_{n\to\infty}\sum_{k=1}^{n} f(t_{k-1})\frac{1}{n} = 3, \quad \lim_{n\to\infty}\sum_{k=1}^{n} f(t_k)\frac{1}{n} = 3$$

이다. 따라서

$$\int_1^2 2xdx = 3$$

이다.

(나) 이제 미분적분학의 정리를 이용하여 $\int_1^2 2x\,dx$를 계산하자. 함수 $f(x) = 2x$의 부정적분은 $x^2 + c$이므로

$$\int_1^2 2x\,dx = 2^2 - 1^2 = 3$$

이다. □

4.1.3 곡선의 적분

복소수의 덧셈과 적분의 성질에 의하여, 닫힌 구간 $[a, b]$에 정의된 곡선 $h\colon [a, b] \to \mathbb{C}$의 적분을 정의할 수 있다.

정의 4.3: 곡선의 정적분

곡선 $\gamma\colon [a, b] \to \mathbb{C}$에 대하여, 구간 $[a, b]$에서 γ의 적분을

$$\int_a^b \gamma(t)\,dt := \int_a^b \operatorname{Re}\gamma(t)\,dt + i\int_a^b \operatorname{Im}\gamma(t)\,dt$$

로 정의한다.

예제 4.4. 다음 정적분을 구하여라.

(가) $\displaystyle\int_0^1 (1+2t) + i(2+3t^2)\,dt$ (나) $\displaystyle\int_0^\pi 2e^{it}\,dt$

풀이 (가) 정적분의 정의에 따라서,

$$\begin{aligned}\int_0^1 (1+2t) + i(2+3t^2)\,dt &= \int_0^1 (1+2t)\,dt + i\int_0^1 (2+3t^2)\,dt \\ &= [t+t^2]_0^1 + i[2t+t^3]_0^1 \\ &= 2+3i\end{aligned}$$

이다.

(나) 정적분의 정의에 따라서,

$$\begin{aligned}\int_0^\pi 2e^{it}\,dt &= \int_0^\pi 2(\cos t + i\sin t)\,dt\\ &= \int_0^\pi 2\cos t\,dt + i\int_0^\pi 2\sin t\,dt\\ &= [2\sin t]_0^\pi + i[-2\cos t]_0^\pi\\ &= 4i\end{aligned}$$

이다. □

곡선 $\gamma\colon [a,b] \to \mathbb{C}$의 적분에 대하여, 다음의 선형성이 성립한다.

정리 4.6: 곡선의 합의 적분

곡선 $\gamma\colon [a,b] \to \mathbb{C}$와 $\lambda\colon [a,b] \to \mathbb{C}$에 대하여,

$$\int_a^b (\gamma(t) + \lambda(t))\,dt = \int_a^b \gamma(t)\,dt + \int_a^b \lambda(t)\,dt$$

이다.

증명 적분의 정의에 따라서 계산하면,

$$\begin{aligned}&\int_a^b (\gamma(t)+\lambda(t))\,dt\\ &\qquad= \int_a^b \operatorname{Re}(\gamma(t)+\lambda(t))\,dt + i\int_a^b \operatorname{Im}(\gamma(t)+\lambda(t))\,dt\\ &\qquad= \int_a^b (\operatorname{Re}\gamma(t) + \operatorname{Re}\lambda(t))\,dt + i\int_a^b (\operatorname{Im}\gamma(t) + \operatorname{Im}\lambda(t))\,dt\\ &\qquad= \int_a^b \operatorname{Re}\gamma(t)\,dt + \int_a^b \operatorname{Re}\lambda(t))\,dt + i\left(\int_a^b \operatorname{Im}\gamma(t)\,dt + \int_a^b \operatorname{Im}\lambda(t)\,dt\right)\\ &\qquad= \left(\int_a^b \operatorname{Re}\gamma(t)\,dt + i\int_a^b \operatorname{Im}\gamma(t)\,dt\right) + \left(\int_a^b \operatorname{Re}\lambda(t)\,dt + i\int_a^b \operatorname{Im}\lambda(t)\,dt\right)\\ &\qquad= \int_a^b \gamma(t)\,dt + \int_a^b \lambda(t)\,dt\end{aligned}$$

이다. □

정리 4.7: 곡선의 복소수배의 적분

곡선 $\gamma\colon [a,b] \to \mathbb{C}$와 복소수 상수 α에 대하여,

$$\int_a^b \alpha\gamma(t)\,dt = \alpha\int_a^b \gamma(t)\,dt$$

이다.

증명 곡선 γ와 복소수 상수 α에 대하여,

$$h_1(t) = \operatorname{Re}\gamma(t), \quad h_2(t) = \operatorname{Im}\gamma(t), \quad \alpha_1 = \operatorname{Re}\alpha, \quad \alpha_2 = \operatorname{Im}\alpha$$

로 놓으면,

$$\alpha\gamma(t) = ((\alpha_1 h_1(t) - \alpha_2 h_2(t)) + i(\alpha_1 h_2(t) + \alpha_2 h_1(t)))$$

이므로

$$\int_a^b \alpha\gamma(t)\,dt = \int_a^b (\alpha_1 h_1(t) - \alpha_2 h_2(t))\,dt + i\int_a^b (\alpha_1 h_2(t) + \alpha_2 h_1(t))\,dt$$

이다. 여기서

$$\int_a^b (\alpha_1 h_1(t) - \alpha_2 h_2(t))\,dt = \alpha_1\int_a^b h_1(t)\,dt - \alpha_2\int_a^b h_2(t)\,dt$$

이고

$$\int_a^b (\alpha_1 h_2(t) + \alpha_2 h_1(t))\,dt = \alpha_1\int_a^b h_2(t)\,dt + \alpha_2\int_a^b h_1(t)\,dt$$

이므로,

$$\int_a^b \alpha\gamma(t)\,dt = (\alpha_1 + i\alpha_2)\left(\int_a^b h_1(t)\,dt + i\int_a^b h_2(t)\,dt\right) = \alpha\int_a^b \gamma(t)\,dt$$

이다. □

이제 곡선 γ에 대한 미분적분학의 기본정리를 살펴보자.

정리 4.8: 곡선의 적분에 대한 미분적분학의 기본정리

미분가능한 곡선 $\Gamma\colon [a,b] \to \mathbb{C}$와 곡선 $\gamma\colon [a,b] \to \mathbb{C}$에 대하여, $\Gamma'(t) = \gamma(t)$이면

$$\int_a^b \gamma(t)\,dt = \Gamma(b) - \Gamma(a)$$

이다.

증명 $\Gamma'(t) = \gamma(t)$이면,

$$\begin{aligned}
\Gamma(b) - \Gamma(a) &= \operatorname{Re}(\Gamma(b) - \Gamma(a)) + i\operatorname{Im}(\Gamma(b) - \Gamma(a)) \\
&= (\operatorname{Re}\Gamma(b) - \operatorname{Re}\Gamma(a)) + i\,(\operatorname{Im}\Gamma(b) - \operatorname{Im}\Gamma(a)) \\
&= \int_a^b (\operatorname{Re}\Gamma)'(t)\,dt + i\int_a^b (\operatorname{Im}\Gamma)'(t)\,dt \\
&= \int_a^b (\operatorname{Re}\Gamma'(t))\,dt + i\int_a^b (\operatorname{Im}\Gamma'(t))\,dt \\
&= \int_a^b \Gamma'(t)\,dt = \int_a^b \gamma(t)\,dt
\end{aligned}$$

이다. □

예제 4.5. 곡선 $\Gamma(t) = -3ie^{it} - 4t$와 $\gamma(t) = 3e^{it} - 4$에 대하여,

$$\int_0^\pi \gamma(t)\,dt = \Gamma(\pi) - \Gamma(0)$$

이 성립함을 확인하여라.

풀이 곡선 Γ에 대하여, $\Gamma(\pi) - \Gamma(0) = 3i - 4\pi + 3i = 6i - 4\pi$이다. 그리고 곡선 γ에 대하여,

$$\begin{aligned}
\int_0^\pi \gamma(t)\,dt &= \int_0^\pi (3\cos t - 4)\,dt + i\int_0^\pi (3\sin t)\,dt \\
&= [3\sin t - 4t]_0^\pi + i\,[-3\cos t]_0^\pi \\
&= -4\pi + 6i
\end{aligned}$$

이다. □

4.2 복소적분: 경로적분

4.2.1 경로

복소함수의 적분은 경로 위에서 정의된다. 경로에 대한 정의부터 시작하자.

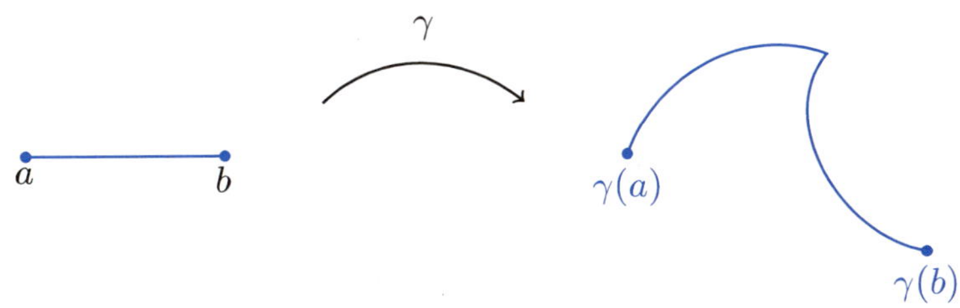

그림 4.2 경로 $\gamma\colon [a,b] \to \mathbb{C}$

정의 4.4: 경로

곡선 $\gamma : [a,b] \to \mathbb{C}$에 대하여, 함수 $\operatorname{Re}\gamma(t)$와 $\operatorname{Im}\gamma(t)$가 구간 (a,b)에서 연속미분가능하면[a], 곡선 γ는 **매끄러운 곡선**이라고 한다. 함수 $\operatorname{Re}\gamma(t)$와 $\operatorname{Im}\gamma(t)$가 구간 (a,b)에서 유한개의 점들을 제외하고는 연속미분가능하면, 곡선 γ는 **경로**[b]라고 한다.

[a] 함수 $f\colon [a,b] \to \mathbb{R}$가 연속이고 구간 (a,b)에서 미분가능하며 도함수 f'이 연속이면 f는 **연속미분가능하다**고 한다.

[b] 경로를 **조각마다 매끄러운 곡선**이라고도 한다.

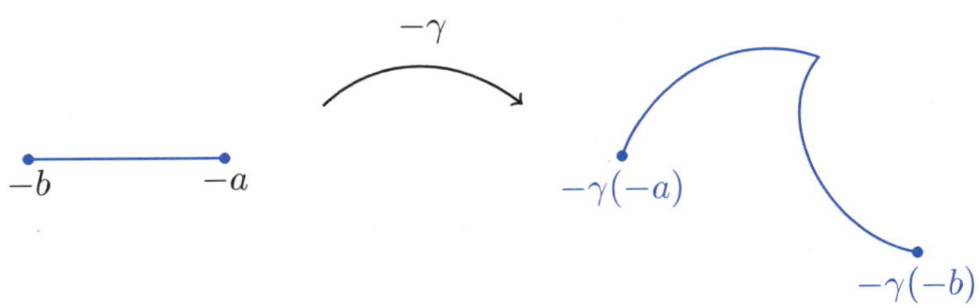

그림 4.3 경로 $\gamma\colon [a,b] \to \mathbb{C}$에 대한 역경로 $-\gamma\colon [-b,-a] \to \mathbb{C}$

경로 $\gamma\colon [a,b] \to \mathbb{C}$에 대하여, γ의 **역경로** $-\gamma\colon [-b,-a] \to \mathbb{C}$를

$$-\gamma(t) = \gamma(-t)$$

로 정의한다. 즉, $\phi(t) = -t$이면, $-\gamma = \gamma \circ \phi$이다. 경로 γ의 상 $\gamma([a, b])$는 역경로 $-\gamma$의 상 $-\gamma([-b, -a])$와 같다. 그렇지만, t가 증가할 때 γ는 $\gamma(a)$에서 출발하여 $\gamma(b)$에 도착하는 경로이지만 $-\gamma$는 $\gamma(b) = -\gamma(-b)$에서 출발하여 $\gamma(a) = -\gamma(-a)$에 도착하는 경로이다.

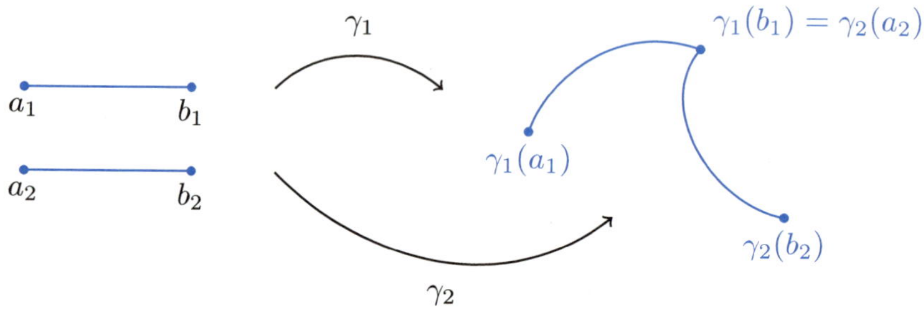

그림 4.4 경로 γ_1과 γ_2에 대한 경로합 $\gamma_1 + \gamma_2$

경로 $\gamma_1 : [a_1, b_1] \to \mathbb{C}$와 $\gamma_2 : [a_2, b_2] \to \mathbb{C}$에 대하여, 경로 γ_1의 끝점이 경로 γ_2의 시작점과 같으면 즉, $\gamma_1(b_1) = \gamma_2(a_2)$이면, **경로합** $\gamma_1 + \gamma_2$을 구간 $[a_1, b_1 + (b_2 - a_2)]$에서

$$(\gamma_1 + \gamma_2)(t) = \begin{cases} \gamma_1(t), & a_1 \le t \le b_1 \text{일 때}, \\ \gamma_2(t + (a_2 - b_1)), & b_1 \le t \le b_1 + (b_2 - a_2) \text{일 때}, \end{cases}$$

로 정의한다.

경로 $\gamma : [a, b] \to \mathbb{C}$와 $a < c < b$인 점 c에 대하여, 경로 $\gamma_1 : [a, c] \to \mathbb{C}$와 $\gamma_2 : [c, b] \to \mathbb{C}$를

$$\gamma_1(t) = \gamma(t), \qquad \gamma_2(t) = \gamma(t)$$

로 정의할 수 있고, 이때 $\gamma = \gamma_1 + \gamma_2$이다.

4.2.2 복소적분: 경로적분

이제 복소변수와 복소함수값을 가지는 함수들에 대한 적분을 생각해 보자.

함수 $F : D \to \mathbb{C}$와 $f : D \to \mathbb{C}$가 연속이고 또한 F는 영역 D에서 미분가능하며

$$F' = f$$

라고 가정하자. 경로 $\gamma : [a, b] \to D$에 대하여 $F(\gamma(b)) - F(\gamma(a))$를 계산하면, 정리 4.8

와 정리 4.4에 따라서,

$$\begin{aligned}F(\gamma(b)) - F(\gamma(a)) &= (F \circ \gamma)(b) - (F \circ \gamma)(a) \\ &= \int_a^b (F \circ \gamma)'(t)\, dt \\ &= \int_a^b F'(\gamma(t)) \cdot \gamma'(t)\, dt \\ &= \int_a^b f(\gamma(t)) \cdot \gamma'(t)\, dt\end{aligned} \tag{4.2}$$

이다. 여기서 경로에서 함수의 경로적분을 정의하자.

정의 4.5: 경로에서의 함수의 경로적분

경로 $\gamma\colon [a,b] \to D$와 연속함수 $f\colon D \to \mathbb{C}$에 대하여,

$$\int_a^b f(\gamma(t)) \cdot \gamma'(t)\, dt$$

를 경로 γ에서의 f의 **경로적분**이라고 하고 $\int_\gamma f(z)\, dz$로 나타낸다.

곡선의 속도는

$$\gamma'(t) = (\operatorname{Re} \gamma)'(t) + i(\operatorname{Im} \gamma)'(t)$$

이므로

$$\begin{aligned}&\int_a^b f(\gamma(t)) \cdot \gamma'(t)\, dt \\ &\quad = \int_a^b [\operatorname{Re} f(\gamma(t)) \cdot (\operatorname{Re} \gamma)'(t) - \operatorname{Im} f(\gamma(t)) \cdot (\operatorname{Im} \gamma)'(t)]\, dt \\ &\qquad + i \int_a^b [\operatorname{Re} f(\gamma(t)) \cdot (\operatorname{Im} \gamma)'(t) + \operatorname{Im} f(\gamma(t)) \cdot (\operatorname{Re} \gamma)'(t)]\, dt\end{aligned}$$

이다.

식 (4.2)에서,

$$\int_\gamma f(z)\, dz = \int_a^b f(\gamma(t)) \cdot \gamma'(t)\, dt$$

이므로 다음과 같이 정리할 수 있다.

정리 4.9: 미분적분학의 기본정리

경로 $\gamma\colon [a,b] \to D$와 미분가능한 함수 $F\colon D \to \mathbb{C}$와 연속함수 $f\colon D \to \mathbb{C}$에 대하여, $F' = f$이면

$$\int_\gamma f(z)\,dz = F(\gamma(b)) - F(\gamma(a))$$

이다.

닫힌 경로인 경우에는 $\gamma(a) = \gamma(b)$이므로 다음을 알 수 있다.

따름정리 4.10: 닫힌 경로에서의 함수의 경로적분

닫힌 경로 $\gamma\colon [a,b] \to D$와 미분가능한 함수 $F\colon D \to \mathbb{C}$와 연속함수 $f\colon D \to \mathbb{C}$에 대하여, $F' = f$이면

$$\int_\gamma f(z)\,dz = 0$$

이다.

예제 4.6. 경로 $\gamma(t) = e^{it}$ $(0 \le t \le \pi)$에 대하여 경로적분

$$\int_\gamma 2z\,dz$$

를 구하여라.

풀이 $\gamma(0) = 1$이고 $\gamma(\pi) = -1$이며 $F(z) = z^2$일 때 $F'(z) = 2z$이므로,

$$\int_\gamma 2z\,dz = F(-1) - F(1) = (-1)^2 - 1^2 = 0$$

이다. □

복소함수의 경로적분에 대하여, 다음의 선형성이 존재한다.

정리 4.11: 복소함수 합의 경로적분의 선형성

연속함수 $f\colon D \to \mathbb{C}$와 $g\colon D \to \mathbb{C}$와 경로 $\gamma\colon [a,b] \to D$에 대하여,

$$\int_\gamma (f(z) + g(z))\,dz = \int_\gamma f(z)\,dz + \int_a^b g(z)\,dz$$

이다.

증명 경로적분의 정의와 정리 4.6에 따라서,

$$\begin{aligned}
\int_\gamma (f(z) + g(z))\,dz &= \int_a^b [f(\gamma(t)) + g(\gamma(t))] \cdot \gamma'(t)\,dt \\
&= \int_a^b [f(\gamma(t)) \cdot \gamma'(t) + g(\gamma(t)) \cdot \gamma'(t)]\,dt \\
&= \int_a^b f(\gamma(t)) \cdot \gamma'(t)\,dt + \int_a^b g(\gamma(t) \cdot \gamma'(t)\,dt \\
&= \int_\gamma f(z)\,dz + \int_\gamma g(z)\,dz
\end{aligned}$$

이다. □

정리 4.12: 복소함수 복소수배의 경로적분의 선형성

연속함수 $f\colon D \to \mathbb{C}$와 복소수 상수 α와 경로 $\gamma\colon [a,b] \to D$에 대하여,

$$\int_\gamma \alpha f(z)\,dz = \alpha \int_\gamma f(z)\,dz$$

이다.

증명 경로적분의 정의와 정리 4.7에 따라서,

$$\int_\gamma \alpha f(z)\,dz = \int_a^b \alpha f(\gamma(t)) \cdot \gamma'(t)\,dt = \alpha \int_a^b f(\gamma(t)) \cdot \gamma'(t)\,dt = \alpha \int_\gamma f(z)\,dz$$

이다. □

예제 4.7. 경로 $\gamma_1(t) = e^{i(\pi-t)}$ $(0 \le t \le \pi)$와 경로 $\gamma_2(t) = t$ $(-1 \le t \le 1)$에서의 함수 $f(z) = 2z$의 경로적분을 계산하여라.

풀이 경로 γ_1에서의 f의 경로적분은

$$\int_{\gamma_1} f(z)\,dz = \int_0^{\pi} f(z)\cdot\gamma_1'(t)\,dt$$
$$= \int_0^{\pi} 2e^{i(\pi-t)}(-i)e^{i(\pi-t)}\,dt = \int_0^{\pi}(-2i)e^{2i(\pi-t)}\,dt$$

이다. 여기서

$$\begin{aligned}-2ie^{2i(\pi-t)} &= -2i(\cos 2(\pi-t) + i\sin 2(\pi-t))\\ &= 2\sin 2(\pi-t) - 2i\cos 2(\pi-t)\end{aligned}$$

이고

$$\int_0^{\pi}\sin 2(\pi-t)\,dt = \left[\frac{\cos 2(\pi-t)}{2}\right]_0^{\pi} = 0$$

이며

$$\int_0^{\pi}\cos 2(\pi-t) = \left[\frac{\sin 2(\pi-t)}{-2}\right]_0^{\pi} = 0$$

이다. 따라서

$$\int_{\gamma_1} f(z)\,dz = 0$$

이다.

경로 γ_2에 대한 f의 경로적분은

$$\int_{\gamma_2} f(z)\,dz = \int_{-1}^{1} 2t\cdot 1\,dt = [t^2]_{-1}^{1} = 1-1=0$$

이다. □

위의 예제에서, 함수 f의 원시함수는 $F(z) = z^2$이고 $F(1) - F(-1) = 1-1=0$이므로

$$\int_{\gamma_1} f(z)\,dz = \int_{\gamma_2} f(z)\,dz = F(1) - F(-1)$$

임을 확인할 수 있다.

예제 4.8. 경로 $\gamma_1(t) = e^{i(\pi - t)}$ $(0 \le t \le \pi)$와 경로 $\gamma_2(t) = e^{it}$ $(-\pi \le t \le 0)$에서의 함수 $f(z) = 1/z$의 경로적분을 계산하여라.

풀이 경로 γ_1에서의 f의 경로적분을 계산하면

$$\begin{aligned}\int_{\gamma_1} f(z)\,dz &= \int_0^\pi f(\gamma_1(t)) \cdot \gamma_1'(t)\,dt \\ &= \int_0^\pi \frac{1}{e^{i(\pi-t)}}\left(-ie^{i(\pi-t)}\right)\,dt \\ &= \int_0^\pi (-i)\,dt = -i[t]_0^\pi = -\pi i\end{aligned}$$

이며 경로 γ_2에서의 f의 경로적분은

$$\begin{aligned}\int_{\gamma_2} f(z)\,dz &= \int_{-\pi}^0 f(\gamma_2(t)) \cdot \gamma_2'(t)\,dt \\ &= \int_{-\pi}^0 \frac{1}{e^{it}}\left(ie^{it}\right)\,dt \\ &= \int_{-\pi}^0 i\,dt = i[t]_0^\pi = \pi i\end{aligned}$$

이다. □

위의 예제에서,

$$\int_{\gamma_1} f(z)\,dz \ne \int_{\gamma_2} f(z)\,dz$$

이다. 영역 $\mathbb{C} - \{0\}$에서 함수 $f(z) = 1/z$의 원시함수는 존재하지 않는다. 만약에 f의 원시함수 F가 존재하면

$$\int_{\gamma_1} f(z)\,dz = F(1) - F(-1) = \int_{\gamma_2} f(z)\,dz$$

인데, 앞에서 살펴본 것과 같이 이것은 성립하지 않기 때문이다. 그런데 영역 $\mathbb{C} - \{si : s \le 0\}$에서 함수 $F(z) = \log z = \operatorname{Log} r + i \arg z$ $(-\frac{\pi}{2} < \arg z < \frac{3}{2}\pi)$는 $f(z) = 1/z$의 원시함수이므로

$$\int_{\gamma_1} f(z)\,dz = F(1) - F(-1) = 0 - i\pi = -i\pi$$

이다. 또한 영역 $\mathbb{C} - \{si : s \geq 0\}$에서 함수 $F(z) = \log z = \mathrm{Log}\, r + i \arg z$ $(-\frac{3}{2}\pi < \arg z < \frac{\pi}{2})$는 $f(z) = 1/z$의 원시함수이므로

$$\int_{\gamma_2} f(z)\, dz = F(1) - F(-1) = 0 - (-i\pi) = i\pi$$

이다. 따라서 $\gamma_2 - \gamma_1$은 γ_2와 $-\gamma_1$을 연결하는 경로이므로

$$\int_{\gamma_2 - \gamma_1} f(z)\, dz = \int_{\gamma_2} f(z)\, dz - \int_{\gamma_1} f(z)\, dz = 2\pi i$$

이다.

4.2.3 경로의 재매개화

연속함수 $f\colon D \to \mathbb{C}$와 경로 $\gamma\colon [a,b] \to D$에 대하여, 매끄러운 함수 $\phi\colon [c,d] \to [a,b]$이 일대일 대응이며 도함수 ϕ'이 존재하고 연속이면, 새로운 경로 $\lambda = \gamma \circ \phi$는 γ의 **재매개화**라고 한다.

경로의 재매개화에서 재매개변수함수 ϕ는 일대일 대응이므로, ϕ는 증가함수이거나 감소함수이다. 재매개변수함수 ϕ가 증가함수이면 경로의 재매개화에 대한 경로적분은 원래의 곡선에 대한 경로적분과 같고, ϕ가 감소함수이면 경로의 재매개화에 대한 경로적분은 원래의 경로에 대한 경로적분의 (-1)배이다.

정리 4.13: 경로의 재매개화에 따른 함수의 경로적분의 변화

연속함수 $f\colon D \to \mathbb{C}$와 경로 $\gamma\colon [a,b] \to D$와 γ의 재매개화 $\lambda = \gamma \circ \phi$에 대하여, 재매개변수함수 ϕ가 증가함수이면

$$\int_{\lambda} f(z)\, dz = \int_{\gamma} f(z)\, dz$$

이고, ϕ가 감소함수이면

$$\int_{\lambda} f(z)\, dz = -\int_{\gamma} f(z)\, dz$$

이다.

증명 재매개변수함수 ϕ가 증가함수이면, $\phi(c) = a$이고 $\phi(d) = b$이므로

$$\begin{aligned}\int_\lambda f(z)\,dz &= \int_c^d f(\lambda(s)) \cdot \lambda'(s)\,ds \\ &= \int_c^d f(\gamma(\phi(s))) \cdot \gamma'(\phi(s))\phi'(s)\,ds \\ &= \int_a^b f(\gamma(t)) \cdot \gamma'(t)\,dt \\ &= \int_\gamma f(z)\,dz\end{aligned}$$

이다. 재매개변수함수 ϕ가 감소함수이면, $\phi(c) = b$이고 $\phi(d) = a$이므로

$$\begin{aligned}\int_\lambda f(z)\,dz &= \int_c^d f(\gamma(\phi(s))) \cdot \gamma'(\phi(s))\phi'(s)\,ds \\ &= \int_b^a f(\gamma(t)) \cdot \gamma'(t)\,dt \\ &= -\int_a^b f(\gamma(t)) \cdot \gamma'(t)\,dt \\ &= -\int_\gamma f(z)\,dz\end{aligned}$$

이다. □

정리 4.14: 경로의 역과 합에 따른 함수의 경로적분

연속함수 $f: D \to \mathbb{C}$에 대하여 다음이 성립한다.

(가) 경로 $\gamma: [a, b] \to D$에 대하여,

$$\int_{-\gamma} f(z)\,dz = -\int_\gamma f(z)\,dz$$

이다.

(나) $\gamma_1(b_1) = \gamma_2(a_2)$인 경로 $\gamma_1: [a_1, b_1] \to D$와 $\gamma_2: [a_2, b_2] \to D$에 대하여,

$$\int_{\gamma_1+\gamma_2} f(z)\,dz = \int_{\gamma_1} f(z)\,dz + \int_{\gamma_2} f(z)\,dz$$

이다.

증명 (가) 경로 $\gamma\colon [a,b] \to D$에 대하여, γ의 역경로 $-\gamma\colon [-b,-a] \to D$는

$$-\gamma(s) = \gamma(-s)$$

이므로, $\phi(s) = -s$인 감소함수 $\phi\colon [-b,-a] \to [a,b]$에 대하여

$$-\gamma = \gamma \circ \phi$$

이다. 그러므로, 정리 4.13에 따라서

$$\int_{-\gamma} f(z)\,dz = -\int_{\gamma} f(z)\,dz$$

이다.

(나) 경로 $\gamma_1 : [a_1, b_1] \to D$와 $\gamma_2 : [a_2, b_2] \to D$에 대하여, 경로합 $\gamma_1 + \gamma_2$는 구간 $[a_1, b_1 + (b_2 - a_2)]$에서

$$(\gamma_1 + \gamma_2)(t) = \begin{cases} \gamma_1(t), & a_1 \le t \le b_1 \text{일 때}, \\ \gamma_2(t + (a_2 - b_1)), & b_1 \le t \le b_1 + (b_2 - a_2) \text{일 때}, \end{cases}$$

이다. $a_1 \le t \le b_1$일 때, $(\gamma_1 + \gamma_2)(t) = \gamma_1(t)$이므로

$$\int_{a_1}^{b_1} f((\gamma_1 + \gamma_2)(t)) \cdot (\gamma_1 + \gamma_2)'(t)\,dt = \int_{a_1}^{b_1} f(\gamma_1(t)) \cdot \gamma_1'(t)\,dt$$

이다. $b_1 \le t \le b_1 + (b_2 - a_2)$일 때, 함수 $\phi\colon [a_2, b_2] \to [b_1, b_1 + (b_2 - a_2)]$을

$$\phi(s) = s - a_2 + b_1$$

로 정의하면, ϕ는 매끄러운 함수이며

$$(\gamma_1 + \gamma_2)(\phi(s)) = \gamma_2(s)$$

이고

$$\begin{aligned}\int_{b_1}^{b_1+b_2-a_2} & f((\gamma_1+\gamma_2)(t))\cdot(\gamma_1+\gamma_2)'(t)\,dt \\ &= \int_{a_2}^{b_2} f((\gamma_1+\gamma_2)(\phi(s))\cdot(\gamma_1+\gamma_2)'(\phi(s))\phi'(s)\,ds \\ &= \int_{a_2}^{b_2} f(\gamma_2(s))\cdot\gamma_2'(s)\,ds \\ &= \int_{\gamma_2} f(z)\,dz\end{aligned}$$

이다. 그러므로

$$\begin{aligned}\int_{\gamma_1+\gamma_2} f(z)\,dz &= \int_{a_1}^{b_1+b_2-a_2} f((\gamma_1+\gamma_2)(t))\cdot(\gamma_1+\gamma_2)'(t)\,dt \\ &= \int_{a_1}^{b_1} f((\gamma_1+\gamma_2)(t))\cdot(\gamma_1+\gamma_2)'(t)\,dt \\ &\quad + \int_{b_1}^{b_1+b_2-a_2} f((\gamma_1+\gamma_2)(t))\cdot(\gamma_1+\gamma_2)'(t)\,dt \\ &= \int_{a_1}^{b_1} f(\gamma_1(t))\cdot\gamma_1'(t)\,dt + \int_{a_2}^{b_2} f(\gamma_2(s))\cdot\gamma_2'(s)\,ds \\ &= \int_{\gamma_1} f(z)\,dz + \int_{\gamma_2} f(z)\,dz\end{aligned}$$

이다. □

4.2.4 경로의 길이에 대한 함수의 경로적분

경로의 길이에 대한 연속함수의 경로적분을 다음과 같이 정의한다.

정의 4.6: 경로의 길이에 대한 함수의 경로적분

연속함수 $f\colon D\to\mathbb{C}$와 경로 $\gamma\colon[a,b]\to D$에 대하여,

$$\int_a^b f(\gamma(t))\cdot|\gamma'(t)|\,dt$$

을 **곡선 γ의 길이에 대한 f의 선적분**이라고 하고 $\int_\gamma f(z)\,|dz|$으로 나타낸다.

경로의 길이에 대한 경로적분에 대하여, 경로에 대한 경로적분의 경우와 마찬가지로, 선형성이 성립한다.

정리 4.15: 경로의 길이에 대한 함수의 경로적분의 선형성

다음이 성립한다.

(가) 연속함수 $f: D \to \mathbb{C}$와 $g: D \to \mathbb{C}$와 경로 $\gamma: [a, b] \to D$에 대하여,

$$\int_\gamma (f(z) + g(z))\,|dz| = \int_\gamma f(z)\,|dz| + \int_\gamma g(z)\,|dz|$$

이다.

(나) 연속함수 $f: D \to \mathbb{C}$와 복소수 상수 α와 경로 $\gamma: [a, b] \to D$에 대하여,

$$\int_\gamma \alpha f(z)\,|dz| = \alpha \int_\gamma f(z)\,|dz|$$

이다.

증명 (가) 경로의 길이에 대한 경로적분의 정의와 정리 4.6에 따라서,

$$\begin{aligned}
\int_\gamma (f(z) + g(z))\,|dz| &= \int_a^b [f(\gamma(t)) + g(\gamma(t))] \cdot |\gamma'(t)|\,dt \\
&= \int_a^b [f(\gamma(t)) \cdot |\gamma'(t)| + g(\gamma(t)) \cdot |\gamma'(t)|]\,dt \\
&= \int_a^b f(\gamma(t)) \cdot |\gamma'(t)|\,dt + \int_a^b g(\gamma(t) \cdot |\gamma'(t)|\,dt \\
&= \int_\gamma f(z)\,|dz| + \int_\gamma g(z)\,|dz|
\end{aligned}$$

이다.

(나) 경로의 길이에 대한 경로적분의 정의와 정리 4.7에 따라서,

$$\int_\gamma \alpha f(z)\,|dz| = \int_a^b \alpha f(\gamma(t)) \cdot |\gamma'(t)|\,dt = \alpha \int_a^b f(\gamma(t)) \cdot |\gamma'(t)|\,dt = \alpha \int_\gamma f(z)\,|dz|$$

이다. □

경로를 재매개화하면, 재매개변수가 감소함수인 경우 함수의 경로적분의 부호가

바뀐다. 그러나, 경로를 재매개화하여도 경로의 길이에 대한 경로적분은 변함이 없다.

정리 4.16: 경로의 재매개화와 경로의 길이에 대한 함수의 경로적분

연속함수 $f\colon D \to \mathbb{C}$와 경로 $\gamma\colon [a,b] \to D$와 γ의 재매개화 $\lambda = \gamma \circ \phi$에 대하여,

$$\int_\lambda f(z)\,|dz| = \int_\gamma f(z)\,|dz|$$

이다.

증명 경로 λ의 길이에 대한 f의 경로적분은

$$\int_\lambda f(z)\,|dz| = \int_c^d f(\lambda(s)) \cdot |\lambda'(s)|\,ds = \int_c^d f(\gamma(\phi(s))) \cdot |\gamma'(\phi(s))| \cdot |\phi'(s)|\,ds$$

이다. 재매개변수함수 $\phi\colon [c,d] \to [a,b]$에 대하여, ϕ가 증가함수이면

$$\phi(c) = a, \quad \phi(d) = b, \quad \phi'(s) \geq 0$$

이므로

$$\begin{aligned}\int_\lambda f(z)\,|dz| &= \int_c^d f(\gamma(\phi(s))) \cdot |\gamma'(\phi(s))| \cdot |\phi'(s)|\,ds \\ &= \int_c^d f(\gamma(\phi(s))) \cdot |\gamma'(\phi(s))| \cdot \phi'(s)\,ds \\ &= \int_a^b f(\gamma(t)) \cdot |\gamma'(t)|\,dt = \int_\gamma f(z)\,|dz|\end{aligned}$$

이다. ϕ가 감소함수이면 $\phi(c) = b$, $\phi(d) = a$, $\phi'(s) \leq 0$이므로

$$\begin{aligned}\int_\lambda f(z)\,|dz| &= \int_c^d f(\gamma(\phi(s))) \cdot |\gamma'(\phi(s))| \cdot |\phi'(s)|\,ds \\ &= \int_c^d f(\gamma(\phi(s))) \cdot |\gamma'(\phi(s))| \cdot (-\phi'(s))\,ds \\ &= \int_b^a f(\gamma(t)) \cdot |\gamma'(t)| \cdot (-1)\,dt \\ &= \int_a^b f(\gamma(t)) \cdot |\gamma'(t)|\,dt = \int_\gamma f(z)\,|dz|\end{aligned}$$

이다. □

경로 γ에서의 f의 경로적분에 대하여,

$$\int_{-\gamma} f(z)\, dz = -\int_{\gamma} f(z)\, dz$$

이다. 그렇지만 경로 γ의 길이에 대한 f의 경로적분에는 다음이 성립한다.

따름정리 4.17: 역경로에 대한 경로의 길이에 대한 경로적분

연속함수 $f\colon D \to \mathbb{C}$와 경로 $\gamma\colon [a,b] \to D$에 대하여,

$$\int_{-\gamma} f(z)\, |dz| = \int_{\gamma} f(z)\, |dz|$$

이다.

증명 역경로 $-\gamma$는 γ의 재매개화로서, 재매개화함수 $\phi\colon [-b,-a] \to [a,b]$가 $\phi(s) = -s$일 때 $-\gamma = \gamma \circ \phi$이다. 그러므로, 정리 4.16에 따라서

$$\int_{-\gamma} f(z)\, |dz| = \int_{\gamma} f(z)\, |dz|$$

이다. □

이제 경로에서의 경로적분과 경로의 길이에 대한 함수의 절댓값의 경로적분에 대한 관계를 알아보자. 먼저 다음의 보조정리를 보자.

보조정리 4.1: 곡선의 적분에 대한 부등식

곡선 $\gamma\colon [a,b] \to \mathbb{C}$에 대하여

$$\left| \int_a^b \gamma(t)\, dt \right| \le \int_a^b |\gamma(t)|\, dt$$

이다.

증명 $\int_a^b \gamma(t)\,dt = 0$이면

$$\left|\int_a^b \gamma(t)\,dt\right| = 0 \le \int_a^b |\gamma(t)|\,dt$$

이다. 이제 $\int_a^b \gamma(t)\,dt \neq 0$이라고 가정하자. 그리고

$$R = \left|\int_a^b \gamma(t)\,dt\right|, \qquad \alpha = \arg\left(\int_a^b \gamma(t)\,dt\right)$$

로 놓자. 그러면 $\int_a^b \gamma(t)\,dt = Re^{i\alpha}$이다. 이제 $\lambda(t) = e^{-i\alpha}\gamma(t)$로 놓으면

$$0 < \left|\int_a^b \gamma(t)\,dt\right| = e^{-i\alpha}\int_a^b \gamma(t)\,dt = \int_a^b e^{-i\alpha}\gamma(t)\,dt = \int_a^b \lambda(t)\,dt$$

이다. 따라서 $\int_a^b \lambda(t)\,dt$의 허수부는 0이므로,

$$\left|\int_a^b \gamma(t)\,dt\right| = \int_a^b \lambda(t)\,dt = \int_a^b (\operatorname{Re}\lambda(t))\,dt \le \int_a^b |\lambda(t)|\,dt = \int_a^b |\gamma(t)|\,dt.$$

이다. □

경로적분과 경로의 길이에 대한 경로적분에 대하여 다음의 부등식이 성립한다.

정리 4.18: 함수의 경로적분에서의 부등식

연속함수 $f\colon D \to \mathbb{C}$와 경로 $\gamma\colon [a,b] \to D$에 대하여,

$$\left|\int_\gamma f(z)\,dz\right| \le \int_\gamma |f(z)|\,|dz|$$

이다.

증명 보조정리 4.1에 따라서,

$$\left|\int_\gamma f(z)\,dz\right| = \left|\int_a^b f(\gamma(t))\cdot\gamma'(t)\,dt\right| \le \int_a^b |f(\gamma(t))\cdot\gamma'(t)|\,dt = \int_\gamma |f(z)|\,|dz|$$

이다. □

4.3 코시의 정리와 코시의 적분공식

4.3.1 단일연결영역

코시의 정리를 알아보기 위하여, 먼저 곡선에 대한 간단한 정의들과 영역에 대한 정의를 살펴보자.

정의 4.7: 닫힌 곡선과 단순곡선

곡선 $\gamma\colon [a,b] \to \mathbb{C}$에 대하여, 다음을 정의하자.

(가) $\gamma(a) = \gamma(b)$이면 곡선 γ는 **닫힌 곡선**이라고 한다.

(나) 임의의 실수 t_1과 t_2에 대하여

$$a \le t_1 < t_2 < b \text{ 또는 } a < t_1 < t_2 \le b \quad \to \quad \gamma(t_1) \ne \gamma(t_2)$$

이면, 곡선 γ는 **단순곡선**이라고 한다.

(다) 곡선 γ가 단순곡선이면서 닫힌 곡선이면, 곡선 γ는 **단순닫힌 곡선**이라고 한다.

곡선 $\gamma\colon [a,b] \to D$가 단순곡선이면, $\gamma(a) = \gamma(b)$만 예외로 하고, 구간 $[a,b]$에 놓인 서로 다른 두 점 t_1과 t_2에 대하여 $\gamma(t_1) \ne \gamma(t_2)$이다.

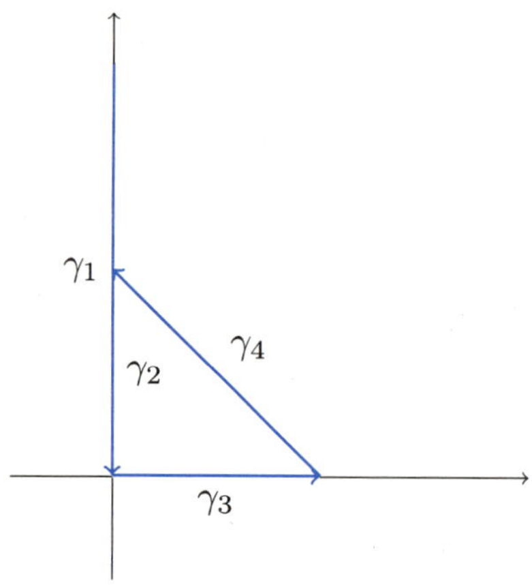

그림 4.5 곡선 γ_1, γ_2, γ_3, γ_4

보기 4.1. 그림 4.5와 같이, 곡선 γ_1, γ_2, γ_3, γ_4를 각각

$$\begin{aligned}
\gamma_1(t) &= (2-t)i, & 0 \le t \le 2,\\
\gamma_2(t) &= (1-t)i, & 0 \le t \le 1,\\
\gamma_3(t) &= t, & 0 \le t \le 1,\\
\gamma_4(t) &= (1-t)+ti, & 0 \le t \le 1
\end{aligned}$$

로 정의할 때, 각각의 곡선은 모두 단순곡선이다. 또한 곡선 $\gamma_1+\gamma_3$, $\gamma_3+\gamma_4$, $\gamma_2+\gamma_3+\gamma_4$는 모두 단순곡선이다. 그렇지만, 곡선 $\gamma_1+\gamma_3+\gamma_4$의 경우 점 i에서 이 곡선이 겹치기 때문에, 곡선 $\gamma_1+\gamma_3+\gamma_4$는 단순곡선이 아니다.

곡선 $\gamma\colon [a,b] \to \mathbb{C}$에 대하여, γ가 단순닫힌 곡선이면

$$\mathbb{C} - \gamma([a,b])$$

는 두 개의 서로 만나지 않는 열린 영역들로 이루어진다.[1] 이 두 영역에서 유계인 영역을 γ의 **내부**라고 하고, 다른 영역을 γ의 **외부**라고 한다.

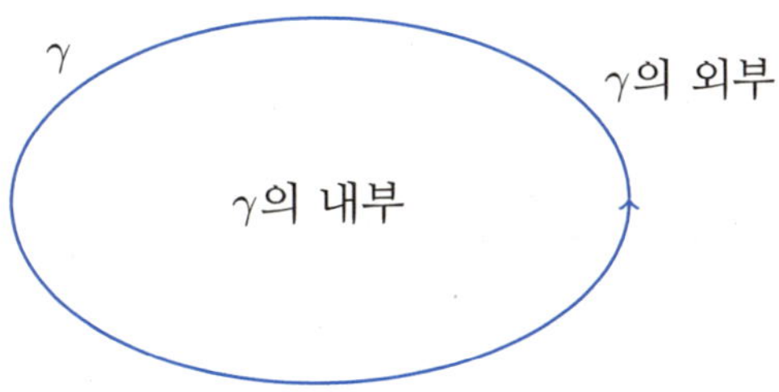

그림 4.6 단순닫힌 곡선 γ의 내부와 외부

이제 단순닫힌 곡선을 이용하여, 다음과 같이 간단한 형태의 영역을 정의하자.

정의 4.8: 단일연결영역

영역 D에 대하여, 영역 D 내부에 놓인 모든 단순닫힌 곡선의 내부가 영역 D의 부분집합이면, D는 **단일연결영역**이라고 한다.

[1] 이것을 "조르단의 곡선정리"라고 한다.

보기 4.2. 열린 원판 $D(z_0; r)$은 단일연결영역이다.

보기 4.3. $0 \le r_1 < r_2$일 때, 영역

$$G = \{z \in \mathbb{C} : r_1 < |z - z_0| < r_2\}$$

은 단일연결영역이 아니다. 왜냐하면 $r_1 < s < r_2$일 때, 곡선 $\gamma(t) = z_0 + se^{it}$ $(0 \le t \le 2\pi)$의 내부에 놓인 점 z_0은 영역 G에 속하지 않기 때문이다.

보기 4.4. $0 \le r_1 < r_2$일 때, 영역

$$\begin{aligned} G_1 = &\{z \in \mathbb{C} : r_1 < |z - z_0| < r_2\} \\ &- \{z \in \mathbb{C} : \operatorname{Im} z = \operatorname{Im} z_0, \operatorname{Re} z_0 - r_2 < \operatorname{Re} z < \operatorname{Re} r_0 - r_1\} \end{aligned}$$

은 단일연결영역이다.

4.3.2 코시의 정리

코시의 정리는 실변수함수에 대한 미분적분학의 기본정리에 대응되는 정리이다.

먼저 직사각형 영역에서의 코시의 정리를 살펴보자.

보조정리 4.2: 직사각형에서의 코시의 정리

직사각형 R을 포함하는 영역에서 정의된 함수 f와 직사각형 R의 둘레를 반시계 방향으로 움직이는 단순닫힌 경로 γ에 대하여, 함수 f가 미분가능하면

$$\int_\gamma f(z)\, dz = 0$$

이다.

증명 그림 4.7와 같이, 직사각형 R을 정확히 4등분하여 4개의 직사각형 R_1, R_2, R_3, R_4를 만들고, 각각의 직사각형의 둘레를 반시계방향으로 회전하는 단순닫힌 경로를

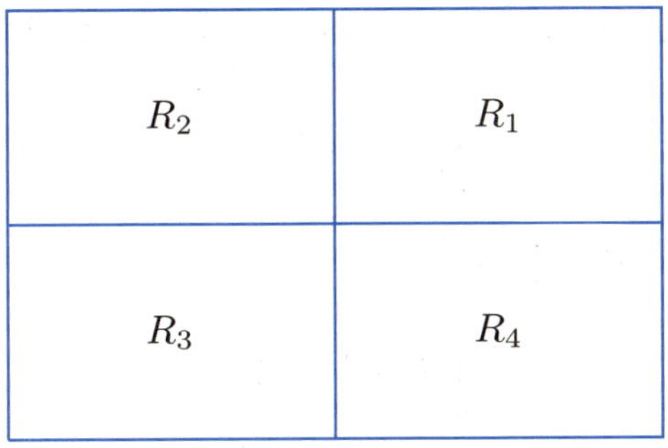

그림 4.7 직사각형 R의 4등분 R_1, R_2, R_3, R_4

각각 $\gamma_1, \gamma_2, \gamma_3, \gamma_4$라고 놓자. 그러면

$$\int_\gamma f(z)\,dz = \int_{\gamma_1} f(z)\,dz + \int_{\gamma_2} f(z)\,dz + \int_{\gamma_3} f(z)\,dz + \int_{\gamma_4} f(z)\,dz$$

이므로

$$\left|\int_\gamma f(z)\,dz\right| \le \left|\int_{\gamma_1} f(z)\,dz\right| + \left|\int_{\gamma_2} f(z)\,dz\right| + \left|\int_{\gamma_3} f(z)\,dz\right| + \left|\int_{\gamma_4} f(z)\,dz\right|$$

이다. 위의 부등식의 오른쪽 항의 4개의 선적분의 절댓값 중에서 가장 큰 값에 대응하는 직사각형을 $R^{(1)}$이라고 놓고 그 둘레를 나타내는 경로를 $\gamma^{(1)}$이라고 놓자. 그러면

$$\left|\int_{\gamma^{(1)}} f(z)\,dz\right| \ge \frac{1}{4}\left|\int_\gamma f(z)\,dz\right|$$

이다.

직사각형 $R^{(1)}$에 위의 과정을 반복하여 직사각형 $R^{(2)}$과 그 둘레를 나타내는 경로 $\gamma^{(2)}$를 정하면

$$\left|\int_{\gamma^{(2)}} f(z)\,dz\right| \ge \frac{1}{4}\left|\int_{\gamma^{(1)}} f(z)\,dz\right| \ge \frac{1}{4^2}\left|\int_\gamma f(z)\,dz\right|$$

이다. 이 과정을 계속 반복하면, 자연수 n에 대하여 직사각형 $R^{(n)}$과 그 둘레를 나타내는 경로 $\gamma^{(n)}$이 정해지고

$$\left|\int_{\gamma^{(n)}} f(z)\,dz\right| \ge \frac{1}{4^n}\left|\int_\gamma f(z)\,dz\right|$$

이다. 이때, 닫힌 집합 $R^{(1)}$, $R^{(2)}$, ...에 대하여, $R^{(1)}$은 유계이고

$$R^{(1)} \supset R^{(2)} \supset \cdots$$

이므로, 칸토어의 교집합정리에 따라서,

$$\bigcap_{n \in \mathbb{N}} R^{(n)} = \{z_0\}$$

인 점 z_0이 존재한다.

등식 $\int_\gamma f(z)\,dz = 0$을 보이기 위하여, ϵ을 임의의 양의 실수라고 놓자. 함수 f는 점 z_0에서 미분가능하므로,

$$0 < |z - z_0| < \delta \quad \to \quad \left| \frac{f(z) - f(z_0)}{z - z_0} - f'(z_0) \right| < \epsilon$$

인 양의 실수 δ가 존재한다. 즉, $0 < |z - z_0| < \delta$이면

$$|f(z) - f(z_0) - f'(z_0)(z - z_0)| < \epsilon \cdot |z - z_0|$$

이다. 그런데 함수 $f(z_0)z + \frac{f'(z_0)}{2}(z - z_0)^2$이 함수 $f(z_0) + f'(z_0)(z - z_0)$의 역도함수이므로

$$\int_{\gamma^{(n)}} f(z_0) + f'(z_0)(z - z_0)\,dz = 0$$

이다. 곡선 $\gamma^{(n)}$의 상이 열린 원판 $D(z_0; \delta)$에 속하는 충분히 큰 n을 선택하자. 그러면,

$$\begin{aligned}
\left| \int_{\gamma^{(n)}} f(z)\,dz \right| &= \left| \int_{\gamma^{(n)}} f(z)\,dz - \int_{\gamma^{(n)}} f(z_0) + f'(z_0)(z - z_0)\,dz \right| \\
&= \left| \int_{\gamma^{(n)}} f(z) - f(z_0) - f'(z_0)(z - z_0)\,dz \right| \\
&\le \int_{\gamma^{(n)}} |f(z) - f(z_0) - f'(z_0)(z - z_0)|\,|dz| \\
&\le \int_{\gamma^{(n)}} \epsilon |z - z_0|\,|dz|
\end{aligned}$$

이다. 여기서 직사각형 $R^{(n)}$과 R의 대각선과 둘레의 길이를 각각 d_n, l_n와 d, l이라고 놓으면

$$\left| \int_{\gamma^{(n)}} f(z)\,dz \right| \le \epsilon \cdot d_n \cdot l_n = \epsilon \cdot \frac{d}{2^n} \cdot \frac{l}{2^n} = \epsilon \cdot \frac{dl}{4^n}$$

이므로

$$\left|\int_\gamma f(z)\,dz\right| \le 4^n\epsilon\cdot\frac{dl}{4^n} = \epsilon\cdot dl$$

이다. 여기서 ϵ은 임의의 양의 실수이므로

$$\int_\gamma f(z)\,dz = 0$$

이다. □

이제 일반적인 단일연결영역에서의 코시의 정리를 알아보자.

정리 4.19: 코시의 정리

단일연결 영역 D에 정의된 함수 $f\colon D\to\mathbb{C}$와 경로 $\gamma\colon[a,b]\to D$에 대하여, f가 미분가능하면

$$\int_\gamma f(z)\,dz = 0$$

이다.[a]

[a] 코시가 처음 정리를 발표했을 때는 도함수 f'이 연속이라는 조건이 있었다. 그 후, 프랑스의 수학자 구르사는 도함수 f'이 연속이라는 조건을 제거하였다. 그런 이유로 이 정리를 **코시-구르사의 정리**라고도 한다.

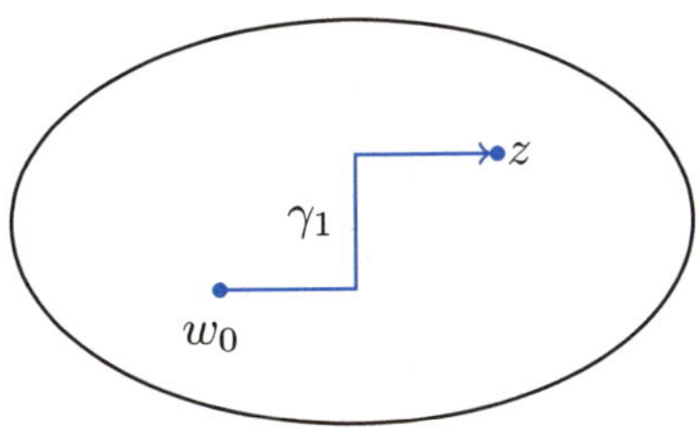

그림 4.8 점 w_0와 점 z를 수직선분들과 수평선분들로 연결하는 경로 γ_1

증명 이것을 증명하기 위하여, 따름정리 4.10에 의하여, 영역 D에 정의된 함수 f의 역도함수 F가 존재함을 보이면 충분하다.

먼저 영역 D에 놓인 한 점 w_0를 고정하자. 그러면 영역 D가 열린 연결영역이기 때문에, 그림 4.8에서와 같이, 영역 D에 놓인 한 점 z에 대하여 점 w_0와 점 z를 수직선분들과 수평선분들로 연결하는 경로 γ_1이 존재한다. 그리고 이 영역이 단일연결영

역이기 때문에, 보조정리 4.2에 의하여

$$F(z) = \int_{\gamma_1} f(\xi)\, d\xi$$

로 정의된 함수 $F\colon D \to \mathbb{C}$는 경로 γ_1에 독립이다.

영역 D에 놓인 임의의 점 z_0를 택하자. 이제 $F'(z_0) = f(z_0)$를 보이자. $D(z_0; r) \subset D$인 양의 실수 r을 택하자. 그러면 $z \in D(z_0; r)$일 때

$$\frac{F(z) - F(z_0)}{z - z_0} = \frac{\int_{\gamma_2} f(\xi)\, d\xi}{z - z_0}$$

이다. 여기서 γ_2는 z_0에서 z까지 수직선분들과 수평선분들로 연결하는 가장 짧은 경로이다. 한편 f는 미분가능하므로

$$\begin{aligned} &f(z) = f(z_0) + f'(z_0)(z - z_0) + E(z)(z - z_0), \\ &E(z_0) = 0 \end{aligned}$$

이고, z_0에서 연속인 함수 $E\colon D \to \mathbb{C}$가 존재한다. 그런데

$$\begin{aligned} &\frac{\int_{\gamma_2} f(\xi)\, d\xi}{z - z_0} - f(z_0) \\ &\qquad = \frac{\int_{\gamma_2} (f(\xi) - f(z_0))\, d\xi}{z - z_0} \\ &\qquad = \frac{\int_{\gamma_2} (f'(z_0)(\xi - z_0) + E(\xi)(\xi - z_0))\, d\xi}{z - z_0} \\ &\qquad = \frac{f'(z_0)(z^2 - z_0^2)/2 - f'(z_0)z_0(z - z_0)}{z - z_0} + \frac{\int_{\gamma_2} E(\xi)(\xi - z_0)\, d\xi}{z - z_0} \\ &\qquad = f'(z_0)(z + z_0)/2 - f'(z_0)z_0 + \frac{\int_{\gamma_2} E(\xi)(\xi - z_0)\, d\xi}{z - z_0} \end{aligned}$$

이고

$$\left| \frac{\int_{\gamma_2} E(\xi)(\xi - z_0)\, d\xi}{z - z_0} \right| \le \int_{\gamma_2} |E(\xi)| \cdot 1\, |d\xi|$$

이므로

$$\lim_{z \to z_0} \left(\frac{\int_{\gamma_2} f(\xi)\, d\xi}{z - z_0} - f(z_0) \right) = 0$$

이다. 즉, $F'(z_0) = f(z_0)$이다. □

코시의 정리의 증명과정에서 다음과 같은 사실을 알 수 있다.

따름정리 4.20: 경로적분을 이용하여 정의되는 함수

단일연결영역 D에 정의된 미분가능한 함수 $f\colon D \to \mathbb{C}$와 점 $z_0 \in D$에 대하여,

$$F(z) = \int_{\gamma_z} f(\xi)\, d\xi$$

인 함수 $F\colon D \to \mathbb{C}$는 잘 정의되며 $F' = f$이다. 단 여기서 γ_z는 z_0에서 z까지 연결하는 경로이다.

4.3.3 닫힌 경로의 지표

닫힌 경로 γ와 이 경로의 상 $\gamma([a,b])$에 놓여 있지 않은 점 z_0에 대하여, z_0를 중심으로 경로 γ가 반시계방향으로 회전한 양을 구하는 방법을 알아보자.

예제 4.9. 양의 실수 r_0에 대한 경로 $\gamma(t) = z_0 + r_0 e^{it}$ $(0 \le t \le 2\pi)$에 대하여,

$$\frac{1}{2\pi i} \int_\gamma \frac{1}{z - z_0}\, dz$$

를 구하여라. 여기서 곡선 γ는 점 z_0를 반시계방향으로 한 번 회전한다.

풀이 경로 γ에 대하여,

$$\int_\gamma \frac{1}{z - z_0}\, dz = \int_0^{2\pi} \frac{1}{r_0 e^{it}} \cdot r_0 i e^{it}\, dt = \int_0^{2\pi} i\, dt = 0 + i \int_0^{2\pi} 1\, dt = 2\pi i$$

이므로

$$\frac{1}{2\pi i} \int_\gamma \frac{1}{z - z_0}\, dz = 1$$

이다. □

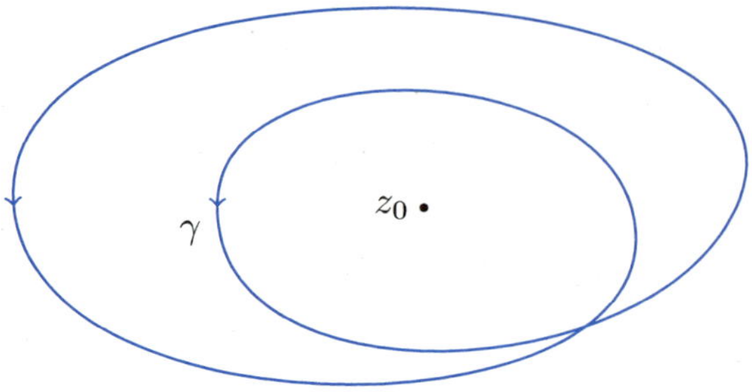

그림 4.9 점 z_0를 반시계방향으로 두 번 회전하는 경로 γ

예제 4.10. 그림 4.9에서와 같이, 점 z_0를 반시계방향으로 2번 회전하는 경로 γ에 대하여, 경로적분

$$\int_\gamma \frac{1}{z-z_0}\,dz$$

를 구하여라.

풀이 그림 4.10과 같은 경로 γ_1과 γ_2를 생각하자. 그리고 $\eta(t) = re^{it}$ $(0 \le t \le 2\pi)$로 정의된 경로 η의 상이 곡선 γ의 상과 겹치지 않게 하는, 충분히 작은 양의 상수 r을 택하자. 그러면, 경로 γ_1과 경로 γ_2의 상이 서로 겹치는 부분에서 두 경로의 방향이 서로 반대이므로,

$$\int_\gamma \frac{1}{z-z_0}\,dz = \int_{\gamma_1} \frac{1}{z-z_0}\,dz + \int_{\gamma_2} \frac{1}{z-z_0}\,dz$$

이다. 그리고 코시의 정리에 의하여

$$\int_{\gamma_1} \frac{1}{z-z_0}\,dz = \int_\eta \frac{1}{z-z_0}\,dz = \int_{\gamma_2} \frac{1}{z-z_0}\,dz$$

이고

$$\int_\eta \frac{1}{z-z_0}\,dz = 2\pi i$$

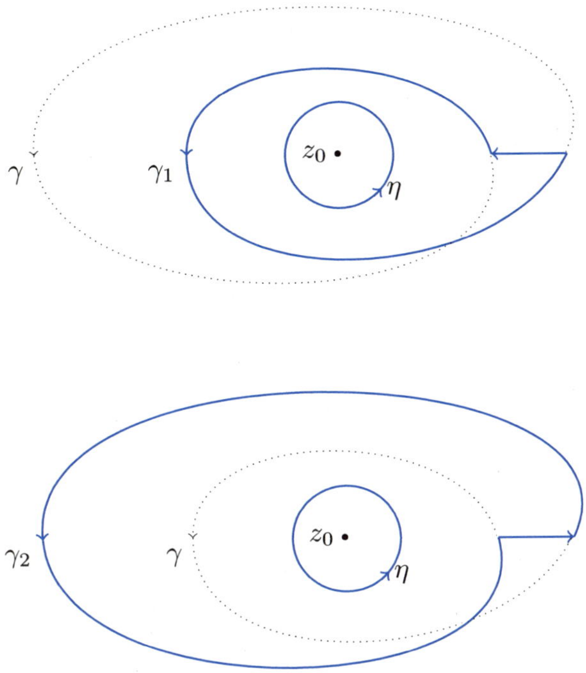

그림 4.10 그림 4.9의 경로 γ에 대한 경로 γ_1과 γ_2

이므로

$$\int_\gamma \frac{1}{z-z_0}\,dz = 2\cdot 2\pi i = 4\pi i$$

이다. □

일반적인 상황에서는 다음과 같이 정리할 수 있다.

정리 4.21: 점에 대한 닫힌 경로의 지표

닫힌 경로 $\gamma\colon [a,b]\to\mathbb{C}$와 경로 γ의 상에 놓여 있지 않은 점 z_0에 대하여,

$$\frac{1}{2\pi i}\int_\gamma \frac{1}{z-z_0}\,dz$$

는 정수이다.

증명 닫힌 경로 $\gamma\colon [a,b] \to \mathbb{C}$와 경로 γ의 상에 놓여 있지 않은 점 z_0에 대하여, 함수 $h\colon [a,b] \to \mathbb{C}$를

$$h(t) = \int_a^t \frac{\gamma'(s)}{\gamma(s) - z_0}\, ds$$

로 정의하자. 그러면 h는 연속함수이며,

$$h(a) = 0, \qquad h(b) = \int_a^b \frac{\gamma'(s)}{\gamma(s) - z_0}\, ds = \int_\gamma \frac{1}{z - z_0}\, dz$$

이며, $a < t < b$일 때

$$h'(t) = \frac{\gamma'(t)}{\gamma(t) - z_0}$$

이다. 따라서

$$k(t) = e^{-h(t)}(\gamma(t) - z_0)$$

으로 정의된 함수 $k\colon [a,b] \to \mathbb{C}$에 대하여,

$$k'(t) = -h'(t)e^{-h(t)}(\gamma(t) - z_0) + e^{-h(t)}\gamma'(t) = 0$$

이므로 k는 상수함수이다. k가 상수함수이고, $h(a) = 0$이며 $\gamma(a) = \gamma(b)$이므로

$$\gamma(a) - z_0 = e^{-h(a)}(\gamma(a) - z_0) = e^{-h(b)}(\gamma(b) - z_0) = e^{-h(b)}(\gamma(a) - z_0)$$

이다. 따라서 $h(b) = (2\pi i)m$ 즉,

$$\int_\gamma \frac{1}{z - z_0}\, dz = (2\pi i)m$$

인 정수 m이 존재한다. □

영역 D에 경로 $\gamma\colon [a,b] \to D$가 놓여 있고 $z_0 \in D - \gamma([a,b])$일 때, 영역 $G = \{z - z_0 \in \mathbb{C} : z \in D\}$에 로그의 분지 $\log w$가 정의되면,

$$(\log(z - z_0))' = \frac{1}{z - z_0}$$

이므로

$$\int_\gamma \frac{1}{z - z_0}\, dz = \log(\gamma(b) - z_0) - \log(\gamma(a) - z_0)$$

이다. 그런데, 로그의 분지는 로그의 분지절단을 포함하지 않는 영역에서 정의되므로,

영역 G에서 로그의 분지가 정의되지 못할 수도 있다. 이 경우에는 구간 $[a,b]$를

$$a = t_0 < t_1 < t_2 < \cdots < t_{k-1} < t_k = b$$

와 같이 k개의 작은 구간으로 나누고, $1 \le j \le k$일 때 곡선 $\gamma_j \colon [t_{j-1}, t_j] \to D$를

$$\gamma_j(t) = \gamma(t)$$

로 정의하면

$$\gamma = \gamma_1 + \gamma_2 + \cdots + \gamma_k$$

이다.

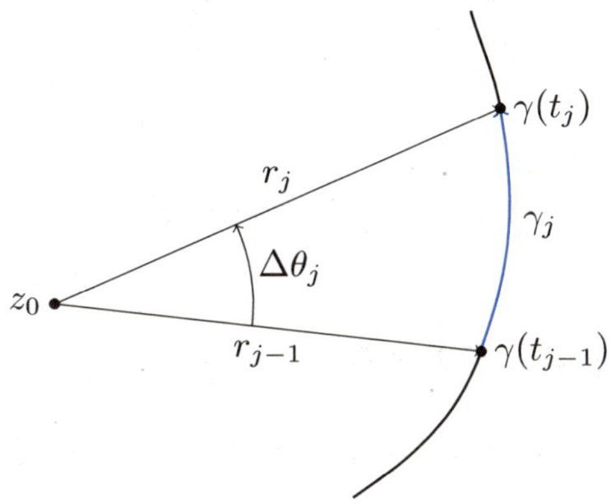

그림 4.11 분해된 경로 γ_j

여기서 구간을 충분히 작게 분해하여서, $1 \le j \le k$일 때, 그림 4.11과 같이 각 분해된 곡선 γ_j에서

$$\begin{aligned}\int_{\gamma_j} \frac{1}{z-z_0}\,dz &= f_j(\gamma(t_j) - z_0) - f_j(\gamma(t_{j-1}) - z_0)\\ &= (\log r_j - \log r_{j-1}) + i(\Delta\theta_j)\end{aligned}$$

이라고 가정할 수 있다. 여기서 f_j는 곡선 γ_j의 상 근방에서 정의된 로그의 분지이고, r_j와 r_{j-1}은 각각 $\gamma(t_j) - z_0$와 $\gamma(t_{j-1}) - z_0$의 절댓값이며 $\Delta\theta_j$는 $\gamma(t_j) - z_0$의 편각에서

$\gamma(t_j) - z_0$의 편각을 뺀 것이다. 그러면,

$$\begin{aligned}\int_\gamma \frac{1}{z-z_0}\,dz &= \int_{\gamma_1} \frac{1}{z-z_0}\,dz + \int_{\gamma_2} \frac{1}{z-z_0}\,dz + \cdots + \int_{\gamma_k} \frac{1}{z-z_0}\,dz \\ &= \sum_{j=1}^{k} \{f_j(\gamma(t_j)-z_0) - f_j(\gamma(t_{j-1})-z_0)\} \\ &= (\log r_k - \log r_0) + \sum_{j=1}^{k} \Delta\theta_j\end{aligned} \tag{4.3}$$

이다. 경로 γ가 닫힌 경로인 경우에는, $r_k = r_0$이므로,

$$\frac{1}{2\pi i}\int_\gamma \frac{1}{z-z_0}\,dz = \sum_{j=1}^{k} \Delta\theta_j$$

는 경로 γ가 점 z_0를 반시계방향으로 회전한 수이다.

이제 점 z_0를 중심으로 경로 γ가 반시계방향으로 회전한 양을 정의할 수 있다.

정의 4.9: 점에 대한 닫힌 경로의 지표

닫힌 경로 $\gamma\colon [a,b] \to \mathbb{C}$와 곡선 γ의 상에 놓여 있지 않은 점 z_0에 대하여,

$$\frac{1}{2\pi i}\int_\gamma \frac{1}{z-z_0}\,dz$$

을 점 z_0에 대한 곡선 γ의 **지표**라고[a] 하고 $n(\gamma; z_0)$으로 나타낸다.

[a] 지표를 **회전수**라고도 한다.

보기 4.5. 닫힌 경로 $\gamma\colon [0,4\pi] \to \mathbb{C}$가 $\gamma(t) = 2e^{it}$로 정의되면

$$n(\gamma; 1) = 2$$

이다.

4.3.4 코시의 적분공식

코시의 정리를 이용하여 다음의 코시의 적분공식을 유도할 수 있다.

정리 4.22: 코시의 적분공식

단일연결영역 D에 정의된 함수 $f\colon D \to \mathbb{C}$에 대하여, f가 미분가능하면 닫힌 경로 $\gamma\colon [a,b] \to D$와 경로 γ의 상에 놓여 있지 않은 점 z_0에 대하여

$$n(\gamma; z_0) f(z_0) = \frac{1}{2\pi i} \int_\gamma \frac{f(z)}{z - z_0}\, dz$$

이다.

증명 경로 $\gamma_1(t) = z_0 + re^{it}$ $(0 \le t \le 2\pi)$의 상과 내부가 곡선 γ의 상과 만나지 않도록 양의 실수 r을 택하자. 그러면 예제 4.10에서와 같은 방식으로, 코시의 정리에 의하여

$$\int_\gamma \frac{f(z)}{z - z_0}\, dz = n(\gamma; z_0) \int_{\gamma_1} \frac{f(z)}{z - z_0}\, dz$$

임을 알 수 있다. 그런데

$$\begin{aligned} \int_{\gamma_1} \frac{f(z)}{z - z_0}\, dz &= \int_{\gamma_1} \frac{f(z_0)}{z - z_0}\, dz + \int_{\gamma_1} \frac{f(z) - f(z_0)}{z - z_0}\, dz \\ &= f(z_0) \cdot 2\pi i + \int_{\gamma_1} \frac{f(z) - f(z_0)}{z - z_0}\, dz \end{aligned}$$

이므로

$$\int_{\gamma_1} \frac{f(z) - f(z_0)}{z - z_0}\, dz = 0$$

임을 보이면 된다. 임의의 양의 실수를 ϵ이라고 놓자. 그러면 f는 z_0에서 연속이므로

$$|z - z_0| < \delta \quad \to \quad |f(z) - f(z_0)| < \epsilon$$

인 $\delta > 0$이 존재한다. 그리고, $0 < s < \min\{r, \delta\}$인 상수 s에 대하여 $\gamma_2(t) = z_0 + se^{it}$ $(0 \le t \le 2\pi)$로 놓으면,

$$\int_{\gamma_1} \frac{f(z) - f(z_0)}{z - z_0}\, dz = \int_{\gamma_2} \frac{f(z) - f(z_0)}{z - z_0}\, dz$$

이므로,

$$\begin{aligned}\left|\int_{\gamma_1} \frac{f(z)-f(z_0)}{z-z_0}\,dz\right| &= \left|\int_{\gamma_2} \frac{f(z)-f(z_0)}{z-z_0}\,dz\right| \\ &\le \int_{\gamma_2} \left|\frac{f(z)-f(z_0)}{z-z_0}\right| \cdot |dz| \\ &\le \frac{\epsilon}{s}\cdot 2\pi s \\ &= 2\pi\epsilon\end{aligned}$$

이다. ϵ은 임의의 양의 실수이므로

$$\int_{\gamma_1} \frac{f(z)-f(a)}{z-a}\,dz = 0$$

이다. □

위의 정리를 다음과 같이 간단하게 나타낼 수도 있다.

따름정리 4.23: 간단한 형태의 코시의 적분공식

$\overline{D(z_0;r)} \subset D$인 영역 D에 정의된 함수 $f : D \to \mathbb{C}$에 대하여, f가 미분가능하면 경로 $\gamma(t) = z_0 + re^{it}$ $(0 \le t \le 2\pi)$에 대하여 $|z - z_0| < r$일 때

$$f(z) = \frac{1}{2\pi i}\int_{\gamma} \frac{f(w)}{w-z}\,dw \tag{4.4}$$

이다.

4.4 미분가능한 함수의 해석성

코시의 적분공식으로부터 미분가능한 복소함수에 대한 많은 성질을 알 수 있다.

4.4.1 미분가능한 함수의 거듭제곱급수표현

코시의 적분공식을 이용하면, 미분가능한 함수 $f: D \to \mathbb{C}$를 임의의 점 $z_0 \in D$ 근방에서 거듭제곱급수로 나타낼 수 있다.

정리 4.24: 미분가능한 함수의 거듭제곱급수표현

$\overline{D(z_0; r)} \subset D$인 영역 D에 정의된 함수 $f: D \to \mathbb{C}$에 대하여, f가 미분가능하면, $z \in D(z_0; r)$일 때

$$f(z) = \sum_{n=0}^{\infty} \alpha_n (z - z_0)^n \tag{4.5}$$

이다. 여기서 $\gamma(t) = z_0 + re^{it}$ $(0 \le t \le 2\pi)$이고 $n \ge 0$일 때

$$\alpha_n = \frac{1}{2\pi i} \int_\gamma \frac{f(w)}{(w - z_0)^{n+1}}\, dw \tag{4.6}$$

이다.

증명 함수 $f: D \to \mathbb{C}$이 미분가능하고 $\overline{D(z_0; r)} \subset D$라고 가정하자. 그러면, 코시의 적분공식에 따라서

$$f(z) = \frac{1}{2\pi i} \int_\gamma \frac{f(w)}{w - z}\, dw$$

이다. $|z - z_0| < r$이고 $|w - z_0| = r$이면

$$\frac{1}{w - z} = \frac{1}{(w - z_0) - (z - z_0)} = \frac{1}{w - z_0} \cdot \frac{1}{1 - \frac{z - z_0}{w - z_0}} = \frac{1}{w - z_0} \sum_{n=0}^{\infty} \left(\frac{z - z_0}{w - z_0}\right)^n$$

이므로

$$\begin{aligned} f(z) &= \frac{1}{2\pi i} \int_\gamma \frac{f(w)}{w - z_0} \sum_{n=0}^{\infty} \left(\frac{z - z_0}{w - z_0}\right)^n dw \\ &= \frac{1}{2\pi i} \int_\gamma \left(\sum_{n=0}^{\infty} \frac{f(w)}{(w - z_0)^{n+1}} (z - z_0)^n\right) dw \end{aligned}$$

이다. 여기서 식

$$\frac{1}{2\pi i}\int_\gamma \left(\sum_{n=0}^{\infty}\frac{f(w)}{(w-z_0)^{n+1}}(z-z_0)^n\right)dw$$
$$=\frac{1}{2\pi i}\sum_{n=0}^{\infty}\left(\int_\gamma \frac{f(w)}{(w-z_0)^{n+1}}\,dw\right)(z-z_0)^n \quad (4.7)$$

이 성립하면,

$$\alpha_n=\frac{1}{2\pi i}\int_\gamma \frac{f(w)}{(w-z_0)^{n+1}}\,dw$$

일 때

$$f(z)=\sum_{n=0}^{\infty}\alpha_n(z-z_0)^n$$

이다.

이제 식 (4.7)이 성립한다는 것만 보이면 증명이 완성된다. 먼저

$$h_k(w)=\sum_{n=0}^{k}\frac{f(w)}{(w-z_0)^{n+1}}(z-z_0)^n$$

와

$$h_\infty(w)=\sum_{n=0}^{\infty}\frac{f(w)}{(w-z_0)^{n+1}}(z-z_0)^n$$

으로 놓으면,

$$\begin{aligned}|h_k(w)-h_\infty(w)| &= \left|\sum_{n=k+1}^{\infty}\frac{f(w)}{(w-z_0)}\left(\frac{(z-z_0)}{(w-z_0)}\right)^n\right|\\ &\le \sum_{n=k+1}^{\infty}\left|\frac{f(w)}{(w-z_0)}\left(\frac{(z-z_0)}{(w-z_0)}\right)^n\right|\\ &\le \frac{M}{r}\sum_{n=k+1}^{\infty}\left(\frac{|z-z_0|}{r}\right)^n\end{aligned}$$

이므로 (h_k)는 h_∞에 균등수렴한다. 여기서 M은 $\overline{D(z_0;r)}$에서의 함수 f의 최댓값이다. 즉 임의의 $\epsilon>0$에 대하여,

$$n\ge N \quad\to\quad |w-z_0|=r\text{인 모든 } w\in D\text{에 대하여 } |h_n(w)-h_\infty(w)|<\epsilon$$

인 자연수 N이 존재한다. 그러므로, $n \geq N$이면

$$\begin{aligned}\left|\int_\gamma h_n(w)\,dw - \int_\gamma h_\infty(w)\,dw\right| &= \left|\int_\gamma (h_n(w) - h_\infty(w))\,dw\right| \\ &\leq \int_\gamma |h_n(w) - h_\infty(w)|\,|dw| \\ &\leq \epsilon \cdot (2\pi r)\end{aligned}$$

이므로

$$\int_\gamma h_\infty(w)\,dw = \lim_{n\to\infty}\int_\gamma h_n(z)\,dz$$

이다. □

등식 4.5와 같이 국소적으로 거듭제곱급수로 나타낼 수 있는 함수를 **해석함수**라고 한다. 미분가능한 실함수 $f\colon [a,b] \to \mathbb{R}$가 항상 해석함수인 것은 아니지만, 정리 4.24에 의하여 (복소) 미분가능한 함수는 해석함수임을 알 수 있다.

따름정리 3.47에 따르면 거듭제곱급수로 나타낼 수 있는 함수는 무한번 미분가능하다. 그런데 미분가능한 함수 $f\colon D \to \mathbb{C}$는 거듭제곱급수로 나타낼 수 있으므로, f는 무한번 미분가능하다.

따름정리 4.25: 미분가능한 함수의 무한번 미분가능성

함수 $f\colon D \to \mathbb{C}$에 대하여 f가 미분가능하면 f는 무한번 미분가능하다.

예제 4.11. 함수 $f(z) = 1/(1-z)$을 영역 $D(1;1)$에서 중심이 1인 거듭제곱급수로 나타내어라.

풀이 함수 f는 영역 $D = \mathbb{C} - \{0\}$에서 미분가능하고

$$\lim_{z\to 1}\left|\frac{1}{1-z}\right| = \infty$$

이다. $n \geq 0$일 때, 영역 D에서 함수 f의 n계 도함수는

$$f^{(n)}(z) = \frac{n!}{(1-z)^{n+1}}$$

이므로, 0 근방에서

$$f(z)=\sum_{n=0}^{\infty}\frac{f^{(n)}(0)}{n!}z^n=1+z+z^2+z^3+\cdots$$

이다. 한편, 거듭제곱급수 $1+z+z^2+z^3+\cdots$의 수렴반지름은 1이므로, $z\in D(0;1)$일 때

$$\frac{1}{1-z}=1+z+z^2+z^3+\cdots$$

이다. □

예제 4.12. 지수함수 $f(z)=e^z$을 중심이 0인 거듭제곱급수로 나타내어라.

풀이 함수 f는 전해석함수이며, $n\geq 0$일 때 f의 n계 도함수는 $f^{(n)}(z)=e^z$이다. 따라서 지수함수 f를 중심이 0인 거듭제곱급수로 나타내면

$$f(z)=\sum_{n=0}^{\infty}\frac{f^{(n)}(0)}{n!}z^n=\sum_{n=0}^{\infty}\frac{1}{n!}z^n$$

이다. 이때 거듭제곱급수 $\sum_{n=0}^{\infty}\frac{1}{n!}z^n$의 n차 계수가 $\alpha_n=1/n!$이므로, 이 거듭제곱급수의 수렴반지름은

$$r=\lim_{n\to\infty}\frac{\alpha_n}{\alpha_{n+1}}=\lim_{n\to\infty}\frac{1/n!}{1/(n+1)!}=\lim_{n\to\infty}(n+1)=\infty$$

이다. 따라서 복소평면 전체에서

$$e^z=\sum_{n=0}^{\infty}\frac{1}{n!}z^n$$

이다. □

4.4.2 코시의 부등식

영역 $D(z_0;r)$에서 함수 f를

$$f(z)=\sum_{n=0}^{\infty}\alpha_n(z-z_0)^n$$

와 같이 거듭제곱급수로 나타낼 때, n차 계수가

$$\alpha_n = \frac{f^{(n)}(z_0)}{n!}$$

이므로, 등식 4.6로부터 다음의 부등식이 성립함을 알 수 있다.

정리 4.26: 코시의 부등식

$\overline{D(z_0;r)} \subset D$인 영역에서 정의된 함수 $f: D \to \mathbb{C}$에 대하여, f가 미분가능하고 모든 $z \in \overline{D(z_0;r)}$에서 $|f(z)| \le M$인 양의 실수 M이 존재하면

$$|f^{(n)}(z_0)| \le \frac{n! \cdot M}{r^n}$$

이다.

증명 함수 $f: D \to \mathbb{C}$이 미분가능하고 $\overline{D(z_0;r)} \subset D$이며 모든 $z \in \overline{D(z_0;r)}$에서 $|f(z)| \le M$인 양의 실수 M이 존재한다고 가정하자. 그러면, 따름정리 3.47과 정리 4.24에 따라서, $\gamma(t) = z_0 + re^{it}$ $(0 \le t \le 2\pi)$이고 $n \ge 0$일 때

$$f^{(n)}(z_0) = n! \cdot \frac{1}{2\pi i} \int_\gamma \frac{f(w)}{(w-z_0)^{n+1}}\, dw$$

이다. 그러므로

$$|f^{(n)}(z_0)| \le \frac{n!}{2\pi} \left| \int_\gamma \frac{f(w)}{(w-z_0)^{n+1}}\, dw \right| \le \frac{n!}{2\pi} \int_\gamma \left| \frac{f(w)}{(w-z_0)^{n+1}} \right| |dw| \le \frac{n! \cdot M}{r^n}$$

이다. □

4.4.3 해석함수의 영점

미분가능한 함수는 거듭제곱급수로 나타낼 수 있으므로, 함수의 영점에 대한 정보를 알 수 있다.

정의 4.10: 함수의 영점

함수 $f: D \to \mathbb{C}$와 점 $z_0 \in D$에 대하여, $f(z_0) = 0$이면 z_0를 f의 **영점**이라고 한다.

상수함수가 아닌 해석함수의 영점의 중복도는 유계이다.

정리 4.27: 함수의 영점의 중복도

상수함수가 아닌 해석함수 $f\colon D \to \mathbb{C}$에 대하여, 점 $z_0 \in D$가 f의 영점이면

$$f(z) = (z - z_0)^m g(z), \qquad g(z_0) \neq 0$$

인 양의 정수 m과 해석함수 $g\colon D \to \mathbb{C}$가 존재한다.

증명 상수함수가 아닌 해석함수 $f\colon D \to \mathbb{C}$와 점 $z_0 \in D$에 대하여, $f(z_0) = 0$이라고 가정하자. 그러면 z_0 근방에서

$$f(z) = \sum_{n=m}^{\infty} \alpha_n (z - z_0)^n = (z - z_0)^m \sum_{n=m}^{\infty} \alpha_n (z - z_0)^{n-m}, \quad \alpha_m \neq 0$$

인 양의 정수 m이 존재한다. 따라서 함수 $g\colon D \to \mathbb{C}$를

$$g(z) = \begin{cases} \dfrac{f(z)}{(z - z_0)^m} & z \neq z_0 \text{일 때}, \\ \alpha_m & z = z_0 \text{일 때} \end{cases}$$

으로 정의하면, 함수 g는 z_0 근방에서

$$g(z) = \sum_{n=m}^{\infty} \alpha_n (z - z_0)^{n-m}$$

이므로, g는 해석함수이고

$$f(z) = (z - z_0)^m \cdot g(z), \qquad g(z_0) \neq 0$$

이다. □

정리 4.27에서, 양의 정수 m을 영점 z_0의 **중복도**라고 한다.

함수 f가 영함수인 경우, 즉 모든 $z \in D$에 대하여 $f(z) = 0$인 경우는, 모든 점 $z_0 \in D$는 f의 영점이 되고 이때의 중복도는 무한대(∞)라고 하기도 한다.

상수함수가 아닌 해석함수의 영점은 고립됨을 거듭제곱급수의 성질을 이용하여 다음과 같이 알 수 있다.

정리 4.28: 함수의 영점의 고립성

상수함수가 아닌 해석함수 $f\colon D \to \mathbb{C}$에 대하여, 점 $z_0 \in D$가 f의 영점이면

(가) $D(z_0; r) \subset D$이고

(나) $0 < |z - z_0| < r$이면 $f(z) \neq 0$

인 양의 실수 r이 존재한다.

증명 상수함수가 아닌 해석함수 $f\colon D \to \mathbb{C}$에 대하여, 점 $z_0 \in D$가 중복도가 m인 f의 영점이라고 가정하자. 그러면 정리 4.27에 따라서

$$f(z) = (z - z_0)^m g(z), \qquad g(z_0) \neq 0$$

인 해석함수 $g\colon D \to \mathbb{C}$가 존재한다. $g(z_0) \neq 0$이므로,

(가) $D(z_0; r) \subset D$이고

(나) $0 < |z - z_0| < r$이면 $g(z) \neq 0$

인 양의 실수 r이 존재한다. 그러면 $0 < |z - z_0| < r$이면, $(z - z_0)^m \neq 0$이므로

$$f(z) = (z - z_0)^m g(z) \neq 0$$

이다. □

4.4.4 해석함수에 대한 항등정리

영역 D에 정의된 두 해석함수 $f\colon D \to \mathbb{C}$와 $g\colon D \to \mathbb{C}$에 대하여, $f = g$이면 당연히 국소적인 영역에서 f와 g는 일치한다. 그런데, 놀랍게도 f와 g가 국소적인 영역에서 서로 같으면 두 함수는 전체 영역에서 서로 같다. 즉,

$$\forall z \in D(z_0; r),\ f(z) = g(z)$$

인 점 $z_0 \in D$와 양의 실수 r이 존재하면, $f = g$이다. 이런 성질은 미분가능한 실함수에서는 발견할 수 없으며 해석함수에서만 나타난다.

위의 성질을 좀 더 쉽게 보이기 위하여, 먼저 함수 g를 영함수로 놓고 증명하자.

정리 4.29: 해석함수에 대한 항등정리

해석함수 $f: D \to \mathbb{C}$에 대하여, 다음은 논리적으로 동치이다.

(가) $f = 0$.

(나) f의 영점들의 집합 $Z = \{z \in D : f(z) = 0\}$의 쌓인점이 D에 적어도 하나 존재한다.

(다) 모든 정수 $n \geq 0$에 대하여

$$f^{(n)}(z_0) = 0$$

인, 점 $z_0 \in D$가 존재한다.

증명 (가) → (나). $f = 0$이면, $Z = D$이다.

(나) → (다). $Z = \{z \in D : f(z) = 0\}$의 쌓인점 z_0이 D에 존재한다고 가정하자. 이제, 모든 정수 $n \geq 0$에 대하여 $f^{(n)}(z_0) = 0$임을 보이자. 영역 D는 열린 집합이므로, $D(z_0; R) \subset D$인 양의 실수 R이 존재한다.

먼저 $f^{(0)}(z_0) = 0$임을 보이자. z_0가 집합 Z의 쌓인점이므로,

$$\lim_{k\to\infty} z_k = z_0$$

인 수열 (z_k)가 집합 Z에 존재한다. 함수 f는 연속함수이므로,

$$f^{(0)}(z_0) = f(z_0) = \lim_{k\to\infty} f(z_k) = 0$$

이다.

만약

$$f(z_0) = f'(z_0) = f^{(2)}(z_0) = \cdots = f^{(n-1)}(z_0) = 0, \quad f^{(n)}(z_0) \neq 0$$

인 양의 정수 n이 존재한다고 가정하자. 그러면 $|z - z_0| < R$일 때

$$f(z) = \sum_{k=n}^{\infty} \alpha_k (z - z_0)^k = (z - z_0)^n \sum_{k=n}^{\infty} \alpha_k (z - z_0)^{k-n}$$

이다. 이때, $g(z) = \sum_{k=n}^{\infty} \alpha_k (z - z_0)^{k-n}$은 영역 $D(z_0; R)$에서 해석함수이고 $g(z_0) =$

$\alpha_n \neq 0$이다. 그러므로

$$|z - z_0| < r \quad \rightarrow \quad g(z) \neq 0$$

인 양의 실수 r이 존재한다. 한편 z_0는 집합 Z의 쌓인점이므로 $0 < |w_0 - z_0| < r$이고 $f(w_0) = 0$인 $w_0 \in Z$가 존재한다. 그런데 $0 = f(w_0) = (w_0 - z_0)^n g(w_0) \neq 0$이므로 모순이다. 따라서 모든 양의 정수 n에 대하여, $f^{(n)}(z_0) = 0$이다.

(다) → (가). 모든 정수 $n \geq 0$에 대하여

$$f^{(n)}(z_0) = 0$$

인 점 $z_0 \in D$가 존재한다고 가정하자. 이제 $f = 0$임을 보이자. 집합 A를

$$A = \{z \in D : \text{모든 } n \geq 0\text{에 대하여 } f^{(n)}(z) = 0\}$$

으로 정의하자. 그러면 $z_0 \in A$이므로 $A \neq \emptyset$이다. 이제 A가 열린집합이면서 닫힌집합임을 보이면, D가 연결집합이므로 $A = D$이고 따라서 $f = 0$이 된다.

A는 열린 집합임을 보이기 위하여, 임의의 점 $z_0 \in A$를 택하자. 그러면 D는 열린 집합이므로 $D(z_0; r) \subseteq D$인 양의 실수 r이 존재한다. $|z - z_0| < r$일 때, f를 거듭제곱급수로 나타내면

$$f(z) = \sum_{n=1}^{\infty} \alpha_n (z - z_0)^n$$

이고 모든 $n \geq 0$에 대하여

$$\alpha_n = \frac{f^{(n)}(z_0)}{n!} = 0$$

이므로, 모든 $z \in D(z_0; r)$에서 $f(z) = 0$이다. 따라서 $D(z_0; r) \subseteq A$이다.

A는 닫힌 집합임을 보이기 위하여, 임의의 점 $w_0 \in \overline{A}$를 택하자. 그러면 w_0으로 수렴하는 수열 (z_k)가 집합 A에 존재한다. 그런데 모든 $n \geq 0$에 대하여 n계 도함수 $f^{(n)}$이 연속이므로

$$f^{(n)}(w_0) = \lim_{k \to \infty} f^{(n)}(z_k) = 0$$

이다. 즉 $w_0 \in A$이다. □

상수함수가 아닌 해석함수 $f\colon D \to \mathbb{C}$에 대하여, f의 모든 영점들의 개수가 무한인 경우도 존재한다. 그렇지만 모든 영점들의 집합의 쌓인점이 영역 D에 내부에 존재하면, 항등정리(정리 4.29)에 의하여 f는 영함수이므로 가정에 모순이다. 따라서, 모든 영점들의 집합의 쌓인점들은 경계 ∂D에 속한다.

해석함수 $f\colon D \to \mathbb{C}$와 $g\colon D \to \mathbb{C}$에 대하여, 함수 $h = f - g$에 대한 항등정리의 정리에 의하여 다음을 알 수 있다.

따름정리 4.30: 해석함수에 대한 항등정리

해석함수 $f\colon D \to \mathbb{C}$와 $g\colon D \to \mathbb{C}$에 대하여, 다음은 논리적으로 동치이다.

(가) $f = g$.

(나) 집합 $Z = \{z \in D \,:\, f(z) = g(z)\}$의 쌓인점이 D에 적어도 하나 존재한다.

(다) 모든 정수 $n \geq 0$에 대하여

$$f^{(n)}(z_0) = g^{(n)}(z_0)$$

인, 점 $z_0 \in D$가 존재한다.

4.4.5 모레라의 정리

집합 D가 단일연결영역일 때, 해석함수 $f\colon D \to \mathbb{C}$와 닫힌 경로 $\gamma\colon [a, b] \to D$에 대하여, 코시의 정리에 따라서

$$\int_\gamma f(z)\, dz = 0$$

이다. 이 절에서는 코시의 정리의 역이 성립함을 알아보자.

닫힌 경로 γ의 상이 삼각형일 때, 이 경로를 **삼각경로**라고 한다.

정리 4.31: (모레라) 코시정리의 역

단일연결영역에 정의된 연속함수 $f\colon D \to \mathbb{C}$에 대하여, 영역 D에 놓인 임의의 삼각경로 $\gamma\colon [a, b] \to D$에 대하여

$$\int_\gamma f(z)\, dz = 0$$

이면 함수 f는 해석함수이다.

증명 임의의 점 $z_0 \in D$을 고정하자. 영역 D에 놓인 임의의 삼각경로 γ에 대하여

$$\int_\gamma f(z)\,dz = 0$$

이므로, 임의의 점 $z \in D$에 대하여 점 z_0와 z를 연결하는 수직, 수평선분으로 이루어지는 임의의 경로 γ로 정의되는 함수

$$F(z) = \int_\gamma f(w)\,dw$$

는 경로에 독립적이다.

이제 함수 F가 영역 D에서 함수 f의 역도함수가 된다는 것을 보이면, F는 무한번 미분가능하므로, 함수 f는 미분가능한 함수이다. 영역 D에 놓인 임의의 점 z_1를 선택하자. 그리고 $D(z_1;2r) \subseteq D$인 양의 실수 r을 택하자. 그러면 $0 < |z - z_1| < r$일 때,

$$\frac{F(z)-F(z_1)}{z-z_1} - f(z_1) = \frac{\int_{\gamma_0} f(w)\,dw}{z-z_1} - f(z_1) = \frac{1}{z-z_1}\int_{\gamma_0} [f(w)-f(z_1)]\,dw$$

이므로

$$\left|\frac{F(z)-F(z_1)}{z-z_1} - f(z_1)\right| \le \sup\{|f(w)-f(z_1)| : |w-z_1| \le r\}$$

이다. 여기서 γ_0는 z_1과 z를 연결하는 선분이다. f는 연속함수이므로

$$F'(z_1) = \lim_{z\to z_1} \frac{F(z)-F(z_1)}{z-z_1} = f(z_0)$$

이다. □

4.5 전해석함수와 다항함수

해석함수 f의 정의역이 복소평면 전체인 함수를 **전해석함수**라고 한다. 전해석함수 f를 중심이 0인 거듭제곱급수로 나타내면

$$f(z) = a_0 + a_1 z + a_2 z^2 + \cdots = \sum_{n=0}^{\infty} a_n z^n$$

이다. 따라서 전해석함수는 다항함수들의 극한임을 알 수 있다. 여기에서 전해석함수와 다항함수의 기본적인 성질을 알아보자.

4.5.1 리우빌의 정리

전해석함수 f가 상수함수가 아니면, f는 유계함수가 될 수 없다.

정리 4.32: 리우빌

전해석함수 f에 대하여, f가 유계이면 f는 상수함수이다.

증명 전해석함수 f가 유계라고 가정하자. 이제 $f' = 0$을 보여서 f가 상수함수임을 보이자. 임의의 점 $z_0 \in \mathbb{C}$를 고정하고 $f'(z_0) = 0$임을 보이자. 함수 f는 유계인 전해석함수이므로 모든 $z \in \mathbb{C}$에 대하여

$$|f(z)| \leq M$$

인, 양의 상수 M이 존재한다. 코시의 부등식에 따라서, 임의의 양의 실수 r에 대하여

$$|f'(z_0)| \leq \frac{M}{r}$$

이므로 $f'(z_0) = 0$이다. □

함수 p가 유계인 다항함수이면, p는 유계인 전해석함수이므로, 리우빌의 정리에 따라서, p는 상수함수이다.

4.5.2 대수학의 기본정리

다항함수에 대한 다음의 성질을 살펴보자.

보조정리 4.3: 다항함수의 최고차항의 성질

n차 다항함수 $p(z) = a_0 + a_1 z + a_2 z^2 + \cdots + a_n z^n$ $(a_n \neq 0)$에 대하여,

$$M \leq |z| \rightarrow \frac{1}{2}|a_n z^n| \leq |p(z)| \leq \frac{3}{2}|a_n z^n|$$

인 양의 실수 M이 존재한다.

증명 $z \neq 0$일 때

$$p(z) = z^n \left(a_n + \frac{a_{n-1}}{z} + \frac{a_{n-2}}{z^2} + \cdots + \frac{a_0}{z^n} \right)$$

이므로

$$|z|^n \left(|a_n| - \left| \frac{a_{n-1}}{z} + \cdots + \frac{a_n}{z^n} \right| \right) \leq |p(z)| \leq |z|^n \left(|a_n| + \left| \frac{a_{n-1}}{z} + \cdots + \frac{a_n}{z^n} \right| \right)$$

이다. $1 < |z|$일 때

$$\left| \frac{a_{n-1}}{z} + \cdots + \frac{a_0}{z^n} \right| \leq \frac{|a_{n-1}| + \cdots + |a_0|}{|z|} \leq \frac{K}{|z|}$$

인 양수 K가 존재하므로,

$$|z|^n \left(|a_n| - \frac{K}{|z|} \right) \leq |z|^n \left(|a_n| - \left| \frac{a_{n-1}}{z} + \cdots + \frac{a_n}{z^n} \right| \right)$$

그리고

$$|z|^n \left(|a_n| + \left| \frac{a_{n-1}}{z} + \cdots + \frac{a_n}{z^n} \right| \right) \leq |z|^n \left(|a_n| + \frac{K}{|z|} \right)$$

이다. 따라서,

$$|z|^n \left(|a_n| - \frac{K}{|z|} \right) \leq |p(z)| \leq |z|^n \left(|a_n| + \frac{K}{|z|} \right)$$

이다. 이제 $K/M < |a_n|/2$이고 $1 < M$인 M을 택하자. 만약 $M \leq |z|$이면

$$\frac{K}{|z|} \leq \frac{K}{M} < \frac{|a_n|}{2}$$

이므로,

$$|z|^n \left(|a_n| - \frac{|a_n|}{2} \right) \leq |z|^n \left(|a_n| - \frac{K}{|z|} \right)$$

그리고

$$|z|^n\left(|a_n|+\frac{K}{|z|}\right)\le |z|^n\left(|a_n|+\frac{|a_n|}{2}\right)$$

이다. 따라서,

$$\frac{1}{2}|a_nz^n|\le |p(z)|\le \frac{3}{2}|a_nz^n|$$

이다. □

리우빌의 정리를 이용하면, 다음의 정리를 쉽게 증명할 수 있다.

정리 4.33: 대수학의 기본정리

상수함수가 아닌 다항함수 p에 대하여,

$$p(z_0)=0$$

인 복소수 z_0가 존재한다.

증명 대우법으로 증명하자. 다항함수 p에 대하여, 모든 점 $z_0\in\mathbb{C}$에서 $p(z_0)\neq 0$이라고 가정하자. 그러면

$$p(z)=\alpha_nz^n+\alpha_{n-1}z^{n-1}+\cdots+\alpha_1z+\alpha_0,\quad \alpha_n\neq 0$$

인 복소수 $\alpha_n,\alpha_{n-1},\ldots,\alpha_0$와 $n\ge 0$인 정수 n이 존재한다. 모든 점 $z_0\in\mathbb{C}$에서 $p(z_0)\neq 0$이므로 $1/p$는 전해석함수이다. 그리고 보조정리 4.3에 따라서

$$M<|z|\ \rightarrow\ \frac{1}{|p(z)|}\le\frac{2}{|\alpha_nz^n|}\le\frac{2}{|\alpha_n|}$$

그리고 $1<M$인 양의 실수 M이 존재한다. 즉, $|z|>M$일 때, $1/p$는 유계함수이다. 한편, $|z|\le M$일 때, $1/p$은 유계함수이어야만 한다. 왜냐하면, $\frac{1}{p}(\{z\in\mathbb{C}:|z|\le m\})$은 옹골찬 집합이기 때문이다. 그러므로, 함수 $1/p$는 유계인 전해석함수이다. 그러므로 리우빌의 정리에 의하여 함수 $1/p$는 상수함수이고 따라서 p는 상수함수이다. □

함수 p가 상수함수가 아닌 다항함수이고 z_0가 p의 영점이면,

$$p(z)=\alpha_1(z-z_0)+\alpha_2(z-z_0)^2+\cdots+\alpha_n(z-z_0)^n,\quad \alpha_n\neq 0$$

인 복소수 $\alpha_1, \alpha_2, \ldots, \alpha_n$와 양의 정수 n이 존재하고 또한

$$\alpha_1 = \alpha_2 = \ldots = \alpha_{k-1} = 0, \quad \alpha_k \neq 0$$

인 양의 실수 k가 존재한다. 이때

$$p(z) = (z - z_0)^k \left(a_k + a_{k+1}(z - z_0) + \cdots + \alpha_n (z - z_0)^{n-k}\right)$$

이며, z_0는 중복도가 k인 p의 영점이다. 이제 함수

$$a_k + a_{k+1}(z - z_0) + \cdots + \alpha_n (z - z_0)^{n-k}$$

에 대하여 앞의 과정을 반복하므로써, 다음의 사실을 알 수 있다.

따름정리 4.34: 다항함수의 인수분해

상수함수가 아닌 다항함수 p에 대하여,

$$p(z) = \alpha(z - z_1)^{k_1}(z - z_2)^{k_2} \cdots (z - z_l)^{k_l}$$

인 점 $\alpha, z_1, z_2, \ldots, z_l \in \mathbb{C}$과 양의 정수 $k_1, k_2, \ldots, k_l$이 존재한다. 여기서 $n = k_1 + k_2 + \cdots + k_l$은 다항함수 p의 차수이다.

전해석함수에 대해서는 더욱 복잡한 방식으로 인수분해할 수 있다는 **바아어슈트라스의 인수분해정리**가 있다.

대수학의 기본정리에 의하여, 상수함수가 아닌 다항함수의 치역은 복소평면 전체임을 알 수 있다.

따름정리 4.35: 다항함수의 치역

상수함수가 아닌 다항함수 p의 치역은 복소평면 전체이다.

증명 p를 상수함수가 아닌 다항함수라고 놓자. 임의의 점 $w_0 \in \mathbb{C}$를 택하자. 그러면 $p - w_0$은 상수함수가 아닌 다항함수이므로, 대수학의 기본정리에 의하여

$$p(z_0) - w_0 = 0$$

인 점 $z_0 \in \mathbb{C}$가 존재한다. 따라서 $w_0 = p(z_0)$는 p의 치역에 속한다. □

전해석함수 $f : \mathbb{C} \to \mathbb{C}$의 치역은 복소평면 전체일 필요는 없다. 그 보기로 지수함수 $f(z) = \exp z$를 보면 이 함수의 치역은 $\mathbb{C} - \{0\}$이다. 그렇지만 상수함수가 아닌 전해석함수의 치역은 복소평면에서 서로 다른 두 점 이상을 뺀 영역의 부분집합일 수 없다. 이것을 **피카르의 소정리**라고 한다.

4.6 편각원리

단일연결영역에 정의된 상수함수가 아닌 해석함수에 따른, 점에 대한 경로의 지표의 변화를 살펴보자.

정리 4.36: (편각원리) 해석함수에 따른 점에 대한 경로의 지표의 변화

단일연결영역 D에 정의된 상수함수가 아닌 해석함수 $f: D \to \mathbb{C}$와 점 $w_0 \in \mathbb{C}$에 대하여,

$$f(z) = w_0 + (z - z_1)(z - z_2) \cdots (z - z_m)g(z)$$

이고

$$\forall z \in D,\ g(z) \neq 0$$

인 점 $z_1, z_2, \ldots, z_m \in D$와 해석함수 $g : D \to \mathbb{C}$가 존재하고, 점 $z_1, \ldots, z_m$이 닫힌 경로 $\gamma: [a, b] \to D$의 상 위에 놓여 있지 않으면,

$$n(f \circ \gamma; w_0) = \sum_{k=1}^{m} n(\gamma; z_k)$$

이다.

증명 단일연결영역 D에 정의된 상수함수가 아닌 해석함수 $f: D \to \mathbb{C}$와 점 $w_0 \in \mathbb{C}$에 대하여,

$$f(z) = w_0 + (z - z_1)(z - z_2) \cdots (z - z_m)g(z)$$

이고

$$\forall z \in D,\ g(z) \neq 0$$

인 점 $z_1, z_2, \ldots, z_m \in D$와 해석함수 $g: D \to \mathbb{C}$가 존재한다고 가정하자. 그러면 f의 도함수가

$$\begin{aligned} f'(z) = (z - z_2) \cdots (z - z_m)g(z) + (z - z_1)(z - z_3) \cdots (z - z_m)g(z) + \cdots \\ + (z - z_1) \cdots (z - z_{m-1})g(z) + (z - z_1) \cdots (z - z_m)g'(z) \end{aligned}$$

이므로,

$$\frac{f'(z)}{f(z) - w_0} = \frac{1}{z - z_1} + \frac{1}{z - z_2} + \cdots + \frac{1}{z - z_m} + \frac{g'(z)}{g(z)}$$

이다. 점 $z_1, \ldots, z_m$이 닫힌 경로 $\gamma: [a, b] \to D$의 상 위에 놓여 있지 않으면, 코시의

정리에 의하여

$$\int_\gamma \frac{g'(z)}{g(z)}\,dz = 0$$

이므로

$$\int_\gamma \frac{f'(z)}{f(z)-w_0}\,dz = \int_\gamma \frac{1}{z-z_1}\,dz + \cdots + \int_\gamma \frac{1}{z-z_m}\,dz \tag{4.8}$$

이다. 따라서, $\sigma = f\circ\gamma$로 놓으면

$$n(\sigma; w_0) = \frac{1}{2\pi i}\int_\sigma \frac{1}{w-w_0}\,dw = \frac{1}{2\pi i}\int_\gamma \frac{f'(z)}{f(z)-w_0}\,dz = \sum_{k=1}^{m} n(\gamma; z_k)$$

이다. □

해석함수가 일대일 대응이면 미분계수가 영인 점이 존재하지 않는다.

정리 4.37: 일대일 해석함수

해석함수 $f : D \to \mathbb{C}$에 대하여, f가 일대일 함수이면 모든 $z_0 \in \Delta$에 대하여 $f'(z_0) \neq 0$이다.

증명 대우법으로 증명하기 위하여, $f'(z_0) = 0$인 $z_0 \in D$이 존재한다고 가정하자. 그러면

$$f(z) = f(z_0) + (z-z_0)^k g(z), \quad g(z_0) \neq 0$$

인 해석함수 $g\colon D \to \mathbb{C}$와 $2 \le k$인 양의 정수 k가 존재한다. 상수함수가 아닌 해석함수의 영점은 고립되므로, $D(z_0; 2r) \subset D$이고 모든 $z \in D(z_0; 2r) - \{z_0\}$에서 $f(z) \neq f(z_0)$이고 $f'(z) \neq 0$인 양의 실수 r이 존재한다. 곡선 $\gamma(t) = z_0 + re^{it}$ $(0 \le t \le 2\pi)$에 대하여, $D(f(z_0); 2s)$가 곡선 $f\circ\gamma$의 상과 만나지 않는 양의 실수 s가 존재한다. 편각원리에 따라서, 임의의 점 $w_1 \in D(f(z_0); s) - \{f(z_0)\}$에 대하여,

$$n(f\circ\gamma; w_1) = n(f\circ\gamma; f(z_0)) = k$$

이고 모든 $z \in D(z_0; r) - \{z_0\}$에서 $f'(z) \neq 0$이므로, 영역 $D(z_0; r)$에는 $f(z) = w_1$인 서로 다른 k개의 점이 존재한다. 따라서, f는 일대일이 아니다. □

단일연결영역 D에 정의된 해석함수 $f\colon D \to \mathbb{C}$에 대하여, $f(D)$에 로그의 분지가 정의되려면 로그의 분지절단선을 고려해야 한다. 그렇지만 $f(D)$에 로그의 분지가 정

의될 수 없는 경우에도, 만약 f의 영점이 존재하지 않는 경우에는 다음을 생각할 수 있다.

예제 4.13. 단일연결영역 D에 정의된 해석함수 $f\colon D \to \mathbb{C}$에 대하여, 모든 점 $z \in D$에 대하여 $f(z) \neq 0$이면

$$e^{g(z)} = f(z)$$

인 해석함수 $g\colon D \to \mathbb{C}$가 존재함을 보여라.

풀이 모든 점 $z \in D$에서 $f(z) \neq 0$이므로 함수 f'/f은 영역 D에서 미분가능하다. 한 점 $z_0 \in D$을 고정하자. 점 $z \in D$에 대하여, 점 z_0에서 점 z까지 연결하는 경로를 γ라고 놓으면, 코시의 정리에 의하여 γ에서의 경로적분

$$\int_\gamma \frac{f'(\xi)}{f(\xi)}\,d\xi$$

는 경로 γ에 대하여 독립적이다. 그러므로

$$g(z) = \int_\gamma \frac{f'(\xi)}{f(\xi)}\,d\xi + \log f(z_0)$$

와 같은 함수 g를 정의할 수 있다. 여기서 log는 $f(z_0)$ 근방에서 정의된 로그의 분지이다. 이제 $h(z) = f(z)e^{-g(z)}$로 놓으면

$$\begin{aligned} h'(z) &= f'(z)e^{-g(z)} - f(z)g'(z)e^{-g(z)} \\ &= f'(z)e^{-g(z)} - f(z)\frac{f'(z)}{f(z)}e^{-g(z)} \\ &= 0 \end{aligned}$$

이므로, h는 상수함수이다. 그런데,

$$h(z_0) = f(z_0)e^{-g(z_0)} = f(z_0)e^{-\log f(z_0)} = 1$$

이므로, 모든 $z \in D$에 대하여 $f(z)e^{-g(z)} = 1$이다. □

4.6.1 루셰의 정리와 후르비츠의 정리

단일연결영역에 정의된 두 함수들에 대하여, 단순닫힌 경로의 내부에 놓인 두 함수들의 영점들의 개수가 같기 위한 다음의 두 함수에 대한 충분조건을 알아보자.

정리 4.38: (루셰) 단순단힌 경로 내부에 존재하는 해석함수의 영점의 개수

단일연결영역 D에 정의된 해석함수 $f\colon D \to \mathbb{C}$와 $g\colon D \to \mathbb{C}$와 단순닫힌 경로 $\gamma\colon [a,b] \to D$에 대하여,

(가) f와 g의 영점들이 곡선 γ 위에 놓여 있지 않으며

(나) $\forall t \in [a,b],\ |f(\gamma(t)) + g(\gamma(t))| < |f(\gamma(t))| + |g(\gamma(t))|$

이면, 경로 γ의 내부에 존재하는 f의 영점들의 중복도를 포함한 개수는 경로선 γ의 내부에 존재하는 g의 영점들의 중복도를 포함한 개수와 같다.

증명 경로 γ 위에서 $h = f/g$로 놓으면, 곡선 γ 위에는 g의 영점이 존재하지 않으므로, h는 해석함수이다. 조건에 의하여

$$\forall t \in [a,b],\ |h(\gamma(t)) + 1| < |h(\gamma(t))| + 1$$

이므로, $h(\gamma[a,b]) \subset \mathbb{C} - [0,\infty)$이다. 영역 $\mathbb{C} - [0,\infty)$에서 로그의 분지 $k(z) = \log z$를 정의하면 경로 γ 위에서 $k \circ h$가 정의되고 함수 h'/h는 $k \circ h$의 도함수이므로

$$\frac{1}{2\pi i}\int_\gamma \frac{h'(z)}{h(z)}\,dz = 0$$

이다. 한편

$$h'(z) = \frac{f'(z)g(z) - f(z)g'(z)}{g(z)^2}$$

이므로

$$\frac{h'(z)}{h(z)} = \frac{f'(z)}{f(z)} - \frac{g'(z)}{g(z)}$$

이다. 그러므로

$$0 = \frac{1}{2\pi i}\int_\gamma \frac{h'(z)}{h(z)}\,dz = \frac{1}{2\pi i}\int_\gamma \left[\frac{f'(z)}{f(z)} - \frac{g'(z)}{g(z)}\right] dz$$

즉,

$$\frac{1}{2\pi i}\int_\gamma \frac{f'(z)}{f(z)}\,dz = \frac{1}{2\pi i}\int_\gamma \frac{g'(z)}{g(z)}dz$$

이다. 경로 γ의 내부에 놓인 중복도를 포함한 f의 영점들을 $z_1, \ldots, z_k$라고 하고, 중복도를 포함한 g의 영점들을 $w_1, \ldots, w_\ell$이라고 놓자. 그러면 경로 γ가 단순닫힌 경로이므로,

$$n(\gamma, z_1) = \cdots = n(\gamma, z_k) = 1 = n(\gamma, w_1) = \cdots = n(\gamma, w_\ell)$$

이다. 따라서,

$$k = \sum_{j=1}^{k} n(\gamma; z_j) = \frac{1}{2\pi i}\int_\gamma \frac{f'(z)}{f(z)}\,dz = \frac{1}{2\pi i}\int_\gamma \frac{g'(z)}{g(z)}dz = \sum_{j=1}^{\ell} n(\gamma; w_j) = \ell$$

이다. □

단일연결영역에 정의된 해석함수들의 수열 (f_n)이 해석함수 f로 수렴할 때, n이 충분히 크면 단순닫힌 경로의 내부에 놓인 f_n과 f의 영점들의 중복도를 포함한 개수는 같다.

정리 4.39: (후르비츠) 단순닫힌 경로 내부에 존재하는 함수열의 영점들의 개수

단일연결영영 D에 정의된 해석함수 $f\colon D \to \mathbb{C}$와 해석함수들의 함수열 $f_n\colon D \to \mathbb{C}$와 단순닫힌 경로 $\gamma\colon [a, b] \to D$에 대하여,

(가) 함수열 (f_n)이 f에 수렴하고

(나) f의 영점이 경로 γ 위에 존재하지 않는다

고 가정하면,

'$n \geq N$이면 γ의 내부에 놓인 f_n의 영점들의 중복도를 포함한 개수는 γ의 내부에 놓인 f의 영점들의 중복도를 포함한 개수와 같다'

인 양의 정수 N이 존재한다.

증명 경로 γ 위에서의 $|f(z)|$의 최솟값을

$$\delta = \inf\{|f(\gamma(t))| \,:\, t \in [a, b]\}$$

으로 놓자. 함수의 수열 f_n이 경로 위에서 함수 f에 균등수렴하므로

$$n \geq N \quad \to \quad |f_n(\gamma(t)) - f(\gamma(t))| < \frac{\delta}{2}$$

인 자연수 N이 존재한다. 그러므로, $n \geq N$일 때

$$|f_n(\gamma(t)) - f(\gamma(t))| < \frac{\delta}{2} < |f(\gamma(t))| \leq |f_n(\gamma(t))| + |f(\gamma(t))|$$

이다. 따라서 루셰의 정리에 따라서, γ의 내부에 놓인 f_n의 영점들의 중복도를 포함한 개수는 γ의 내부에 놓인 f의 영점들의 중복도를 포함한 개수와 같다. □

4.6.2 열린 사상정리와 최대절댓값정리

상수함수가 아닌 해석함수는 열린 집합을 열린 집합으로 대응시킨다.

정리 4.40: 열린 사상정리

상수함수가 아닌 해석함수 $f\colon D \to \mathbb{C}$에 대하여, U가 열린 집합이면 $f(U)$도 열린 집합이다.

증명 열린 집합 U와 상수함수가 아닌 해석함수 f에 대하여, $f(U)$가 열린 집합임을 보이자. 임의의 $w_0 \in f(U)$를 택하자. 그리고 $f(z_0) = w_0$가 되는 점 $z_0 \in U$를 택하자. 함수 $f - w_0$의 영점인 z_0의 중복도가 k라고 가정하자. 그러면 영점은 고립되어 있으므로 $D(z_0; 2r) \subseteq U$이고 $0 < |z - z_0| < 2r$에서 함수 $f - w_0$와 f'의 영점이 존재하지 않는, 양의 실수 r이 존재한다.

경로 $\gamma(t) = z_0 + re^{it}$ $(0 \leq t \leq 2\pi)$에 대하여, $\sigma = f \circ \gamma$라고 놓자. 그리고 $\overline{D(w_0; s)}$이 곡선 σ의 상과 만나지 않게, 양의 실수 s를 택하자. 그러면, $|w_1 - w_0| < s$일 때

$$n(\sigma; w_1) = n(\sigma; w_0) = \sum_{j=1}^{k} n(\gamma; z_0) = k$$

이다. 그런데, $n(\sigma; w_1)$는 영역 $D(z_0; r)$에 놓인 $f - w_1$의 영점들의 중복을 포함한 개수와 같으므로, 영역 $D(z_0; r)$에는 $f - w_1$의 영점들이 중복을 포함하여 k개 존재한다. 다시말하면

$$D(w_0; s) \subset f(D(z_0; r)) \subset f(U)$$

이다. □

상수함수가 아닌 해석함수에 대하여, 정의역의 내부의 점에서 함수값의 절댓값이 최대가 될 수 없다.

정리 4.41: 최대절댓값정리

해석함수 $f: D \to \mathbb{C}$에 대하여,

$$\forall z \in D,\ |f(z)| \le |f(z_0)|$$

인 점 $z_0 \in D$가 존재하면, f는 상수함수이다.

증명 대우법으로 증명하자. 해석함수 $f: D \to \mathbb{C}$에 대하여, f가 상수함수가 아니라고 가정하자. 임의의 $z_0 \in D$를 고정하자. 영역 D는 열린 집합이므로, $D(z_0; r) \subset D$인 양의 상수 r이 존재한다. 열린 원판 $D(z_0; r)$은 열린집합이고 해석함수 f는 열린사상이므로, 열린 사상정리에 따라서 $f(D(z_0; r))$은 열린 집합이다. 그런데 $f(z_0) \in f(D(z_0; r))$이므로 $|f(z_0)| < |f(z_1)|$인 점 $z_1 \in D(z_0; r)$이 존재한다. □

예제 4.14. 함수 $f(z) = z^3/(z+2)$에 대하여, 닫힌 원판 $\overline{D(0;1)}$에서 $|f(z)|$의 최댓값을 구하여라.

풀이 함수 f는 영역 $D(0; 1.5)$에서 미분가능하므로, 최대절댓값의 정리에 따라서 닫힌 원판 $\overline{D(0;1)}$에서 $|f(z_0)|$가 최댓값이면

$$z_0 \in \{z \in \mathbb{C} : |z| = 1\}$$

이다. 이때, $|z_0|^3 = 1$이고 $1 \le |z_0 + 2| \le 3$이므로, $z_0 = -1$일 때, $|f(z_0)| = 1$이 최댓값임을 알 수 있다. □

4.7 연습문제

1. 다음의 적분을 계산하여라.

(가) $\int_1^2 (1+i2t)^2\, dt$, (나) $\int_0^2 \left((1+2t)+i(1+t^2)\right)\, dt$,

(다) $\int_1^2 (1+2i)(1+i2t)\, dt$, (라) $(1+2i)\int_1^2 (1+i2t)\, dt$,

(마) $\int_0^\pi e^{i(\pi+t)}\, dt$, (바) $\int_0^\pi e^{i2t}\, dt$.

2. 다음 함수의 도함수를 구하여라.

(가) $h(t) = (1+t^2) + i(2+t)$, (나) $h(t) = (2+3i) + (2-5i)t^2$,

(다) $h(t) = e^{i(\pi+t)}$, (라) $h(t) = 2 + i(3+t^2) + e^{i(2-t)}$.

3. 다음의 적분을 계산하여라.

(가) $\int_0^2 (2t+i)\, dt$, (나) $\int_1^2 2(2-5i)t\, dt$,

(다) $\int_0^\pi ie^{i(\pi+t)}\, dt$, (라) $\int_0^\pi \left(2ti - ie^{i(2-t)}\right)\, dt$.

4. 연속함수 $h\colon [-a,a] \to \mathbb{C}$에 대하여, 다음이 성립함을 보여라.

(가) 모든 $t \in [-a,a]$에 대하여 $h(-t) = h(t)$이면,

$$\int_{-a}^a h(t)\, dt = 2\int_0^a h(t)\, dt$$

이다.

(나) 모든 $t \in [-a,a]$에 대하여 $h(-t) = -h(t)$이면,

$$\int_{-a}^a h(t)\, dt = 0$$

이다.

5. 경로 $\gamma(t) = 1 + t(i+1)$ $(0 \le t \le 1)$에 대하여, 다음의 경로적분을 계산하여라.

(가) $\int_\gamma |z|^2\, dz$, (나) $\int_\gamma (z^2 - 2z + 3)\, dz$.

6. 경로 $\gamma(t) = 1 + t(i-1)$ $(0 \le t \le 1)$에 대하여, 다음의 경로적분을 계산하여라.

(가) $\displaystyle\int_\gamma (z^3 - 3z + 4)\, dz,$ (나) $\displaystyle\int_\gamma \overline{z+1}\, dz.$

7. 다음의 경로 γ에 대한 경로적분

$$\int_\gamma \overline{z}\, dz$$

를 구하여라.

(가) $\gamma(t) = \begin{cases} ti & 0 \le t \le 1\text{일 때}, \\ (t-1) + i & 1 \le t \le 2\text{일 때}, \end{cases}$

(나) $\gamma(t) = t + t^2 i \qquad (0 \le t \le 1),$

(다) $\gamma(t) = \begin{cases} t & 0 \le t \le 1\text{일 때}, \\ 1 + (t-1)i & 1 \le t \le 2\text{일 때}. \end{cases}$

8. 닫힌 경로 $\gamma\colon [0,1] \to \mathbb{C}$에 대하여,

$$\int_\gamma z^3\, dz = 0$$

임을 보여라.

9. 닫힌 경로 γ에 대하여, $\gamma = \gamma_1 + \gamma_2 + \gamma_3 + \gamma_4$이고

$$\begin{aligned} &\gamma_1(t) = t \quad (-2 \le t \le -1), \quad &&\gamma_2(t) = e^{i(\pi - t)} \quad (0 \le t \le \pi), \\ &\gamma_3(t) = t \quad (1 \le t \le 2), &&\gamma_4(t) = 2e^{it} \quad (0 \le t \le \pi) \end{aligned}$$

일 때 $\int_\gamma z/\overline{z}\, dz$를 구하여라.

10. 경로 $\gamma(t) = e^{it}$ $(0 \le t \le \pi)$에 대하여, 경로적분

$$\int_\gamma e^z\, dz$$

를 계산하여라.

11. 경로 $\gamma(t) = 2e^{it}$ $(0 \le t \le \pi)$에 대하여, 다음을 계산하여라.

(가) $\displaystyle\int_\gamma z\,dz$, (나) $\displaystyle\int_\gamma |z|\,dz$,

(다) $\displaystyle\int_\gamma z\,|dz|$, (라) $\displaystyle\int_\gamma |z|\,|dz|$.

12. 경로 $\gamma(t) = 2e^{it}$ $(0 \le t \le \pi)$의 길이를 구하여라.

13. 자연수 n에 대하여,

$$\int_0^{2\pi} \cos^{2n} x\,dx = \frac{1\cdot 3\cdot 5\cdots(2n-1)}{2\cdot 4\cdot 6\cdots(2n)}\cdot 2\pi$$

임을 보여라.

14. 연속함수 $f\colon D \to \mathbb{C}$와 경로 $\gamma\colon [a,b] \to D$에 대하여, 모든 $t \in [a,b]$에 대하여 $|f(\gamma(t))| \le M$인 양의 상수 M이 존재하면

$$\left|\int_\gamma f(z)\,dz\right| \le M\cdot \ell$$

임을 보여라. 여기서 ℓ은 경로 γ의 길이이다.

15. 해석함수 $f\colon D \to \mathbb{C}$, $g\colon D \to \mathbb{C}$와 경로 $\gamma\colon [a,b] \to D$에 대하여,

$$\int_\gamma f(z)g'(z)\,dz = f(\gamma(b))g(\gamma(b)) - f(\gamma(a))g(\gamma(a)) - \int_\gamma f'(z)g(z)\,dz$$

임을 보여라.

16. 경로 $\gamma(t) = e^{it}$ $(0 \le t \le \pi)$에 대하여, 다음의 경로적분을 구하여라.

(가) $\displaystyle\int_\gamma 2ze^z\,dz$, (나) $\displaystyle\int_\gamma z\sin(3z)\,dz$,

(다) $\displaystyle\int_\gamma \frac{z^2+4}{z^3+12z+1}\,dz$, (라) $\displaystyle\int_\gamma \sin^4(2z)\cos(2z)\,dz$.

17. 경로 $\gamma(t) = z_0 + 2e^{it}$ $(0 \le t \le 2\pi)$에 대하여, 경로적분

$$\int_\gamma \frac{1}{z-z_0}\,dz$$

를 계산하여라.

18. 경로 $\gamma(t) = 2e^{it}$ $(0 \le t \le 2\pi)$에 대하여, 경로적분

$$\int_\gamma \frac{2z}{(z-1)(z+1)}\,dz$$

를 구하여라.

19. 경로 $\gamma(t) = 1 + 2e^{it}$ $(0 \le t \le 2\pi)$에 대하여, 경로적분

$$\int_\gamma \frac{z^2}{z^2-4}\,dz$$

를 계산하여라.

20. 경로 $\gamma_1(t) = 1 + 2e^{it}$ $(0 \le t \le 2\pi)$와 경로 $\gamma_2(t) = 2e^{it}$ $(0 \le t \le 2\pi)$에 대하여,

$$\int_{\gamma_1} \frac{1}{3z^2+1}\,dz = \int_{\gamma_2} \frac{1}{3z^2+1}\,dz$$

임을 보여라.

21. 경로 $\gamma(t) = 2e^{it}$ $(0 \le t \le 2\pi)$에 대하여,

$$\int_\gamma \frac{z}{(9-z^2)(z+i)}\,dz = \frac{\pi}{5}$$

임을 보여라.

22. 경로 $\gamma(t) = 3e^{it}$ $(0 \le t \le 2\pi)$에 대하여, 다음 경로적분을 계산하여라.

(가) $\displaystyle\int_\gamma \frac{z^2+2z-5}{(z^2+4)(z^2+2z+2)}\,dz,$

(나) $\displaystyle\int_\gamma \frac{\sin(\pi z)+\cos(\pi z)}{(z-1)(z-2)}\,dz,$

(다) $\displaystyle\int_\gamma \frac{e^{2z}}{(z-1)^3}\,dz.$

23. 단순닫힌 경로 γ의 내부와 경로 위에서 함수 f가 해석적이고 점 z_0이 경로 γ 위에 놓여 있지 않으면,

$$\int_\gamma \frac{f'(z)}{z-z_0}\,dz = \int_\gamma \frac{f(z)}{(z-z_0)^2}\,dz$$

임을 보여라.

24. 단순닫힌 경로 $\gamma\colon [a,b] \to \mathbb{C}$에 대하여, 점 z_0이 다음과 같을 때, 경로적분

$$\int_\gamma \frac{1}{z-z_0}\,dz$$

를 구하여라.

(가) 점 z_0가 γ의 내부에 놓여 있을 때,

(나) 점 z_0가 γ의 외부에 놓여 있을 때.

25. 경로 $\gamma(t) = e^{it}$ $(0 \le t \le 2\pi)$에 대하여, 다음의 경로적분을 구하여라.

(가) $\displaystyle\int_\gamma \frac{\sin z}{z}\,dz$, (나) $\displaystyle\int_\gamma \frac{\sin z}{z^3}\,dz$.

26. 다음의 경로 γ에 대한 경로적분

$$\int_\gamma \frac{z+1}{z(z^2-2)}\,dz$$

를 구하여라.

(가) $\gamma(t) = e^{it}$ $(0 \le t \le 2\pi)$, (나) $\gamma(t) = 2e^{it}$ $(0 \le t \le 2\pi)$.

27. 다음의 경로 γ에 대한 경로적분

$$\int_\gamma \frac{e^{3z}}{z-2}\,dz$$

를 구하여라.

(가) $\gamma(t) = e^{it}$ $(0 \le t \le 2\pi)$, (나) $\gamma(t) = 3e^{it}$ $(0 \le t \le 2\pi)$.

28. 경로 $\gamma(t) = 2e^{it}$ $(0 \le t \le 2\pi)$에 대하여, 다음의 경로적분을 구하여라.

(가) $\displaystyle\int_\gamma \frac{e^{3z}}{z^2+1}\,dz$, (나) $\displaystyle\int_\gamma \frac{e^z}{(z-1)^5}\,dz$.

29. 차수가 n인 다항함수

$$p(z) = a_n(z-z_1)(z-z_2)\cdots(z-z_n)$$

의 모든 영점이 단순닫힌 경로 γ의 내부에 존재할 때, 다음의 경로적분을 구하여라.

(가) $\displaystyle\frac{1}{2\pi i}\int_\gamma \frac{zp'(z)}{p(z)}\,dz$, (나) $\displaystyle\frac{1}{2\pi i}\int_\gamma \frac{z^2p'(z)}{p(z)}\,dz$.

30. 영역 D에 정의된 해석함수 f와 g에 대하여, $fg=0$이면 $f=0$ 또는 $g=0$임을 보여라. 여기서 0은 영함수이다.

31. 영역 $D=\{z\in\mathbb{C} : |z|<1\}$에서 함수

$$f(z) = \int_0^1 \frac{1}{1-tz}\,dt$$

가 해석적임을 보여라.

32. 함수 $f\colon \mathbb{C}\to\mathbb{C}$에 대하여,

(가) f는 연속함수이고

(나) f는 영역 $D=\mathbb{C}-\{z\in\mathbb{C} : \operatorname{Im} z = 0,\ 0\le \operatorname{Re} z\le 1\}$에서 해석적

이면, f는 전해석함수임을 보여라.

33. 전해석함수 f에 대하여,

$$|z|>r\text{인 임의의 복소수 } z\text{에 대하여, } |f(z)|\le a|z|^n$$

인 양의 실수 a와 r 그리고 양의 정수 n이 존재하면, 함수 f는 차수가 n보다 작거나 같은 다항함수임을 보여라.

34. 전해석함수 f에 대하여,

모든 $z\in\mathbb{C}$에 대하여 $\operatorname{Re} f(z) < c$

인 양의 실수 c가 존재하면 f는 상수함수임을 보여라.

35. 전해석함수 f에 대하여, 모든 $z \in \mathbb{C}$에 대하여 $1 \leq |f(z)|$이면 f는 상수함수임을 보여라.

36. 전해석함수 f에 대하여,

$$\text{모든 } z \in \mathbb{C}\text{에 대하여 } f(z+a) = f(z) = f(z+bi)$$

인 양의 실수 a와 b가 존재하면 함수 f는 상수함수임을 보여라.

37. 전해석함수 f에 대하여, 모든 $z \in \mathbb{C}$에서 $|f'(z)| \leq |z|$이면 $f(z) = a + bz^2$인 상수 a와 b가 존재함을 증명하여라.

38. 전해석함수 f에 대하여, 모든 $z \in \mathbb{C}$에 대하여 $|f(z)| \leq |e^z|$이면 $f(z) = ce^z$이고 $|c| \leq 1$인 상수 c가 존재함을 보여라.

39. 다항함수 p에 대하여, 모든 $z \in \mathbb{C}$에 대하여 $|p(z)| \leq |e^z|$이면 p는 영함수임을 보여라.

40. 양의 정수 n과 양의 실수 R과 다항함수 p에 대하여, p가 n차 다항함수이고 p의 영점이 집합 $\{z \in \mathbb{C} : |z| \geq R\}$에 존재하지 않으면, 경로 $\gamma(t) = Re^{it}$ $(0 \leq t \leq 2\pi)$에 대하여,

$$\int_\gamma \frac{p'(z)}{p(z)}\,dz = 2\pi i n$$

임을 보여라.

41. 다항함수 $p(z) = z^5 + 3z^3 + 2z + 2$에 대하여, p의 모든 영점이 영역 $\{z \in \mathbb{C} : |z| < 2\}$에 존재함을 보여라.

42. $a > e$일 때, 경로 $\gamma(t) = e^{it}$ $(0 \leq t \leq 2\pi)$의 내부에는 방정식 $az^n + e^z = 0$의 근이 n개 존재함을 보여라.

43. $a < -1$일 때, 영역 $D = \{z \in \mathbb{C} : \operatorname{Re} z < 0\}$에는 방정식 $e^z - z + a = 0$의 근이 한 개 존재함을 보여라.

44. 함수 $f(z) = z^6 - 4z^3 + 10$의 모든 영점들이 영역 $D = \{z \in \mathbb{C} : 1 < |z| < 2\}$에 존재함을 보여라.

제 5 장

로랑급수과 유수정리

이 장에서는 점 근방에서 해석함수의 형태에 따라서 해석함수의 고립된 특이점을 없앨 수 있는 특이점과 극점 그리고 본질적 특이점으로 분류한다. 또한 원환영역에서 해석함수를 로랑급수로 전개하는 방법을 알아보고, 이를 이용하여 유수정리를 증명한다. 유수정리를 이용하면, 계산하기 어려웠던 여러 형태의 실함수의 적분들을 구할 수 있다.

5.1 원환영역에서의 해석함수에 대한 로랑급수

함수 f가 z_0 근방에서 해석적이면 f를 중심이 z_0인 거듭제곱급수로 나타낼 수 있다. 이 절에서는 f가 원환영역 $D(z_0;r_1,r_2)=\{z\in\mathbb{C}\ :\ r_1<|z-z_0|<r_2\}$에서 해석적인 경우에, f를 중심이 z_0인 급수로 전개시키는 것에 대하여 알아보자.

두 급수 $\sum_{n=0}^{\infty}\alpha_n(z-z_0)^n$와 $\sum_{n=-1}^{-\infty}\alpha_n(z-z_0)^n$의 합

$$\sum_{n=0}^{\infty}\alpha_n(z-z_0)^n+\sum_{n=-1}^{-\infty}\alpha_n(z-z_0)^n$$

을

$$\sum_{n=-\infty}^{\infty}\alpha_n(z-z_0)^n$$

으로 나타낸다. 그러므로 급수 $\sum_{n=-\infty}^{\infty}\alpha_n(z-z_0)^n$이 수렴하려면 두 급수

$$\sum_{n=0}^{\infty}\alpha_n(z-z_0)^n \quad \text{그리고} \quad \sum_{n=-1}^{-\infty}\alpha_n(z-z_0)^n$$

이 모두 수렴하여야 한다.

이제 원환영역에서의 해석함수의 로랑급수에 대하여 알아 보자.

정리 5.1: 원환영역에서의 해석함수의 로랑급수

함수 $f\colon D(z_0;r_1,r_2)\to\mathbb{C}$에 대하여, f가 해석적이면

$$f(z)=\sum_{n=-\infty}^{\infty}\alpha_n(z-z_0)^n$$

이다. 여기서 경로가 $\gamma(t)=z_0+re^{it}(0\le t\le 2\pi,\ r_1<r<r_2)$일 때,

$$\alpha_n=\frac{1}{2\pi i}\int_{\gamma}\frac{f(w)}{(w-z_0)^{n+1}}\,dw$$

이다.

증명 함수 f가 원환영역 $D(z_0;r_1,r_2)$에서 해석적이라고 가정하자. 점 $z\in D(z_0;r_1,r_2)$를 고정하자. $r_1<s_1<|z-z_0|<s_2<r_2$일 때, 경로 $\gamma_1(t)=z_0+s_1e^{it}$ $(0\le t\le 2\pi)$

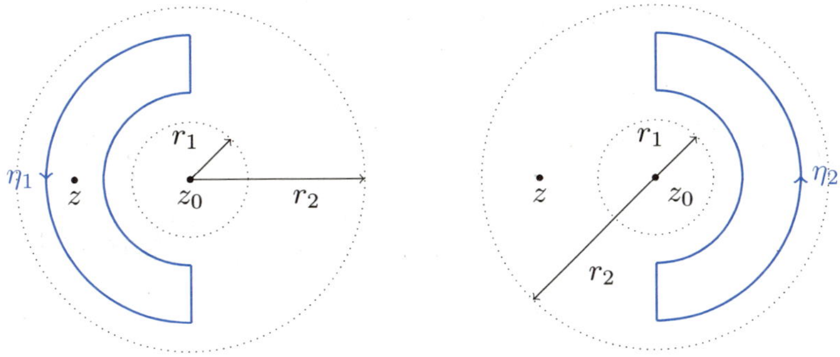

그림 5.1 $D(z_0; r_1, r_2)$에서의 경로 η_1과 η_2

와 경로 $\gamma_2(t) = z_0 + s_2 e^{it}$ $(0 \le t \le 2\pi)$를 정의하자. 그림 5.1에서 η_1과 η_2의 작은 호의 반지름은 s_1이고 큰 호의 반지름은 s_2이고, 두 경로의 선분부분은 정확하게 겹친다고 하자. 그러면 코시적분공식에 따라서

$$f(z) = \frac{1}{2\pi i}\int_{\eta_1} \frac{f(w)}{w-z}\,dw, \qquad 0 = \frac{1}{2\pi i}\int_{\eta_2} \frac{f(w)}{w-z}\,dw$$

이다. 그런데

$$\begin{aligned}\int_{\eta_1} \frac{f(w)}{w-z}\,dw + \int_{\eta_2} \frac{f(w)}{w-z}\,dw &= \int_{\eta_1+\eta_2} \frac{f(w)}{w-z}\,dw = \int_{\gamma_2-\gamma_1} \frac{f(w)}{w-z}\,dw \\ &= \int_{\gamma_2} \frac{f(w)}{w-z}\,dw - \int_{\gamma_1} \frac{f(w)}{w-z}\,dw\end{aligned}$$

이므로

$$f(z) = \frac{1}{2\pi i}\int_{\gamma_2} \frac{f(w)}{w-z}\,dw - \frac{1}{2\pi i}\int_{\gamma_1} \frac{f(w)}{w-z}\,dw$$

이다. 여기서

$$f_2(z) = \frac{1}{2\pi i}\int_{\gamma_2} \frac{f(w)}{w-z}\,dw, \quad f_1(z) = -\frac{1}{2\pi i}\int_{\gamma_1} \frac{f(w)}{w-z}\,dw$$

로 놓자.

$w \in \gamma_2([0, 2\pi])$일 때, $|(z-z_0)/(w-z_0)| < 1$이므로

$$\frac{1}{w-z} = \frac{1}{w-z_0}\cdot\frac{1}{1-\frac{z-z_0}{w-z_0}} = \sum_{n=0}^{\infty}\frac{(z-z_0)^n}{(w-z_0)^{n+1}}$$

이다. 또한 f는 $\gamma_2([0,2\pi])$에서 균등연속이므로

$$f_2(z) = \frac{1}{2\pi i}\int_{\gamma_2}\frac{f(w)}{w-z}\,dw = \frac{1}{2\pi i}\int_{\gamma_2} f(w)\left(\sum_{n=0}^{\infty}\frac{(z-z_0)^n}{(w-z_0)^{n+1}}\right)dw$$
$$= \sum_{n=0}^{\infty}\left(\frac{1}{2\pi i}\int_{\gamma_2}\frac{f(w)}{(w-z_0)^{n+1}}\,dw\right)(z-z_0)^n$$

이다.

$w \in \gamma_1([0,2\pi])$일 때, $|(z-z_0)/(w-z_0)| > 1$이므로

$$\frac{1}{w-z} = \frac{1}{w-z_0}\cdot\frac{1}{1-\frac{z-z_0}{w-z_0}} = \frac{1}{w-z_0}\cdot\frac{1}{-\frac{z-z_0}{w-z_0}}\cdot\frac{1}{1-\left(\frac{z-z_0}{w-z_0}\right)^{-1}}$$
$$= -\sum_{n=-1}^{-\infty}\frac{(z-z_0)^n}{(w-z_0)^{n+1}}$$

이다. 또한 f는 $\gamma_1([0,2\pi])$에서 균등연속이므로

$$f_1(z) = -\frac{1}{2\pi i}\int_{\gamma_1}\frac{f(w)}{w-z}\,dw = -\frac{1}{2\pi i}\int_{\gamma_1} f(w)\left(-\sum_{n=-1}^{-\infty}\frac{(z-z_0)^n}{(w-z_0)^{n+1}}\right)dw$$
$$= \sum_{n=-1}^{-\infty}\left(\frac{1}{2\pi i}\int_{\gamma_1}\frac{f(w)}{(w-z_0)^{n+1}}\,dw\right)(z-z_0)^n$$

이다.

코시정리에 의하여, 임의의 경로 $\gamma(t) = z_0 + re^{it}(r_1 < r < r_2)$에 대하여

$$\frac{1}{2\pi i}\int_{\gamma_2}\frac{f(z)}{(z-z_0)^{n+1}}\,dz = \frac{1}{2\pi i}\int_{\gamma}\frac{f(z)}{(z-z_0)^{n+1}}\,dz = \frac{1}{2\pi i}\int_{\gamma_1}\frac{f(z)}{(z-z_0)^{n+1}}\,dz$$

이므로 증명이 끝난다. □

함수 f가 영역 $D(z_0;r)$에서 해석적이라고 가정하자. 위의 정리에 따라서

$$f(z) = \sum_{n=-\infty}^{\infty}\alpha_n(z-z_0)^n$$

이다. 여기서 $0 < s < r$인 양의 상수 s에 대한 경로 $\gamma(t) = z_0 + se^{it}\,(0 \le t \le 2\pi)$를

생각하면,

$$\alpha_n = \frac{1}{2\pi i}\int_\gamma \frac{f(w)}{(w-z_0)^{n+1}}\,dw$$

이다. 함수 f는 영역 $D(z_0;r)$에서 해석적이므로 $0=\alpha_{-1}=\alpha_{-2}=\alpha_{-3}=\cdots$이다. 따라서,

해석함수의 로랑급수전개는 테일러급수전개의 일반화이다

를 알 수 있다. 특히

$$0=\alpha_{-1}=\frac{1}{2\pi i}\int_\gamma f(w)\,dw$$

이다. 이 등식으로부터

로랑급수정리는 코시의 정리의 확장이다

임을 알 수 있다. 또한

$$f(z_0)=\alpha_0=\frac{1}{2\pi i}\int_\gamma \frac{f(w)}{(w-z_0)}\,dw$$

이다. 이 등식으로부터

로랑급수정리는 코시의 적분공식정리의 확장이다

임을 알 수 있다.

함수 $f(z)=1/(1-z)$는 $z\neq 1$인 모든 점에서 잘 정의되는 해석함수이다. 한편 거듭제곱 급수 $1+z+z^2+z^3+\cdots$은 $|z|<1$일 때 수렴하며, 이때

$$\frac{1}{1-z}=1+z+z^2+z^3+\cdots$$

이다. $1<|z|$일 때는,

$$\frac{1}{1-z}=-\frac{1}{z}\cdot\frac{1}{1-1/z} \quad \text{그리고} \quad \frac{1}{1-1/z}=1+\frac{1}{z}+\frac{1}{z^2}+\cdots$$

이므로

$$\frac{1}{1-z}=-\frac{1}{z}-\frac{1}{z^2}-\frac{1}{z^3}-\cdots$$

이다.

예제 5.1. 함수 $f(z) = 1/(z-1)(z-2)$에 대하여, 다음의 영역에서 f의 중심이 0인 로랑급수를 구하여라.

(가) $D_1 = \{z \in \mathbb{C} : 0 < |z| < 1\}$,

(나) $D_2 = \{z \in \mathbb{C} : 1 < |z| < 2\}$,

(다) $D_3 = \{z \in \mathbb{C} : 2 < |z|\}$.

풀이 점 1과 2는 f의 단순극점이다. 중심이 0인 f의 로랑급수를 구하자.

(가) $0 < |z| < 1$일 때, $|z| < 1$이고 $|z/2| < 1$이므로,

$$\begin{aligned} f(z) &= \frac{1}{(z-1)(z-2)} \\ &= \frac{1}{2(1-z)(1-z/2)} \\ &= \frac{1}{2}(1+z+z^2+z^3+\cdots)\left(1+\frac{z}{2}+\frac{z^2}{4}+\frac{z^3}{8}+\cdots\right) \\ &= \frac{1}{2}+\frac{3}{4}z+\frac{7}{8}z^2+\cdots \end{aligned}$$

이다.

(나) $1 < |z| < 2$일 때, $|z| > 1$이고 $|z/2| < 1$이므로,

$$\begin{aligned} f(z) &= \frac{1}{(z-1)(z-2)} \\ &= \frac{1}{2(1-z)(1-z/2)} \\ &= \frac{1}{-2z(1-1/z)(1-z/2)} \\ &= -\frac{1}{2z}\left(1+\frac{1}{z}+\frac{1}{z^2}+\frac{1}{z^3}+\cdots\right)\left(1+\frac{z}{2}+\frac{z^2}{4}+\frac{z^3}{8}+\cdots\right) \\ &= -\frac{1}{2z}\left(\cdots+\frac{2}{z^2}+\frac{2}{z}+2+z+\frac{z^2}{2}+\frac{z^3}{4}+\cdots\right) \\ &= \cdots-\frac{1}{z^3}-\frac{1}{z^2}-\frac{1}{z}-\frac{1}{2}-\frac{z}{4}-\frac{z^2}{8}+\cdots \end{aligned}$$

이다.

(다) $2 < |z|$일 때, $1 < |z|$이고 $1 < |z/2|$이므로,

$$\begin{aligned} f(z) &= \frac{1}{(z-1)(z-2)} \\ &= \frac{1}{z^2(1-1/z)(1-2/z)} \\ &= \frac{1}{z^2}\left(1+\frac{1}{z}+\frac{1}{z^2}+\frac{1}{z^3}+\cdots\right)\left(1+\frac{2}{z}+\frac{4}{z^2}+\frac{8}{z^3}+\cdots\right) \\ &= \frac{1}{z^2}\left(1+\frac{3}{z}+\frac{7}{z^2}+\frac{15}{z^3}\cdots\right) \\ &= \frac{1}{z^2}+\frac{3}{z^3}+\frac{7}{z^4}+\frac{15}{z^5}+\cdots \end{aligned}$$

이다. □

5.2 고립된 특이점

5.2.1 고립된 특이점의 분류

이 절에서는 해석함수의 고립된 특이점을 정의하고, 이 점 근방에서 해석함수의 형태에 따라서 고립된 특이점을 분류한다.

정의 5.1: 해석함수의 고립된 특이점

함수 f와 점 $z_0 \in \mathbb{C}$에 대하여,

(가) f가 $D(z_0; r) - \{z_0\}$에서 해석적이지만

(나) f가 z_0에서 정의되지 않거나 해석적이지 않은

양의 실수 r이 존재하면, z_0은 f의 **고립된 특이점**이라고 한다.

예제 5.2. 함수 $f(z) = \dfrac{z}{(z+1)(z-1)}$의 고립된 특이점을 찾아라.

풀이 함수 f는 1과 -1에서 정의되지 않고 다른 모든 점에서 해석적이므로, 1과 -1이 f의 고립된 특이점이다. □

예제 5.3. 함수 $f(z) = \dfrac{1}{\sin(\pi/z)}$의 고립된 특이점을 찾아라.

풀이 함수 f는 점 0과 $1/n\,(n = \pm1, \pm2, \ldots)$에서 정의되지 않고 다른 모든 점에서는 해석적이다. 이때 $1/n\,(n = \pm1, \pm2, \ldots)$은 f의 고립된 특이점이지만, 0은 $\{1/n : n = \pm1, \pm2, \ldots\}$의 쌓인점이므로 0은 f의 고립된 특이점이 아니다. □

예제 5.4. 점 0이 로그의 주분지 $\operatorname{Log} z$의 고립된 특이점인지 판별하여라.

풀이 로그의 주분지 Log의 분지절단은 $\{z \in \mathbb{C} : \operatorname{Im} z = 0, \operatorname{Re} z \leq 0\}$이고, 로그의 주분지 Log는 분지절단에서 정의되지 않는다. 그런데, 점 0은 분지절단의 쌓인점이므로, 0은 로그의 주분지 $\operatorname{Log} z$의 고립된 특이점이 아니다. □

고립된 특이점 근방에서 함수는 여러 가지 형태를 취한다. 이것을 바탕으로 고립된 특이점을 분류하고, 분류된 고립된 특이점의 성질을 알아보자.

정의 5.2: 해석함수의 고립된 특이점의 분류

해석함수 f의 고립된 특이점 z_0에 대하여, 다음을 정의한다.

(가) 모든 점 $z \in D(z_0; r) - \{z_0\}$에서 $g(z) = f(z)$인, $D(z_0; r)$에서 해석적인 함수 g와 양의 상수 r이 존재하면, z_0은 f의 **없앨 수 있는 특이점**이라고 한다.

(나) $\lim_{z \to z_0} f(z) = \infty$이면, z_0은 f의 **극점**이라고 한다.

(다) z_0이 f의 없앨 수 있는 특이점도 아니고 극점도 아니면, z_0은 f의 **본질적 특이점**이라고 한다.

점 z_0이 f의 고립된 특이점일 때, 위의 정의에 따라서 z_0은 f의 없앨 수 있는 특이점이거나 극점이거나 본질적 특이점 중 하나만 해당한다.

예제 5.5. 함수 $f(z) = (z^2 - 1)/(z - 1)$에 대하여, f의 고립된 특이점을 구하고 그 점이 어떤 특이점인지 판별하여라.

풀이 함수 $f(z) = (z^2 - 1)/(z - 1)$에 대하여, $z = 1$일 때 분모가 0이므로 f는 1에서 정의되지 않는다. $z \neq 1$일 때 $f(z) = z + 1$이므로 f는 $\mathbb{C} - \{1\}$에서 해석적이다. 따라서 1은 f의 고립된 특이점이다. 한편, $g(z) = z + 1$로 놓으면, g는 모든 점에서 해석적이고, $z \neq 1$일 때 $g(z) = f(z)$이므로, 1은 f의 없앨 수 있는 특이점이다. □

예제 5.6. 함수 $f(z) = 1/z$에 대하여, f의 고립된 특이점을 구하고 그 점이 어떤 특이점인지 판별하여라.

풀이 함수 $f(z) = 1/z$에 대하여, $z = 0$일 때 분모가 0이므로 f는 0에서 정의되지 않고 f는 $\mathbb{C} - \{0\}$에서 해석적이다. 그리고

$$\lim_{z \to 0} f(z) = \infty$$

이므로, 0은 f의 극점이다. □

예제 5.7. 함수 $f(z) = \exp(1/z)$에 대하여, f의 고립된 특이점을 구하고 그 점이 어떤 특이점인지 판별하여라.

풀이 함수 $f(z) = \exp(1/z)$에 대하여, f는 0에서 정의되지 않는다. 그렇지만 $g(z) = 1/z$는 0이 아닌 모든 점에서 해석적이고, $h(z) = \exp z$는 모든 점에서 해석적이므로, 연쇄법칙에 의하여 $f = h \circ g$는 0이 아닌 모든 점에서 해석적이다. 따라서, 0은 f의 고립된 특이점이다. 한편,

$$\lim_{n\to\infty} \frac{1}{2\pi ni} = 0 = \lim_{n\to\infty} \frac{1}{\pi(2n+1)i}$$

이지만,

$$\lim_{n\to\infty} f\left(\frac{1}{2\pi ni}\right) = \exp(2\pi ni) = 1$$

그리고

$$\lim_{n\to\infty} f\left(\frac{1}{\pi(2n+1)i}\right) = \exp(\pi(2n+1)i) = -1$$

이므로, 0은 f의 없앨 수 있는 특이점도 아니고 극점도 아니다. 따라서, 0은 f의 본질적 특이점이다. □

5.2.2 없앨 수 있는 특이점

점 z_0이 함수 f의 고립된 특이점일 때, z_0이 f의 없앨 수 있는 특이점인지 아닌지를 판별하는 것은 비교적 간단하다.

정리 5.2: 고립된 특이점에 대한 없앨 수 있는 특이점의 판별법

해석함수 f의 고립된 특이점 z_0에 대하여, 다음은 논리적으로 동치이다.

(가) z_0은 f의 없앨 수 있는 특이점이다.

(나) 극한 $\lim_{z\to z_0} f(z)$가 존재한다.

(다) $\lim_{z\to z_0}(z - z_0)\cdot f(z) = 0$.

증명 (가) → (나). z_0이 f의 없앨 수 있는 특이점이라고 가정하자. 그러면, 모든 $z \in D(z_0; r) - \{z_0\}$에서 $g(z) = f(z)$이고 $D(z_0; r)$에서 해석적인 함수 g와 양의 실수 r이

존재한다. 따라서

$$\lim_{z\to z_0} f(z) = \lim_{z\to z_0} g(z) = g(z_0)$$

이다.

(나) → (다). $\lim_{z\to z_0} f(z) = w_0$인 상수 w_0가 존재한다고 가정하자. 그러면

$$\lim_{z\to z_0} (z - z_0)\cdot f(z) = 0\cdot w_0 = 0$$

이다.

(다) → (가). 이제 $\lim_{z\to z_0}(z-z_0)\cdot f(z) = 0$이라고 가정하자. z_0은 f의 고립된 특이점이므로, $D(z_0;r)-\{z_0\}$에서 f가 해석적인 양의 실수 r이 존재한다. 영역 $D(z_0;r)$에서 함수 h

$$h(z) = \begin{cases} (z-z_0)\cdot f(z), & z \neq z_0\text{일 때},\\ 0, & z = z_0\text{일 때}\end{cases}$$

으로 정의하자. 그러면 조건 $\lim_{z\to z_0}(z-z_0)\cdot f(z) = 0$으로부터 함수 h는 $D(z_0;r)$에서 연속임을 알 수 있다. h가 $D(z_0;r)$에서 연속함수이고 $D(z_0;r)-\{z_0\}$에서 해석함수이므로, 모레라의 정리에 따라서 h는 영역 $D(z_0;r)$에서 해석함수이다. 그런데 z_0은 h의 영점이므로 $h(z) = (z-z_0)\cdot g(z)$인, 영역 $D(z_0;r)$에서 해석적인 함수 g가 존재한다. 영역 $D(z_0;r)-\{z_0\}$에서

$$g(z) = \frac{h(z)}{z-z_0} = f(z)$$

이므로, z_0은 f의 없앨 수 있는 특이점이다. □

실함수들에 대해서는, 정리 5.2가 성립하지 않는다.

보기 5.1. 함수 $f(x) = |x|$에 대하여, f는 0 이외의 점에서 미분가능하다. 또한, $\lim_{x\to 0} f(x) = 0$이지만 f는 0에서 미분가능하지 않다.

보기 5.2. 함수 $g(x) = 1/|x|^{1/2}$에 대하여, g는 0 이외의 점에서 미분가능하다. 함수 g는 0에서 정의되지 않지만 $\lim_{x\to 0} g(x) = \infty$ 그리고 $\lim_{x\to 0} x\cdot g(x) = 0$이다.

예제 5.8. 함수 $f(z) = \sin z/z$에 대하여, 0은 f의 없앨 수 있는 특이점임을 보여라.

풀이 함수 $f(z) = \sin z/z$에 대하여, f는 0을 제외한 점에서 해석적이지만 0에서는 정의되지 않는다. 따라서, 0은 f의 고립된 특이점이다. 그런데

$$\lim_{z\to 0}(z-0)\cdot f(z) = \lim_{z\to 0}\sin z = 0$$

이므로, 0은 f의 없앨 수 있는 특이점이다. □

함수 $f(z) = \sin z/z$를 다른 방식으로 살펴보면,

$$\sin z = z - \frac{z^3}{3!} + \frac{z^5}{5!} - \cdots = z\cdot\left(1 - \frac{z^2}{3!} + \frac{z^4}{5!} - \cdots\right)$$

이므로 0이 $\sin z$의 중복도가 1인 영점임을 알 수 있다. 따라서

$$g(z) = \begin{cases} \dfrac{\sin z}{z}, & z \neq 0\text{인 경우,} \\ 1. & z = 0\text{인 경우} \end{cases}$$

로 놓으면 g는 복소평면 전체에서 해석적이며 $z \neq 0$일 때 $g(z) = f(z)$이다. 그러므로 0은 f의 없앨 수 있는 특이점이다.

5.2.3 극점

점 z_0이 함수 f의 고립된 특이점일 때, z_0이 f의 극점인지 아닌지를 판별하는 방법은 없앨 수 있는 특이점의 경우와 비슷하다.

정리 5.3: 고립된 특이점에 대한 극점의 판별법

해석함수 f의 고립된 특이점 z_0에 대하여,

(가) 모든 $z \in D(z_0;r) - \{z_0\}$에서 $f(z) = \dfrac{h(z)}{(z-z_0)^m}$이고,

(나) 모든 $x \in D(z_0;r)$에서 $h(z) \neq 0$

인, $D(z_0;r)$에서 해석적인 함수 h와 양의 정수 m과 양의 실수 r이 존재함은 z_0이 f의 극점이기 위한 필요충분조건이다.

증명 해석함수 f의 고립된 특이점 z_0에 대하여,

$$\text{모든 } z \in D(z_0;r) - \{z_0\}\text{에서 } f(z) = \frac{h(z)}{(z-z_0)^m}$$

그리고

$$\text{모든 } x \in D(z_0;r)\text{에서 } h(z) \neq 0$$

인, $D(z_0;r)$에서 해석적인 함수 h와 양의 정수 m과 양의 실수 r이 존재하다고 가정하자. 그러면

$$\lim_{z\to z_0} f(z) = \lim_{z\to z_0} \frac{h(z)}{(z-z_0)^m} = \infty$$

이므로, z_0은 f의 극점이다.

점 z_0이 f의 극점이라고 가정하자. z_0은 f의 고립된 특이점이고 $\lim_{z\to z_0} f(z) = \infty$이므로, 모든 $z \in D(z_0;r_1) - \{z_0\}$에서 f는 해석적이고 $f(z) \neq 0$인, 양의 실수 r_1이 존재한다. 이때, z_0는 $1/f$의 고립된 특이점이며,

$$\lim_{z\to z_0} (z-z_0) \cdot \frac{1}{f(z)} = 0$$

이므로, 정리 5.2에 따라서 z_0은 $1/f$의 없앨 수 있는 특이점이다. 즉, $D(z_0;r_2) - \{z_0\}$에서 $1/f(z) = g(z)$인 $D(z_0;r_2)$에서 해석적인 함수 g와 양의 실수 r이 존재한다. z_0이 f의 극점이므로,

$$g(z_0) = \lim_{z\to z_0} g(z) = \lim_{z\to z_0} \frac{1}{f(z)} = 0,$$

즉 z_0은 g의 영점이다. 이때의 영점의 중복도를 m으로 놓으면, m은 양의 정수이며

$$g(z) = (z-z_0)^m k(z),$$
$$\text{모든 } z \in D(z_0;r)\text{에 대하여 } k(z) \neq 0$$

인, $D(z_0;r)$에서 해석적인 함수 k와 양의 실수 r이 존재한다. 그러므로 $D(z_0;r)$에서 함수 $h(z) = 1/k(z)$는 해석적이며, $D(z_0;r) - \{z_0\}$에서

$$f(z) = \frac{1}{g(z)} = \frac{1}{(z-z_0)^m k(z)} = \frac{h(z)}{(z-z_0)^m}$$

이다. □

점 z_0이 해석함수 f의 극점일 때, z_0 근방에서 z_0은 함수 $1/f$의 영점이고 영점의

중복도는 유일하므로, 정리 5.3에서의 양의 정수 m은 유일하게 존재한다. 해석함수의 중복도를 정의하자.

정의 5.3: 해석함수의 극점의 중복도

해석함수 f의 고립된 특이점 z_0에 대하여,

(가) 모든 $z \in D(z_0; r) - \{z_0\}$에서 $f(z) = \dfrac{h(z)}{(z-z_0)^m}$이고,

(나) 모든 $x \in D(z_0; r)$에서 $h(z) \neq 0$

인, $D(z_0; r)$에서 해석적인 함수 h와 양의 정수 m과 양의 실수 r이 존재하면 z_0은 f의 **중복도가** m**인 극점**이라고 한다. 특히, 중복도가 1인 극점을 **단순극점**이라고 한다.

보기 5.3. 양의 정수 m에 대하여, 0은 함수 $f(z) = 1/z^m$의 중복도가 m인 극점이다.

점 z_0이 해석함수 f의 중복도가 m인 극점이라고 가정하자. 그러면, $D(z_0; r) - \{z_0\}$에서

$$f(z) = \frac{h(z)}{(z-z_0)^m}, \qquad h(z_0) \neq 0$$

인, $D(z_0; r)$에서 해석적인 함수 h와 양의 실수 m이 존재한다. 함수 h를 중심이 z_0인 거듭제곱급수로 나타내면

$$h(z) = \alpha_{-m} + \alpha_{-m+1}(z-z_0) + \cdots + \alpha_{-1}(z-z_0)^{m-1} + (z-z_0)^m \sum_{k=0}^{\infty} \alpha_k (z-z_0)^k$$

인, 0이 아닌 상수 α_{-m}과 임의의 상수 $\alpha_{-m+1}, \ldots, \alpha_{-1}, \alpha_0, \alpha_1, \ldots$이 존재한다. 그러므로, $D(z_0; r) - \{z_0\}$에서

$$f(z) = \frac{\alpha_{-m}}{(z-z_0)^m} + \frac{\alpha_{-m+1}}{(z-z_0)^{m-1}} + \cdots + \frac{\alpha_{-1}}{(z-z_0)} + \alpha_0 + \alpha_1(z-z_0) + \alpha_2(z-z_0)^2 + \cdots$$

이다. 이때,

$$\frac{\alpha_{-m}}{(z-z_0)^m} + \frac{\alpha_{-m+1}}{(z-z_0)^{m-1}} + \cdots + \frac{\alpha_{-1}}{(z-z_0)}$$

를 점 z_0에서 f의 **특이부분**이라고 한다.

예제 5.9. 함수 $f(z) = e^z/z^3$에 대하여, 극점 0의 중복도를 구하고 f의 특이부분을 구하여라.

풀이 함수 f는 0이외의 점에서 해석적이고 $\lim_{z\to 0} e^z/z^3 = \infty$이므로, 0은 f의 극점이다. $z \neq 0$일 때,

$$\begin{aligned} f(z) &= \frac{1 + z + z^2/2 + z^3/6 + z^4/24 + \cdots}{z^3} \\ &= \frac{1}{z^3} + \frac{1}{z^2} + \frac{1}{2z} + \frac{1}{6} + \frac{1}{24}z + \cdots \end{aligned}$$

이므로, 0은 f의 중복도가 3인 극점이고,

$$\frac{1}{z^3} + \frac{1}{z^2} + \frac{1}{2z}$$

이 0에서 f의 특이부분이다. □

5.2.4 본질적 특이점

점 z_0가 함수 f의 없앨 수 있는 특이점이거나 극점이면, 확장된 복소평면 $\mathbb{C}_\infty = \mathbb{C} \cup \{\infty\}$에서 z_0은 본질적으로 특이점이 아니라고 이해할 수 있다. 왜냐하면, z_0이 f의 없앨 수 있는 특이점인 경우 점 z_0에서 함숫값을 정의하여 f가 z_0에서 해석적이게 할 수 있으며, z_0이 f의 극점인 경우 점 z_0 근방에서 z_0은 함수 $1/f$의 영점이기 때문이다.

점 z_0이 f의 본질적 특이점일 때는, z_0이 단순히 f의 없앨 수 있는 특이점이거나 극점이 아니라는 것보다 더 강력한 성질이 있다.

정리 5.4: (카소라티-바이어슈트라스) 고립된 특이점에 대한 본질적 특이점의 판별법

해석함수 f의 고립된 특이점 z_0에 대하여,

$$\forall r > 0, \ \overline{f(D(z_0; r) - \{z_0\})} = \mathbb{C}$$

은 점 z_0이 f의 본질적 특이점이기 위한 필요충분조건이다.

증명 임의의 양의 실수 r에 대하여 $\overline{f(D(z_0; r) - \{z_0\})} = \mathbb{C}$이라고 가정하자. 그러면 점 z_0에서의 극한 $\lim_{z\to z_0} f(z)$가 확장된 복소평면에 존재하지 않는다. 따라서 z_0은 f

의 없앨 수 있는 특이점도 아니고 극점도 아니므로, z_0은 f의 본질적 특이점이다.

해석함수 f에 대하여, $\overline{f(D(z_0;r)-\{z_0\})} \neq \mathbb{C}$인 양의 실수 r이 존재한다고 가정하자. 그러면 $\mathbb{C}-\overline{f(D(z_0;r)-\{z_0\})}$는 공집합이 아니면서 열린 집합이므로, $0<|z-z_0|<r$이면 $|f(z)-w_0| \geq s$인 복소수 w_0와 양의 실수 s가 존재한다. 영역 $D(z_0;r)-\{z_0\}$에서

$$g(z) = \frac{1}{f(z)-w_0}$$

로 놓으면, g는 해석함수이며, z_0은 g의 고립된 특이점이다. 그런데

$$|g(z)| = \left|\frac{1}{f(z)-w_0}\right| \leq \frac{1}{s}$$

이므로

$$\lim_{z\to z_0}(z-z_0)g(z) = 0$$

이다. 즉, 정리 5.2에 따라서 z_0은 g의 없앨 수 있는 특이점이다. 따라서 g는 $D(z_0;r)$에 정의된 해석함수라고 할 수 있다. 함수 g를 중심이 z_0인 거듭제곱급수로 나타내면

$$g(z) = \frac{1}{f(z)-w_0} = \alpha_0 + \alpha_1(z-z_0) + \alpha_2(z-z_0)^2 + \cdots$$

이다. 이제 점 z_0이 f의 없앨 수 있는 특이점이거나 극점임을 보이면 증명이 완성된다. 먼저 $\alpha_0 \neq 0$인 경우를 생각하자. 그러면

$$f(z) - w_0 = \frac{1}{\alpha_0 + \alpha_1(z-z_0) + \alpha_2(z-z_0)^2 + \cdots}$$

은 z_0 근방에서 해석적이므로

$$f(z) = w_0 + \frac{1}{\alpha_0 + \alpha_1(z-z_0) + \alpha_2(z-z_0)^2 + \cdots}$$

은 z_0 근방에서 해석적이다. 다시 말하면, z_0는 f의 없앨 수 있는 특이점이다. 다음으로 $\alpha_0 = \cdots = \alpha_{m-1} = 0$이고 $\alpha_m \neq 0$인, 자연수 m이 존재하는 경우를 생각하자. 그러면

$$f(z) - w_0 = \frac{1}{\alpha_m(z-z_0)^m + \alpha_{m+1}(z-z_0)^{m+1} + \cdots}$$

이므로

$$(f(z)-w_0)(z-z_0)^m = \frac{1}{\alpha_m + \alpha_{m+1}(z-z_0) + \alpha_{m+2}(z-z_0)^2 + \cdots}$$

은 z_0 근방에서 해석적이다. 즉

$$(f(z)-w_0)(z-z_0)^m = \beta_0 + \beta_1(z-z_0) + \beta_2(z-z_0)^2 + \cdots$$

인 상수 $\beta_0(\neq 0), \beta_1, \beta_2, \ldots$이 존재한다. 그러므로

$$\begin{aligned} f(z) = \frac{\beta_0}{(z-z_0)^m} + \cdots + \frac{\beta_{m-1}}{z-z_0} + \beta_m \\ + w_0 + \beta_{m+1}(z-z_0) + \beta_{m+2}(z-z_0)^2 + \cdots \end{aligned}$$

이다. 즉, z_0은 f의 중복도가 m인 극점이다. □

해석함수 f의 고립된 특이점 z_0에 대하여,

$$\forall r > 0,\ \overline{f(D(z_0;r) - \{z_0\})} = \mathbb{C}$$

는

임의의 복소수 w_0에 대하여,

$$\lim_{n\to\infty} z_n = z_0, \qquad \lim_{n\to\infty} f(z_n) = w_0$$

인 수열 (z_n)이 존재한다

이기 위한 필요충분조건이다. 따라서 카소라티-바이어슈트라스의 정리를 다음과 같이 나타낼 수도 있다.

따름정리 5.5: 고립된 특이점에 대한 본질적 특이점의 판별법

해석함수 f의 고립된 특이점 z_0에 대하여,

'임의의 복소수 w_0에 대하여, $\lim_{n\to\infty} z_n = z_0$, $\lim_{n\to\infty} f(z_n) = w_0$ 인 수열 (z_n)이 존재한다'

는 z_0이 f의 본질적 특이점이기 위한 필요충분조건이다.

참고 5.1: 피카르의 대정리

피카르는 카소라티-바이어슈트라스의 정리를 더욱 발전시켰다. 점 z_0이 f의 본질적 특이점이면, 임의의 양의 실수 r에 대하여 집합 $f(D(z_0;r) - \{z_0\})$는 복소평면 전체이거나 복소평면에서 한 점이 빠진 집합이다. 이것을 **피카르의 대정리**라고 한다.

5.2.5 로랑급수를 이용한 고립된 특이점의 분류

로랑급수의 계수들을 통하여, 해석함수의 고립된 특이점을 분류할 수 있다.

따름정리 5.6: 고립된 특이점과 로랑급수

원환영역 $D(z_0;0,r) = \{z \in \mathbb{C} : 0 < |z - z_0| < r\}$에서 해석적인 함수 f의 로랑급수가 $f(z) = \sum_{n=-\infty}^{\infty} \alpha_n (z - z_0)^n$이면, 다음이 성립한다.

(가) 모든 $n \leq -1$에 대하여 $\alpha_n = 0$인 것은 점 z_0이 f의 없앨 수 있는 특이점이기 위한 필요충분조건이다.

(나) $\alpha_{-m} \neq 0$이고 모든 정수 $n \leq -(m+1)$에 대하여 $\alpha_n = 0$인 양의 정수 m이 존재하는 것은 점 z_0이 f의 극점이기 위한 필요충분조건이다.

(다) 무수히 많은 음의 정수 n에 대하여 $\alpha_n \neq 0$인 것은 점 z_0이 f의 본질적 특이점이기 위한 필요충분조건이다.

예제 5.10. 함수 $f(z) = \sin z / z^2$에 대하여, 0이 f의 단순극점임을 보여라.

풀이 $\sin z$를 중심이 0인 거듭제곱급수로 나타내면

$$\sin z = z - \frac{z^3}{3!} + \frac{z^5}{5!} - \frac{z^7}{7!} + \cdots$$

이므로, f를 로랑급수전개하면

$$\frac{\sin z}{z^2} = \frac{1}{z} - \frac{z}{3!} + \frac{z^3}{5!} - \frac{z^5}{7!} + \cdots$$

이다. 따라서 0은 f의 단순극점이다. □

예제 5.11. 함수 $f(z) = e^{1/z}$에 대하여, 0이 f의 본질적 특이점임을 보여라.

풀이 함수 f의 중심이 0인 로랑급수를 구하자. e^z를 중심이 0인 테일러급수로 전개하면

$$e^z = 1 + z + \frac{z^2}{2!} + \frac{z^3}{3!} + \cdots$$

이다. 이 식에 z 대신에 $1/z$를 대입하면

$$e^{1/z} = 1 + \frac{1}{z} + \frac{1}{2!} \cdot \frac{1}{z^2} + \frac{1}{3!} \cdot \frac{1}{z^3} + \cdots$$

이다. 따라서 0은 f의 본질적 특이점이다. □

5.3 편각원리

제3장에서 해석함수에 대한 편각원리를 살펴보았다. 편각원리는 극점들을 포함하는 함수들에게도 적용된다.

단일연결영역 D에 정의된 상수함수가 아닌 함수 $f : D \to \mathbb{C}_\infty$와 점 $w_0 \in \mathbb{C}$에 대하여,

$$f(z) = w_0 + \frac{(z - z_1)(z - z_2)\cdots(z - z_m)}{(z - w_1)(z - w_2)\cdots(z - w_\ell)} g(z)$$

이고

$$\forall z \in D,\ g(z) \neq 0$$

인 점 $z_1, z_2, \ldots, z_m, w_1, w_2, \ldots, w_\ell \in D$와 해석함수 $g\colon D \to \mathbb{C}$가 존재한다고 가정하자. 그러면 f의 도함수가

$$\begin{aligned} f'(z) =& (z - z_2) \cdot (z - z_3) \cdots (z - z_m) \cdot \frac{1}{z - w_1} \cdots \frac{1}{z - w_\ell} \cdot g(z) \\ &+ (z - z_1) \cdot (z - z_3) \cdots (z - z_m) \cdot \frac{1}{z - w_1} \cdots \frac{1}{z - w_\ell} \cdot g(z) \\ &\vdots \\ &+ (z - z_1) \cdots (z - z_{m-1}) \cdot \frac{1}{z - w_1} \cdots \frac{1}{z - w_\ell} \cdot g(z) \\ &- (z - z_1) \cdots (z - z_m) \cdot \frac{1}{(z - w_1)^2} \cdot \frac{1}{z - w_2} \cdots \frac{1}{z - w_\ell} \cdot g(z) \\ &\vdots \\ &- (z - z_1) \cdots (z - z_m) \cdot \frac{1}{z - w_1} \cdots \frac{1}{z - w_{\ell-1}} \cdot \frac{1}{(z - w_\ell)^2} \cdot g(z) \\ &+ (z - z_1)) \cdots (z - z_m) \cdot \frac{1}{z - w_1} \cdots \frac{1}{z - w_\ell} \cdot g'(z) \end{aligned}$$

이므로

$$\frac{f'(z)}{f(z) - w_0} = \frac{1}{z - z_1} + \frac{1}{z - z_2} + \cdots + \frac{1}{z - z_m} - \frac{1}{z - w_1} - \cdots - \frac{1}{z - w_\ell} + \frac{g'(z)}{g(z)}$$

이다. 점 $z_1, \ldots, z_m, w_1, \ldots, w_\ell$이 닫힌 경로 $\gamma\colon [a, b] \to D$의 상에 놓여 있지 않으면,

$$\int_\gamma \frac{g'(z)}{g(z)}\, dz = 0$$

이므로

$$\int_\gamma \frac{f'(z)}{f(z)-w_0}\,dz = \int_\gamma \frac{1}{z-z_1}\,dz + \cdots + \int_\gamma \frac{1}{z-z_m}\,dz \\ - \int_\gamma \frac{1}{z-w_1}\,dz - \cdots - \int_\gamma \frac{1}{z-w_\ell}\,dz$$

이다. 따라서, $\sigma = f \circ \gamma$로 놓으면

$$n(\sigma; w_0) = \frac{1}{2\pi i}\int_\sigma \frac{1}{w-w_0}\,dw = \frac{1}{2\pi i}\int_\gamma \frac{f'(z)}{f(z)-w_0}\,dz \\ = \sum_{k=1}^{m} n(\gamma; z_k) - \sum_{k=1}^{\ell} n(\gamma; w_k)$$

이다. 위의 내용을 정리하면 다음과 같다.

정리 5.7: (편각원리) 해석함수에 따른 점에 대한 경로의 지표의 변화

단일연결영역 D에 정의된 상수함수가 아닌 함수 $f: D \to \mathbb{C}_\infty$와 점 $w_0 \in \mathbb{C}$에 대하여,

$$f(z) = w_0 + \frac{(z-z_1)(z-z_2)\cdots(z-z_m)}{(z-w_1)(z-w_2)\cdots(z-w_\ell)}g(z)$$

이고

$$\forall z \in D,\ g(z) \neq 0$$

인 점 $z_1, z_2, \ldots, z_m, w_1, w_2, \ldots, w_\ell \in D$와 해석함수 $g: D \to \mathbb{C}$가 존재하고, 점 $z_1, \ldots, z_m, w_1, \ldots, w_\ell$이 닫힌 경로 $\gamma: [a,b] \to D$의 상 위에 놓여 있지 않으면,

$$n(f \circ \gamma; w_0) = \sum_{k=1}^{m} n(\gamma, z_k) - \sum_{k=1}^{\ell} n(\gamma, w_k)$$

이다.

극점들을 포함하는 해석함수들에게로 확장된 편각원리에 따라서, 루셰의 정리를 다음과 같이 확장할 수 있다.

정리 5.8: (루셰) 단순단힌 경로 내부에 존재하는 해석함수의 영점과 극점

단일연결영역 D에 정의된, 유한개의 극점들을 제외하면 해석적인 함수 $f\colon D \to \mathbb{C}$와 $g\colon D \to \mathbb{C}$와 단순닫힌 경로 $\gamma\colon [a,b] \to D$에 대하여,

(가) f와 g의 영점들과 극점들이 곡선 γ 위에 놓여 있지 않으며

(나) $\forall t \in [a,b]$, $|f(\gamma(t)) + g(\gamma(t))| < |f(\gamma(t))| + |g(\gamma(t))|$

이면,

$$Z_f - P_f = Z_g - P_g$$

이다. 여기서 Z_f와 Z_g는 각각 곡선 γ 내부에 존재하는 f와 g의 영점들의 중복도를 포함한 개수이고, P_f와 P_g는 각각 곡선 γ 내부에 존재하는 f와 g의 극점들의 중복도를 포함한 개수이다.

극점들을 포함하는 해석함수들에게로 확장된 편각원리에 의하여, 후르비츠의 정리를 다음과 같이 확장할 수 있다.

정리 5.9: (후르비츠) 단순닫힌 경로 내부에 존재하는 함수열의 영점과 극점

단일연결영역 D에 정의된, 유한개의 극점들을 제외하면 해석적인 함수 $f\colon D \to \mathbb{C}$와 해석함수들의 함수열 $f_n\colon D \to \mathbb{C}$와 단순닫힌 경로 $\gamma\colon [a,b] \to D$에 대하여,

(가) 함수열 (f_n)이 f에 수렴하고

(나) f의 영점과 극점이 곡선 γ 위에 존재하지 않는다

고 가정하면,

$$n \geq N\text{이면 } Z_{f_n} - P_{f_n} = Z_f - P_f$$

인 자연수 N이 존재한다. 여기서 Z_{f_n}와 Z_f는 각각 경로 γ 내부에 존재하는 f_n과 f의 영점들의 중복도를 포함한 개수이고, P_{f_n}와 P_f는 각각 경로 γ 내부에 존재하는 f_n와 f의 극점들의 중복도를 포함한 개수이다.

5.4 유수정리

점 z_0이 함수 f의 고립적 특이점이고, 원환영역 $D(z_0;0,r)$에서 f가 해석적이면, z_0을 중심으로 하는 f의 로랑급수는 $f(z)=\sum_{n=-\infty}^{\infty}\alpha_n(z-a)^n$이다. 여기서 경로가 $\gamma(t)=z_0+se^{it}(0\le t\le 2\pi,\ 0<s<r)$일 때, 계수 α_n은

$$\alpha_n=\frac{1}{2\pi i}\int_\gamma \frac{f(w)}{(w-z_0)^{n+1}}\,dw$$

이다. 특히 $n=-1$일 때, 계수

$$\alpha_{-1}=\frac{1}{2\pi i}\int_\gamma f(w)\,dw$$

을 점 z_0에서의 함수 f의 **유수**라고 하고 $\mathrm{Res}(f;z_0)$으로 나타낸다. 다음식

$$\int_\gamma (z-z_0)^n\,dz=\begin{cases}0 & (n\ne -1),\\ 2\pi i & (n=-1)\end{cases}$$

을 적용하면

$$\begin{aligned}\frac{1}{2\pi i}\int_\gamma f(w)\,dw &= \frac{1}{2\pi i}\int_\gamma \sum_{n=-\infty}^{\infty}\alpha_n(w-z_0)^n\,dw\\ &= \frac{1}{2\pi i}\sum_{n=-\infty}^{\infty}\alpha_n\int_\gamma (w-z_0)^n\,dw=\alpha_{-1}\end{aligned}$$

임을 확인할 수 있다.

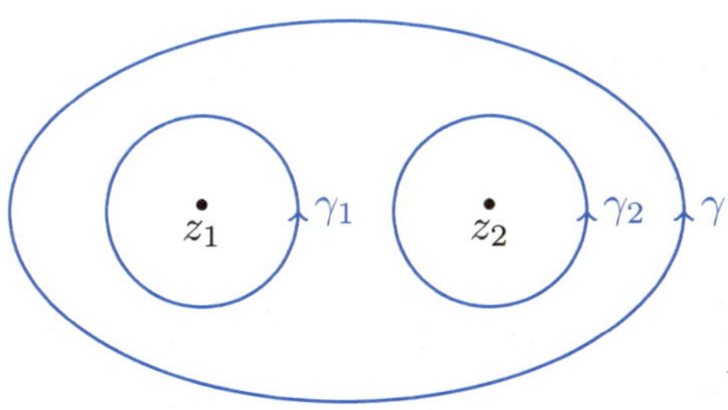

그림 5.2 경로 γ와 γ_1, γ_2

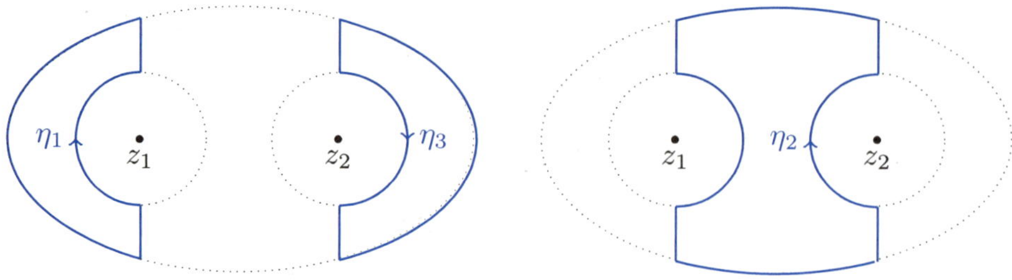

그림 5.3 경로 η_1, η_2와 η_3

정리 5.10: 해석함수에 대한 유수정리

반시계방향으로 회전하는 단순닫힌 경로 γ에 대하여, 함수 f가 경로 γ의 내부의 유한개의 점 $z_1, z_2, \ldots, z_k$를 제외하고는 경로 위와 그 내부에서 해석적이면

$$\int_\gamma f(z)\, dz = 2\pi i \sum_{n=1}^{k} \operatorname{Res}(f; z_n)$$

이다.

풀이 반시계방향으로 회전하는 단순닫힌 경로 γ의 내부의 점 $z_1, z_2, \ldots, z_k$를 제외하고는 경로 위와 그 내부에서 함수 f가 해석적이라고 가정하자. 충분히 작은 양의 실수 $r_1, r_2, \ldots, r_k$를 택하여, $n = 1, 2, \ldots, k$일 때 $\gamma_n(t) = z_n + r_k e^{it}$ $(0 \le t \le 2\pi)$으로 정의된, $\gamma_1, \ldots, \gamma_k$와 γ가 서로 만나지 않게 하자. 증명의 편의상 $k = 2$라고 놓으면 그림 5.2와 같다. 그림 5.3과 같이 경로 $\eta_1, \ldots, \eta_{k+1}$을 놓자. 그러면 코시정리에 따라서

$$0 = \int_{\eta_1} f(z)\, dz + \cdots + \int_{\eta_{k+1}} f(z)\, dz$$

이고, 이때,

$$\int_{\eta_1} f(z)\, dz + \cdots + \int_{\eta_{k+1}} f(z)\, dz = \int_\gamma f(z)\, dz - \int_{\gamma_1} f(z)\, dz - \cdots - \int_{\gamma_k} f(z)\, dz$$

이므로

$$\int_\gamma f(z)\, dz = \sum_{n=1}^{k} \int_{\gamma_n} f(z)\, dz$$

이다. 그런데 유수정의에 따라서

$$\sum_{n=1}^{k}\int_{\gamma_n} f(z)\,dz = 2\pi i\sum_{n=1}^{k}\mathrm{Res}(f;z_n)$$

이므로, 정리가 증명된다. □

함수 f가 고립된 특이점을 제외한 영역에서 해석적이면, 유수정리에 따라서 각각의 고립된 특이점에서의 f의 유수를 구하여 단순닫힌 경로에서의 f의 경로적분을 계산할 수 있다.

이제 고립된 특이점에서 f의 유수를 구하는 방법을 찾아보자. 코시의 정리에 따라서 없앨 수 있는 특이점에서의 f의 유수는 0이다.

극점에서의 f의 유수는 다음과 같이 구할 수 있다.

정리 5.11: 극점에서의 해석함수의 유수

k가 양의 정수일 때, 점 z_0이 함수 f의 중복도가 k인 극점이면

$$\mathrm{Res}(f;z_0) = \lim_{z\to z_0}\frac{1}{(k-1)!}\left(\frac{d}{dz}\right)^{k-1}(z-z_0)^k f(z)$$

이다.

증명 점 z_0이 f의 중복도가 k인 극점이라고 가정하자. 그러면 z_0을 중심으로 f를 로랑급수 전개하면

$$f(z) = \frac{\alpha_{-k}}{(z-z_0)^k} + \cdots + \frac{\alpha_{-1}}{z-z_0} + \alpha_0 + \alpha_1(z-z_0) + \cdots$$

이므로,

$$(z-z_0)^k f(z) = \alpha_{-k} + \alpha_{-k+1}(z-z_0) + \cdots + \alpha_{-1}(z-z_0)^{k-1} + \alpha_0(z-z_0)^k + \cdots$$

이다. 따라서

$$\left(\frac{d}{dz}\right)^{k-1}(z-z_0)^k f(z) = (k-1)!\cdot\alpha_{-1} + k!\cdot\alpha_0(z-z_0) + \cdots$$

이고

$$\lim_{z\to z_0} \frac{1}{(k-1)!}\left(\frac{d}{dz}\right)^{k-1}(z-z_0)^k f(z) = \alpha_{-1}$$

이다. □

점 z_0이 함수 f의 단순극점이면 위의 정리에 따라서 $\mathrm{Res}(f; z_0) = \lim_{z\to z_0}(z - z_0)f(z)$이다.

예제 5.12. 경로 $\gamma(t) = e^{it}(0 \le t \le 2\pi)$에 대하여

$$\int_\gamma \sin\left(\frac{1}{z^2}\right) dz$$

를 구하여라.

풀이 함수 $1/z^2$의 고립된 특이점은 0뿐이고 함수 $\sin z$는 복소평면 전체에서 해석적이므로, 연쇄법칙에 따라서 $f(z) = \sin(1/z^2)$의 고립된 특이점은 0뿐이다. 그런데 $\sin z$를 0을 중심으로 거듭제곱급수로 나타내면

$$\sin z = z - \frac{z^3}{3!} + \frac{z^5}{5!} - \frac{z^7}{7!} + \cdots$$

이므로,

$$f(z) = \frac{1}{z^2} - \frac{1}{3!}\frac{1}{z^6} + \frac{1}{5!}\frac{1}{z^{10}} - \cdots$$

이다. 따라서 $\mathrm{Res}(f; 0) = 0$이다. 그러므로

$$\int_\gamma \sin\left(\frac{1}{z^2}\right) dz = 2\pi i\,\mathrm{Res}(f; 0) = 0$$

이다. □

예제 5.13. 경로 $\gamma(t) = 4e^{it}(0 \le t \le 2\pi)$에 대하여

$$\int_\gamma \frac{1}{z(z-3)} dz$$

를 구하여라.

풀이 $f(z) = \dfrac{1}{z(z-3)}$로 놓자. 그러면 0과 3은 경로 γ의 내부에 놓인 f의 단순극점이다. 그런데

$$\operatorname{Res}(f;0) = \lim_{z\to 0} zf(z) = -\frac{1}{3}, \qquad \operatorname{Res}(f;3) = \lim_{z\to 3}(z-3)f(z) = \frac{1}{3}$$

이므로,

$$\int_\gamma f(z)\,dz = 2\pi i\,(\operatorname{Res}(f;0) + \operatorname{Res}(f;3)) = 0$$

이다. □

5.5 실함수의 특이적분과 코시 주요값

무한 구간 $[0, +\infty)$ 또는 $(-\infty, 0]$ 또는 $(-\infty, +\infty)$에서의 실함수의 적분을 알아보자.

함수 $f\colon [0, +\infty) \to \mathbb{R}$에 대하여, 극한

$$\lim_{x \to +\infty} \int_0^x f(t)\, dt$$

이 존재하면 이 극한을 $[0, +\infty)$**에서 f의 특이적분**이라고 하고 $\int_0^\infty f(x)\, dx$로 나타낸다. 같은 방법으로 함수 $f\colon (-\infty, 0] \to \mathbb{R}$에 대하여, 극한

$$\lim_{x \to -\infty} \int_x^0 f(t)\, dt$$

이 존재하면 이 극한을 $(-\infty, 0]$**에서 f의 특이적분**이라고 하고 $\int_{-\infty}^0 f(x)\, dx$로 나타낸다.

함수 $f\colon (-\infty, +\infty) \to \mathbb{R}$에 대하여, 극한

$$\lim_{x \to \infty} \int_0^x f(t)\, dt, \qquad \lim_{x \to -\infty} \int_x^0 f(t)\, dt$$

이 존재하면 이 두 극한의 합

$$\lim_{x \to \infty} \int_0^x f(t)\, dt + \lim_{x \to -\infty} \int_x^0 f(t)\, dt$$

을 $(-\infty, +\infty)$**에서 f의 특이적분**이라고 하고 $\int_{-\infty}^\infty f(x)\, dx$로 나타낸다.

한편 $(-\infty, +\infty)$에 정의된 실함수 f에 대하여 다음의 적분도 생각할 수 있다. 연속함수 $f\colon (-\infty, +\infty) \to \mathbb{R}$에 대하여, 극한

$$\lim_{x \to +\infty} \int_{-x}^x f(t)\, dt$$

이 존재하면 이 극한을 $(-\infty, +\infty)$에서 f의 **코시 주요값**[1]이라고 하고

$$\text{PV} \int_{-\infty}^{+\infty} f(x)\, dx$$

로 나타낸다.

[1] 코시 주요값을 **코시 주치**라고도 한다.

$(-\infty, +\infty)$에서 f의 특이적분이 존재하면 이 구간에서의 f의 코시 주요값은 존재한다. 그러나 다음 보기에서와 같이, 그 역은 성립하지 않는다.

보기 5.4. 함수 $f(x) = x$에 대하여,

$$\lim_{x\to\infty}\int_0^x f(t)\,dt \quad \text{그리고} \quad \lim_{x\to-\infty}\int_x^0 f(t)\,dt$$

은 존재하지 않는다. 그러나

$$\mathrm{PV}\int_{-\infty}^{+\infty} f(x)\,dx = \lim_{x\to+\infty}\int_{-x}^{x} f(t)\,dt = \lim_{x\to+\infty}\left(\frac{x^2}{2} - \frac{(-x)^2}{2}\right) = 0$$

이다.

예제 5.14. 코시 주요값

$$\mathrm{PV}\int_{-\infty}^{\infty}\frac{1}{1+x^2}\,dx$$

을 계산하여라.

풀이 $x \geq 0$일 때, $\displaystyle\int_0^x \frac{1}{1+t^2}\,dt$를 구하기 위하여 $t = \tan\theta\,(0 \leq \theta < \pi/2)$으로 치환하면, $\dfrac{dt}{d\theta} = \sec^2\theta$이므로,

$$\int_0^x \frac{1}{1+t^2}\,dt = \int_0^{\tan^{-1}x}\frac{1}{1+\tan^2\theta}\cdot\sec^2\theta\,d\theta = \int_0^{\tan^{-1}x} 1\,d\theta = \tan^{-1}x$$

이다. 따라서, $\displaystyle\int_0^\infty \frac{1}{1+x^2}\,dx = \lim_{x\to\infty}\int_0^x \frac{1}{1+t^2}\,dt = \frac{\pi}{2}$이므로

$$\mathrm{PV}\int_{-\infty}^{\infty}\frac{1}{1+x^2}\,dx = \int_{-\infty}^{\infty}\frac{1}{1+x^2}\,dx = 2\int_0^{\infty}\frac{1}{1+x^2}\,dx = \pi$$

이다. □

5.5.1 유리 실함수의 코시 주요값

구간 $(-\infty, +\infty)$에서의 유리 실함수 f의 코시 주요값을 유수정리를 이용하여 구하는 방법을 알아보자.

정리 5.12: 유리 실함수의 코시 주요값

계수가 실수인 다항함수 p와 q에 대하여, $\deg p + 2 \le \deg q$이고, 모든 실수 x에 대하여 $q(x) \neq 0$이면

$$\mathrm{PV}\int_{-\infty}^{+\infty} \frac{p(x)}{q(x)}\,dx = 2\pi i \sum \mathrm{Res}\left(\frac{p}{q}; z_j\right)$$

이다. 여기서 오른쪽 항의 합은 유리함수 p/q의, 위반평면 $H = \{z \in \mathbb{C} : \mathrm{Im}\, z > 0\}$에 놓인, 모든 극점들에 대하여 계산된다.

증명 계수가 실수인 다항함수 p와 q에 대하여, $\deg p + 2 \le \deg q$이고, 모든 실수 x에 대하여 $q(x) \neq 0$라고 가정하자. 다항함수 p와 q의 차수를 각각 $\deg p = n$와 $\deg q = m$으로 놓으면,

$$\begin{aligned} p(x) &= a_n x^n + a_{n-1}x^{n-1} + \cdots + a_1 x + a_0 \quad (a_n \neq 0), \\ q(x) &= b_m x^m + b_{m-1}x^{m-1} + \cdots + b_1 x + b_- \quad (b_m \neq 0) \end{aligned}$$

로 나타낼 수 있다. 여기서 $m \ge n+2$이므로,

$$|z| = R\text{이면} \quad \left|\frac{p(z)}{q(z)}\right| \le \frac{2|a_n R^n|}{\frac{1}{2}|b_m R^m|} \le 4\left|\frac{a_n}{b_m}\right| \frac{1}{R^2}$$

인, 1보다 큰 양의 실수 R이 존재한다. 그러므로 $\gamma_1(t) = Re^{it}\ (0 \le t \le \pi)$에 대하여

$$\left|\int_{\gamma_1} \frac{p(z)}{q(z)}\,dz\right| \le 4\left|\frac{a_n}{b_m}\right| \frac{\pi R}{R^2} = 4\pi\left|\frac{a_n}{b_m}\right| \frac{1}{R}$$

이다. 그러므로 충분히 큰 R에 대하여

$$\gamma(t) = \begin{cases} R\cdot\frac{2}{\pi}\left(t - \frac{\pi}{2}\right), & (0 \le t \le \pi), \\ \gamma_1(t-\pi), & (\pi < t \le 2\pi) \end{cases}$$

로 놓으면,

$$\begin{aligned}2\pi i \sum \operatorname{Res}\left(\frac{p}{q}; z_j\right) &= \int_\gamma \frac{p(z)}{q(z)}\,dz \\ &= \lim_{R\to\infty} \int_\gamma \frac{p(z)}{q(z)}\,dz \\ &= \mathrm{PV}\int_{-\infty}^{\infty} \frac{p(x)}{q(x)}\,dx + \lim_{R\to\infty}\int_{\gamma_1} \frac{p(z)}{q(z)}\,dz \\ &= \mathrm{PV}\int_{-\infty}^{\infty} \frac{p(x)}{q(x)}\,dx\end{aligned}$$

이다. □

예제 5.15. 예제 5.14에서의 코시 주요값을 위의 정리를 이용하여 구하여라.

풀이 위반평면 $H = \{z \in \mathbb{C} : \mathrm{Im} > 0\}$에 놓인 유리함수 $f(z) = 1/(1+z^2)$의 극점은 단순극점 i뿐이고, 이때

$$\operatorname{Res}(f; i) = \lim_{z\to i} \frac{z-i}{1+z^2} = \frac{1}{2i}$$

이므로

$$\mathrm{PV}\int_{-\infty}^{\infty} \frac{1}{1+x^2}\,dx = 2\pi i \operatorname{Res}\left(\frac{1}{1+z^2}; i\right) = \pi$$

이다. □

예제 5.16. 코시 주요값

$$\mathrm{PV}\int_{-\infty}^{\infty} \frac{1}{(1+x^2)(4+x^2)}\,dx$$

을 계산하여라.

풀이 다항식 $(1+z^2)(4+z^4)$을 인수분해하면

$$(1+z^2)(4+z^4) = (z+i)(z-i)(z+2i)(z-2i)$$

이므로, 위반평면에 놓인 유리함수 $f(z) = \dfrac{1}{(1+z^2)(4+z^4)}$의 극점은 단순극점 i와 $2i$뿐이다. 한편,

$$\operatorname{Res}\left(\frac{1}{(1+z^2)(4+z^2)}; i\right) = \frac{1}{2i \cdot 3i \cdot (-i)} = -\frac{i}{6}$$

이고

$$\operatorname{Res}\left(\frac{1}{(1+z^2)(4+z^2)}; 2i\right) = \frac{1}{3i \cdot i \cdot 4i} = \frac{i}{12}$$

이므로

$$\mathrm{PV}\int_{-\infty}^{\infty} \frac{1}{(1+x^2)(4+x^2)}\,dx = 2\pi i\left(-\frac{i}{6} + \frac{i}{12}\right) = \frac{\pi}{6}$$

이다. □

5.5.2 유리 실함수와 삼각함수의 곱에 대한 코시 주요값

함수 R이 계수가 실수인 유리함수일 때, 함수 $f(z) = R(z)e^{iz}$에 대한 유수정리를 이용하여, R에 대하여 코시 주요값

$$\mathrm{PV}\int_{-\infty}^{\infty} R(x)\sin x\,dx, \qquad \mathrm{PV}\int_{-\infty}^{\infty} R(x)\cos x\,dx$$

을 구하자. 여기서

$$R(z)e^{iz} = R(z)(\cos z + i\sin z) = R(z)\cos z + iR(z)\sin z$$

이다.

보조정리 5.1: 사인함수에 대한 부등식

$0 < \theta \le \pi/2$일 때,

$$\frac{2}{\pi} \le \frac{\sin\theta}{\theta}$$

이다.

증명 $0 < \theta \le \pi/2$일 때 $f(\theta) = \sin\theta/\theta$와 $g(\theta) = \sin\theta$로 놓자. 그러면

$$\frac{\sin\theta}{\theta} = \frac{\sin\theta - \sin 0}{\theta - 0}$$

에, g에 대한 평균값의 정리를 적용하면,

$$\frac{\sin\theta}{\theta} = \cos\eta, \quad 0 < \eta < \theta$$

인 η가 존재한다. 그리고

$$f'(\theta) = \frac{\theta\cos\theta - \sin\theta}{\theta^2} = \frac{\cos\theta - (\sin\theta)/\theta}{\theta} = \frac{\cos\theta - \cos\eta}{\theta} < 0$$

이므로 구간 $(0, \pi/2]$에서 함수 f는 감소한다. 따라서, $0 < \theta \le \pi/2$일 때

$$\frac{2}{\pi} = f\left(\frac{\pi}{2}\right) \le f(\theta) = \frac{\sin\theta}{\theta}$$

이다. □

보조정리 5.2: (조르당) 유리함수와 지수함수의 곱에 대한 경로적분

다항함수 p와 q에 대하여, $1 + \deg p \le \deg q$이면 경로 $\gamma(t) = re^{it}$ $(0 \le t \le \pi)$에 대하여

$$\lim_{r\to\infty} \int_\gamma \frac{p(z)}{q(z)} e^{iz}\, dz = 0$$

이다.

증명 $1 + \deg p \le \deg q$라고 가정하자. 임의의 양의 상수를 ϵ이라고 놓자. 그러면 $1 + \deg p \le \deg q$이므로

$$R \le |z| \quad \Rightarrow \quad \left|\frac{p(z)}{q(z)}\right| < \frac{\epsilon}{\pi}$$

인 양의 상수 R이 존재한다. 이제 $R < r$일 때 $\gamma(t) = re^{it}$ $(0 \le t \le \pi)$으로 놓자. 그러면 $\gamma'(t) = ire^{it}$이고

$$e^{i\gamma(t)} = e^{ir(\cos t + i\sin t)} = e^{-r\sin t} e^{ir\cos t}$$

이므로

$$\left|\int_\gamma \frac{p(z)}{q(z)} e^{iz}\, dz\right| \le \int_\gamma \left|\frac{p(z)}{q(z)} e^{iz}\right| |dz| < \frac{\epsilon}{\pi} \int_0^\pi e^{-r\sin t} r\, dt = \frac{2\epsilon}{\pi} \int_0^{\pi/2} e^{-r\sin t} r\, dt$$

이다. 한편 앞의 보조정리에 의하여 $0 \le t \le \dfrac{\pi}{2}$일 때

$$0 \le \frac{2t}{\pi} \le \sin t$$

이므로

$$\left| \int_\gamma \frac{p(z)}{q(z)} e^{iz}\, dz \right| < \frac{2\epsilon}{\pi} \int_0^{\pi/2} e^{-2rt/\pi} r\, dt = \left[-\epsilon e^{-2rt/\pi} \right]_0^{\pi/2} = \epsilon - \epsilon e^{-r} < \epsilon$$

이다. 여기서 이 부등식은 ϵ가 임의의 양의 실수일 때 성립하므로

$$\lim_{r\to\infty} \int_\gamma \frac{p(z)}{q(z)} e^{iz}\, dz = 0$$

이다. □

정리 5.13: 유리 실함수와 삼각함수의 곱에 대한 코시 주요값과 특이적분

다항함수 p와 q에 대하여, $\deg p + 1 \le \deg q$이고 모든 실수 x에 대하여 $q(x) \neq 0$ 이면

$$f(z) = \frac{p(z)}{q(z)} e^{iz}$$

로 놓을 때

$$\mathrm{PV} \int_{-\infty}^{\infty} \frac{p(x)}{q(x)} \cos(x)\, dx = -2\pi \sum \mathrm{Im}(\mathrm{Res}[f, z_j])$$

와

$$\mathrm{PV} \int_{-\infty}^{\infty} \frac{p(x)}{q(x)} \sin(x)\, dx = 2\pi \sum \mathrm{Re}(\mathrm{Res}[f, z_j])$$

이다. 여기서 오른쪽 항의 합은 위반평면 $H = \{z \in \mathbb{C} : \mathrm{Im}\, z > 0\}$에 있는 f의 모든 극점들에 대하여 계산된다.

증명 다항함수 p와 q에 대하여, $\deg p + 1 \le \deg q$이고, 모든 실수 x에 대하여 $q(x) \neq 0$ 라고 가정하자. 그리고 $\gamma_1(t) = re^{it}$ $(0 \le t \le \pi)$일 때

$$\gamma(t) = \begin{cases} r \cdot \frac{2}{\pi}\left(t - \frac{\pi}{2}\right), & (0 \le t \le \pi), \\ \gamma_1(t - \pi), & (\pi < t \le 2\pi) \end{cases}$$

로 놓자. 그러면

$$\int_{-r}^{r} \frac{p(z)}{q(z)} e^{ix}\, dx = \int_{\gamma} \frac{p(z)}{q(z)} e^{iz}\, dz - \int_{\gamma_1} \frac{p(z)}{q(z)} e^{iz}\, dz$$

이다. 이제 r이 충분히 크면, 위반평면 $U = \{z \in \mathbb{C} : \operatorname{Im} z > 0\}$에 놓여 있는 $f(z) = \dfrac{p(z)}{q(z)} e^{iz}$의 모든 극점들 z_j에 대하여 $|z_j| < r$이고 유수정리에 따라서

$$\int_{-r}^{r} \frac{p(z)}{q(z)} e^{ix}\, dx = 2\pi i \sum \operatorname{Res}[f, z_j] - \int_{\gamma_1} \frac{p(z)}{q(z)} e^{iz}\, dz$$

이다. 여기서 오른쪽 항의 합은 위반평면 H에 놓여 있는 f의 모든 극점들에 대하여 계산된다. 그러므로 정리가 증명된다. □

> **예제 5.17.** 다음 식
>
> $$\mathrm{PV}\int_{-\infty}^{\infty} \frac{\cos x}{x^2+9}\, dx = \frac{\pi}{3} e^{-3}, \qquad \mathrm{PV}\int_{-\infty}^{\infty} \frac{\sin x}{x^2+9}\, dx = 0$$
>
> 이 성립함을 보여라.

증명 $f(z) = \dfrac{1}{z^2+9} \cdot e^{iz}$로 놓으면,

$$\frac{1}{z^2+9} e^{iz} = \frac{1}{(z+3i)(z-3i)} e^{iz}$$

이므로, $3i$가 위반평면에 놓인 f의 유일한 극점이고,

$$\operatorname{Res}(f; 3i) = \lim_{z \to 3i} (z-3i) f(z) = \frac{e^{-3}}{6i}$$

이다. $3 < R$일 때, $\gamma_1(t) = Re^{it}\ (0 \le t \le \pi)$와

$$\gamma(t) = \begin{cases} R \cdot \frac{2}{\pi}\left(t - \frac{\pi}{2}\right), & (0 \le t \le \pi), \\ \gamma_1(t-\pi), & (\pi < t \le 2\pi) \end{cases}$$

로 놓으면

$$\begin{aligned}\frac{\pi}{3}e^{-3} &= 2\pi i\,\mathrm{Res}[f,3i]\\ &= \int_\gamma \frac{1}{z^2+9}e^{iz}\,dz\\ &= \int_{-R}^{R}\frac{1}{x^2+9}e^{ix}\,dx + \int_{\gamma_1}\frac{1}{z^2+9}e^{iz}\,dz\end{aligned}$$

이다. 이때, 위의 식은 $3 < R$인 임의의 상수 R에 대하여 성립하고

$$\lim_{R\to\infty}\int_{\gamma_1}\frac{1}{z^2+9}e^{iz}\,dz = 0$$

이므로

$$\mathrm{PV}\int_{-\infty}^{\infty}\frac{\cos x}{x^2+9}\,dx = \frac{\pi}{3}e^{-3}, \qquad \mathrm{PV}\int_{-\infty}^{\infty}\frac{\sin x}{x^2+9}\,dx = 0$$

이다. □

단순극점 근방에서 다음의 경로적분의 극한을 살펴보자.

보조정리 5.3: 단순극점에서의 경로적분의 극한

실수 x_0에 대하여, f는 영역 $D(x_0;0,r) = \{z \in \mathbb{C} : 0 < |z-x_0| < r\}$에서 해석적이고 x_0은 f의 단순극점이면, $0 < s < r$일 때 $\gamma_s(t) = x_0 + se^{it}$ $(0 \le t \le \pi)$으로 놓으면

$$\lim_{s\to 0}\int_{\gamma_s} f(z)\,dz = \pi i \cdot \mathrm{Res}(f,x_0)$$

이다.

풀이 x_0가 함수 f의 단순극점이고, f가 영역 $D(x_0;0,r)$에서 해석적이라고 가정하자. 원환영역 $D(x_0;0,r)$에서 f를 로랑급수 전개하면

$$f(z) = \frac{a_{-1}}{z-x_0} + \sum_{n=0}^{\infty} a_n(z-x_0)^n$$

이다. 여기서 $g(z) = \sum_{n=0}^{\infty} a_n(z-x_0)^n$으로 놓으면, g는 영역 $D(x_0;r)$에서 연속이므로

$$\lim_{s\to 0}\int_{\gamma_s} g(z)\,dz = 0$$

이다. 또한

$$\int_{\gamma_s} \frac{1}{z-x_0}\,dz = \int_0^\pi \frac{1}{se^{it}} ise^{it}\,dt = i\int_0^\pi dt = \pi i$$

이므로

$$\lim_{s\to 0}\int_{\gamma_s} f(z)\,dz = \lim_{s\to 0}\int_{\gamma_s} \frac{a_{-1}}{z-x_0}\,dz + \lim_{s\to 0}\int_{\gamma_s} g(z)\,dz = \pi i\cdot a_{-1} + 0 = \pi i\cdot a_{-1}$$

이다. □

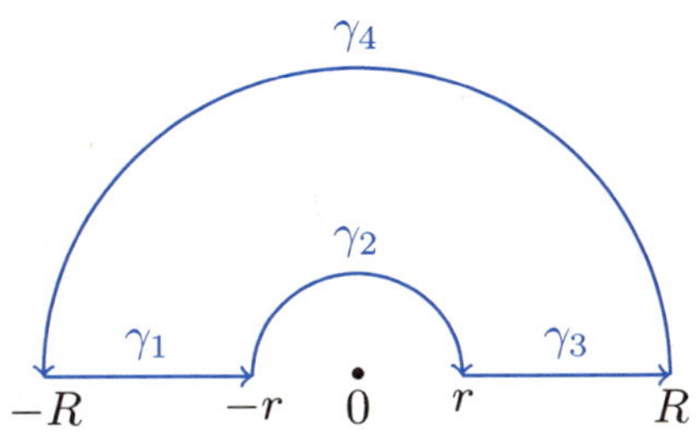

그림 5.4 특이적분 $\int_0^\infty \frac{\sin x}{x}\,dx$를 구하는 과정에서의 곡선들

예제 5.18. 특이적분

$$\int_0^\infty \frac{\sin x}{x}\,dx = \frac{\pi}{2}$$

가 성립함을 보여라.

풀이 함수 $f(z) = e^{iz}/z$는 단순극점 0을 제외한 영역에서 해석적이다. $0 < r < R$일 때, 그림 5.4와 같이 곡선 $\gamma_1, \gamma_2, \gamma_3, \gamma_4$를 각각

$$\begin{aligned}
\gamma_1(t) &= t && (-R \le t \le -r),\\
\gamma_2(t) &= re^{i(\pi-t)} && (0 \le t \le \pi),\\
\gamma_3(t) &= t && (r \le t \le R),\\
\gamma_4(t) &= Re^{it} && (0 \le t \le \pi)
\end{aligned}$$

로 정의하고, $\gamma = \gamma_1+\gamma_2+\gamma_3+\gamma_4$로 놓자. 코시정리에 따라서

$$0 = \int_\gamma \frac{e^{iz}}{z}\,dz = \int_{\gamma_1} \frac{e^{iz}}{z}\,dz + \int_{\gamma_2} \frac{e^{iz}}{z}\,dz + \int_{\gamma_3} \frac{e^{iz}}{z}\,dz + \int_{\gamma_4} \frac{e^{iz}}{z}\,dz$$

이다. 그런데

(가) 조르당의 보조정리에 따라서 $\lim_{R\to\infty}\int_{\gamma_4}\frac{e^{iz}}{z}\,dz = 0$이고

(나) 보조정리 5.3에 따라서 $\lim_{r\to 0}\int_{\gamma_2}\frac{e^{iz}}{z}\,dz = -\pi i\,\mathrm{Res}[e^{iz}/z, 0] = -\pi i$이고

(다) 함수 $\sin x/x$에 대하여

$$\int_r^R \frac{\sin x}{x}\,dx = \frac{1}{2i}\int_r^R \frac{e^{ix}-e^{-ix}}{x}\,dx = \frac{1}{2i}\int_{\gamma_3}\frac{e^{iz}}{z}\,dz + \frac{1}{2i}\int_{\gamma_1}\frac{e^{iz}}{z}\,dz$$

이므로,

$$0 = -\pi i + 2i\int_0^\infty \frac{\sin x}{x}\,dx$$

즉, $\int_0^\infty \frac{\sin x}{x}\,dx = \frac{\pi}{2}$이다. □

5.5.3 삼각함수가 포함된 함수의 적분

유리함수 $h\colon \mathbb{R}\times\mathbb{R}\to\mathbb{R}$에 대한 적분

$$\int_0^{2\pi} h(\cos\theta, \sin\theta)\,d\theta$$

을 생각하자. $\gamma(\theta) = e^{i\theta}\ (0 \le \theta \le 2\pi)$로 놓으면 $\gamma'(\theta) = ie^{i\theta}$이다. 또한 $z = \gamma(\theta)$로 놓으면 $z = \cos\theta + i\sin\theta$이며 또한

$$\frac{1}{z} = e^{-i\theta} = \cos(-\theta) + i\sin(-\theta) = \cos\theta - i\sin\theta$$

이므로

$$\cos\theta = \frac{1}{2}\left(z + \frac{1}{z}\right), \qquad \sin\theta = \frac{1}{2i}\left(z - \frac{1}{z}\right)$$

이다. 따라서

$$\int_0^{2\pi} h(\cos\theta, \sin\theta)\,d\theta = \int_\gamma \frac{h\left(\frac{1}{2}\left(z+\frac{1}{z}\right), \frac{1}{2i}\left(z-\frac{1}{z}\right)\right)}{iz}\,dz$$

이다. 이제

$$f(z) = \frac{h\left(\frac{1}{2}\left(z+\frac{1}{z}\right), \frac{1}{2i}\left(z-\frac{1}{z}\right)\right)}{iz}$$

로 놓자. 함수 f가 곡선 γ 내부의 서로 다른 유한개의 점 $z_1, \ldots, z_k$를 제외한 닫힌 원판 $\{z \in \mathbb{C} : |z| \leq 1\}$에서 해석적이라고 가정하자. 그러면 유수정리에 따라서

$$\int_0^{2\pi} h(\cos\theta, \sin\theta)\, d\theta = 2\pi i \sum_{n=1}^{k} \operatorname{Res}(f; z_n)$$

이다.

예제 5.19. 식

$$\int_0^{2\pi} \frac{1}{1+3\cos^2\theta}\, d\theta = \pi$$

가 성립함을 보여라.

풀이 먼저

$$z = \gamma(\theta) = e^{i\theta} = \cos\theta + i\sin\theta\,(0 \leq \theta \leq 2\pi)$$

로 놓자. 그러면

$$z = \cos\theta + i\sin\theta, \quad \frac{1}{z} = e^{-i\theta} = \cos\theta - i\sin\theta$$

이므로

$$\cos\theta = \frac{z+1/z}{2}$$

이다. 또한 $\gamma'(\theta) = ie^{i\theta} = iz$이므로,

$$\begin{aligned}\int_0^{2\pi} \frac{1}{1+3\cos^2\theta}\, d\theta &= \int_\gamma \frac{1}{1+\frac{3}{4}(z+1/z)^2} \cdot \frac{1}{iz}\, dz \\ &= \int_\gamma \frac{4z}{4z^2+3(z^2+1)^2} \cdot \frac{1}{i}\, dz = \int_\gamma \frac{4z}{i(3z^2+1)(z^2+3)}\, dz\end{aligned}$$

이다. 이제

$$f(z) = \frac{4z}{i(3z^2+1)(z^2+3)}$$

로 놓으면, $D(0;1)$에 놓인 f의 극점은 $i/\sqrt{3}$와 $-i/\sqrt{3}$이므로,

$$\int_0^{2\pi} \frac{1}{1+3\cos^2\theta}\, d\theta = 2\pi i \left(\operatorname{Res}\left(f; \frac{i}{\sqrt{3}}\right) + \operatorname{Res}\left(f; -\frac{i}{\sqrt{3}}\right)\right)$$

이다. 그런데 $\mathrm{Res}\left(f; i/\sqrt{3}\right) = -i/4$이고 $\mathrm{Res}\left(f; -i/\sqrt{3}\right) = -i/4$이므로

$$\int_0^{2\pi} \frac{1}{1+3\cos^2\theta}\,d\theta = \pi$$

이다. □

5.6 연습문제

1. 영역 D에 정의된, 상수함수가 아닌 연속함수 $f : D \to \mathbb{C}_\infty$가 극점들을 제외한 영역에서 해석적이면, 함수 f의 극점들의 집합의 쌓인점이 영역 D에 존재하지 않다는 것을 보여라.

2. 다음 함수에 대하여, 0이 주어진 함수의 없앨 수 있는 특이점인지 극점인지 본질적 특이점인지를 결정하여라. 극점인 경우 몇 차 극점인지 적어라.

(가) $\dfrac{\sin z}{z^3}$, (나) $\dfrac{\cos z - 1}{z^2}$,
(다) $\dfrac{\exp z}{z}$, (라) $\dfrac{\exp z - 1}{z}$,
(마) $\dfrac{\operatorname{Log}(z+1)}{z}$, (바) $z^2 \exp(1/z)$,
(사) $z^3 \sin(1/z)$, (아) $\dfrac{z^3+1}{z(z-1)}$.

3. 다음 함수의 극점을 구하고, 그 극점에서의 차수와 유수를 구하여라.

(가) $\dfrac{z^2+3z+1}{z}$, (나) $\dfrac{z^2+1}{z-1}$, (다) $\dfrac{z}{z^2+4}$, (라) $\dfrac{z^2+1}{(z-i)^3}$.

4. 점 a가 함수 f의 고립된 특이점이고 $\operatorname{Re} f$가 위로 유계라면, a는 없앨 수 있는 특이점임을 보여라.

5. 함수 $f(z) = e^z/z^2$의 고립된 특이점 0이 f의 극점임을 밝히고, 이 극점의 중복도를 구하여라.

6. 점 0은 함수 $f(z) = z \sin(1/z)$의 고립된 특이점이다. 이 특이점을 분류하여라.

7. 영역 $D = \{z \in \mathbb{C} : |z| < 2\}$에서 해석함수인 f에 대하여,

$$|z| = 1\text{일 때,} \quad |f(z)| < 1$$

이면, 단위원판 $\Delta = \{z \in \mathbb{C} : |z| < 1\}$에 존재하는, 방정식 $f(z) = z^5$의 중복도를 포함한 해의 개수를 구하여라.

8. 영역 $1 < |z-1| < 2$에서 함수

$$f(z) = \frac{1}{(z-1)(z-2)}$$

의, 중심이 1인, 로랑 급수를 구하여라.

9. 곡선 $\gamma(t) = 3e^{it}$ $(0 \le t \le 2\pi)$에 대하여, 선적분

$$\int_\gamma \frac{1}{z(z-1)}\,dz$$

를 구하여라.

10. 곡선 $\gamma(t) = 4e^{it}$ $(0 \le t \le 2\pi)$에 대하여, 선적분

$$\int_\gamma \frac{1}{z^4 + z^3 - 2z^2}\,dz$$

를 구하여라.

11. 곡선 $\gamma(t) = e^{it}$ $(0 \le t \le 2\pi)$에 대하여, 선적분

$$\int_\gamma \frac{z^2+1}{z(z^2+4)}\,dz$$

를 구하여라.

12. 함수

$$f(z) = \frac{z+3}{(z-2)^2(z^2+1)}$$

의 극점들과 극점들에서의 f의 유수를 구하여라.

13. 함수 $f(z) = \dfrac{1}{(z-1)(z-2)}$에서 대하여, 다음의 물음에 답하여라.

(가) 영역 $D(1;0,1) = \{z \in \mathbb{C} : 0 < |z-1| < 1\}$에서 f의 중심이 1인 로랑급수를 구하여라.

(나) 영역 $D(1;1,\infty) = \{z \in \mathbb{C} : 1 < |z-1| < \infty\}$에서 f의 중심이 1인 로랑급수를 구하여라.

14. 점 1에서 함수 $f(z) = \dfrac{\exp z}{(z-1)^2}$의 유수를 구하여라.

15. 곡선 $\gamma(t) = 4e^{it}$ $(0 \le t \le 2\pi)$에 대하여, 선적분

$$\int_\gamma \frac{1}{z^4 + z^3 - 2z^2}\,dz$$

를 구하여라.

16. 다음의 곡선에 대하여

$$\int_\gamma \frac{z^3 + 2}{(z-1)(z^2+4)}\,dz$$

를 구하여라.

(가) $\gamma(t) = 2 + 2e^{it}$ $(0 \le t \le 2\pi)$, (나) $\gamma(t) = -2 + 2e^{it}$ $(0 \le t \le 2\pi)$,
(다) $\gamma(t) = i + 2e^{it}$ $(0 \le t \le 2\pi)$, (라) $\gamma(t) = -i + 2e^{it}$ $(0 \le t \le 2\pi)$.

17. 양의 정수 n에 대하여,

$$\int_0^{2\pi} \cos^{2n}\theta\,d\theta = \frac{1\cdot 3\cdot 5\cdots(2n-1)}{2\cdot 4\cdot 6\cdots(2n)}\,2\pi$$

임을 보여라.

18. 다음의 특이적분을 구하여라.

(가) $\displaystyle\int_{-\infty}^{\infty} \frac{1}{x^2+1}\,dx$, (나) $\displaystyle\int_{-\infty}^{\infty} \frac{x}{(x^2+1)(x^2+2x+2)}\,dx$.

19. 다음의 특이적분을 구하여라.

(가) $\displaystyle\int_0^{\infty} \frac{1}{1+x^6}\,dx$, (나) $\displaystyle\int_0^{\infty} \frac{1}{1+x^2+x^4}\,dx$.

20. 다음의 특이적분을 구하여라.

(가) $\displaystyle\int_0^{\infty} \frac{\cos x}{1+x^2}\,dx$, (나) $\displaystyle\int_0^{\infty} \cos x^2\,dx$.

21. 다음의 특이적분을 구하여라.

(가) $\displaystyle\int_{-\infty}^{\infty} \frac{\cos x}{(x^2+1)(x^2+4)}\,dx$, (나) $\displaystyle\int_{-\infty}^{\infty} \frac{x\sin x}{x^4+4}\,dx$.

22. 적분

$$\int_0^{2\pi} \frac{1}{2+\sin\theta}\,d\theta$$

를 구하여라.

23. 다음의 적분을 구하여라.

(가) $\displaystyle\int_0^{\pi} \frac{1}{(2+\cos\theta)^2}\,d\theta$, (나) $\displaystyle\int_0^{\pi} \sin^4\theta\,d\theta$.

24. 등식

$$\int_0^{2\pi} \frac{\sin^2\theta}{5+4\cos\theta}\,d\theta = \frac{\pi}{4}$$

가 성립함을 보여라.

제 6 장

선형분수변환과 리만의 사상정리

이 장에서는 일대일 대응으로서의 복소함수인 선형분수변환과 리만의 사상정리를 살펴보자.

선형분수변환은 확장된 복소평면에서 확장된 복소평면으로의 일대일 대응이다. 임의의 선형분수변환 S에 대한 원 Γ의 상 $S(\Gamma)$는 원이다. 또한 원 Γ에 대하여 대칭인 두 점 z_1과 z_2에 대하여, $S(z_1)$과 $S(z_2)$는 원 $S(\Gamma)$에 대하여 대칭이다.

단위원판 Δ에서 단위원판 Δ로의 일대일 대응인 해석함수는 선형분수변환임을 확인하자.

리우빌의 정리에 의하면, 복소평면 $\mathbb{C}$에서 단위원판 Δ로의 일대일 대응인 해석함수는 존재하지 않는다. 그렇지만, 복소평면 $\mathbb{C}$의 진부분집합인 D가 단일연결 영역이면, 영역 D에서 단위원판 Δ로의 일대일 대응인 해석함수가 존재한다. 이것을 리만의 사상정리라고 한다.

6.1 선형분수변환

6.1.1 선형분수변환의 정의

확장된 복소평면 $\mathbb{C}_\infty$에서 확장된 복소평면 $\mathbb{C}_\infty$로의 일대일 대응인 함수들을 살펴보자.

보기 6.1. $a \neq 0$일 때, $f(z) = az + b$로 정의되는 함수 f는 $\mathbb{C}$에서 $\mathbb{C}$로의 일대일 대응인 해석함수이다. 그리고 $f(\infty) = \infty$이다.

보기 6.2. $f(z) = 1/z$로 정의되는 함수 f는 $\mathbb{C}_\infty$에서 $\mathbb{C}_\infty$로의 일대일 대응이다. 이때, $f(0) = \infty$이고 $f(\infty) = 0$이다.

보기 6.3. $c \neq 0$일 때, $f(z) = 1/(cz + d)$로 정의되는 함수 f도 $\mathbb{C}_\infty$에서 $\mathbb{C}_\infty$로의 일대일 대응이다. 이때, $f(-d/c) = \infty$이고 $f(\infty) = 0$이다.

복소 상수 $a, b, c, d \in \mathbb{C}$에 대하여, $f(z) = (az + b)/(cz + d)$으로 정의된 함수 $f\colon \mathbb{C}_\infty \to \mathbb{C}_\infty$에 대하여 생각하여 보자.

(가) $c = 0$인 경우: $d \neq 0$이면, $f(z) = (a/d)z + b/d$이다. 따라서 $a = 0$이면 f는 함숫값이 b/d인 상수함수이고, $a \neq 0$이면 f는 $\mathbb{C}$에서 $\mathbb{C}$로 대응하는 일대일 대응이다. $d = 0$이면 $f(z) = (az + b)/0$이다. 따라서 $a = 0$이고 $b \neq 0$이면 f는 함숫값이 ∞인 상수함수이고, $a = 0$이고 $b = 0$이면 f는 정의되지 않으며, $a \neq 0$이면 f는 $-b/a$에서 정의되지 않고 나머지 점에서의 f의 함숫값은 ∞이다.

(나) $c \neq 0$인 경우: $a = 0$이고 $b = 0$이면 $f(z) = 0/(cz + d)$이다. 따라서 f는 $z = -c/d$에서 정의되지 않고, 나머지 점 z에서 $f(z) = \infty$이다. $a = 0$이고 $b \neq 0$이면 $f(z) = b/(cz + d)$이다. 이때 f는 $\mathbb{C}_\infty$에서 $\mathbb{C}_\infty$로의 일대일 대응이며, $f(-d/c) = \infty$이고 $f(\infty) = 0$이다. $a \neq 0$이면

$$f(z) = \frac{az + b}{cz + d} = \frac{(a/c)(cz + d) + b - ad/c}{cz + d} = \frac{a}{c} - \frac{(ad - bc)/c}{cz + d}$$

이다. 따라서 $ad - bc = 0$이면, f는 $z = -c/d$에서 정의되지 않고, 나머지 점 z에서 $f(z) = \infty$이다. $ad - bc \neq 0$이면, f는 $\mathbb{C}_\infty$에서 $\mathbb{C}_\infty$로의 일대일 대응이다.

위에서 살펴본 것과 같이, 함수 $f(z) = (az + b)/(cz + d)$는 $ad - bc \neq 0$일 경우에만 의미가 있음을 알 수 있다.

정의 6.1: 선형분수변환

$ad - bc \neq 0$인 복소상수 a, b, c, d에 대하여,

$$S(z) = \frac{az + b}{cz + d}$$

로 정의되는 함수 $S\colon \mathbb{C}_\infty \to \mathbb{C}_\infty$는 **선형분수변환**[a]이라고 한다.

[a] 선형분수변환을 **일차분수변환** 또는**뫼비우스 변환**이라고도 한다.

위의 선형분수변환 S에서, $c \neq 0$이면 $S(-d/c) = \infty$이고 $c = 0$이면 $S(\infty) = \infty$이다. 또한 $a \neq 0$이면 $S(-b/a) = 0$이고 $a = 0$이면 $S(\infty) = 0$이다.

선형분수변환 중에서 몇 가지 간단한 형태의 선형분수변환을 알아보자.

정의 6.2: 확대와 회전과 평행이동과 반전

$S(z) = az$ $(a > 0)$ 형태의 선형분수변환은 **확대**라고 하고, $S(z) = e^{i\eta}z$ $(\eta \in \mathbb{R})$의 형태의 선형분수변환은 **회전**이라고 하며, $S(z) = z+b$ 형태의 선형분수변환은 **평행이동**이라고 하고, $S(z) = 1/z$은 **반전**이라고 한다.

확대인 선형분수변환 $S(z) = az$에 대하여, $a = 1$이면 S는 항등변환이다. $a \neq 1$인 경우, $0 < a < 1$일 때 S는 복소평면을 축소시키는 변환이고, $1 < a$일 때 S는 복소평면을 확대시키는 변환이다. 따라서 $a \neq 1$일 때, S의 모든 고정점은 0과 ∞이다.

회전인 선형분수변환 $S(z) = e^{i\eta}z$에서, $\eta = 2\pi n$인 정수 n이 존재하면 S는 항등변환이다. 그렇지 않으면 S는 원점을 중심으로 η만큼 회전하는 변환이므로, S의 모든 고정점은 0과 ∞이다.

평행이동인 선형분수변환 $S(z) = z + b$에서, $b = 0$이면 S는 항등변환이다. 그렇지 않으면 S는 모든 복소평면의 점 z를 $z + b$로 보내는 변환이므로, S의 모든 고정점은 ∞뿐이다.

반전 $S(z) = 1/z$의 고정점은 방정식 $1/z = z$가 성립하는 점이므로, S의 모든 고정점은 1과 -1이다.

모든 선형분수변환은 평행이동, 확대, 회전, 그리고 반전 등의 합성이다.

정리 6.1: 선형분수변환의 분해

선형분수변환은 평행이동, 확대, 회전 그리고 반전 등의 합성으로 나타낼 수 있다.

증명 임의의 선형분수변환 S를 $S(z) = (az+b)/(cz+d)$로 놓자.

$c = 0$인 경우: $ad - bc \neq 0$이므로 $ad \neq 0$이며 $S(z) = (a/d)z + b/d$이다. $S_1(z) = (a/d)z$와 $S_2(z) = z + b/d$로 놓으면 $S = S_2 \circ S_1$이다.

$c \neq 0$인 경우:

$$S(z) = \frac{az+b}{cz+d} = \frac{(a/c)(cz+d)}{cz+d} + \frac{b-ad/c}{cz+d} = \frac{a}{c} - \frac{(ad-bc)/c}{cz+d}$$

이다. 따라서

$$T_1(z) = cz,\ T_2(z) = z+d,\ T_3(z) = \frac{1}{z}, T_4(z) = \frac{bc-ad}{c}z,\ T_5(z) = z + a/c$$

로 놓으면 $S = T_5 \circ T_4 \circ T_3 \circ T_2 \circ T_1$이다. □

평행이동, 확대, 회전 그리고 반전은 모두 확대된 복소평면 $\mathbb{C}_\infty$에서 $\mathbb{C}_\infty$로의 일대일 대응이다. 따라서 다음을 알 수 있다.

따름정리 6.2: 선형분수변환의 일대일 대응성

선형분수변환 S는 확장된 복소평면 $\mathbb{C}_\infty$에서 $\mathbb{C}_\infty$로의 일대일 대응이다.

선형분수변환은 일대일 대응이므로, 역함수가 존재하고 이때 그 역함수도 선형분수변환이다.

보조정리 6.1: 선형분수변환의 역변환

선형분수변환 $S(z) = (az+b)/(cz+d)$의 역함수 S^{-1}은

$$S^{-1}(z) = \frac{dz-b}{-cz+a}$$

이다. 따라서 S^{-1}도 선형분수변환이다.

풀이 선형분수변환 $S(z)=(az+b)/(cz+d)$에 대하여 $T(z)=(dz-b)/(-cz+a)$로 놓자. 그러면 $ad-bc\neq 0$이므로, T도 선형분수변환이다. 그리고

$$(T\circ S)(z)=\frac{d(az+b)/(cz+d)-b}{-c(az+b)/(cz+d)+a}=z,$$
$$(S\circ T)(z)=\frac{a(dz-b)/(-cz+a)+b}{c(dz-b)/(-cz+a)+d}=z$$

이므로, $T=S^{-1}$이다. □

두 선형분수변환의 합성도 선형분수변환이다.

보조정리 6.2: 선형분수변환의 합성

변환 S와 T가 선형분수변환이면 합성 $T\circ S$도 선형분수변환이다.

풀이 선형분수변환 $S(z)=(a_1z+b_1)/(c_1z+d_1)$와 $T(z)=(a_2z+b_2)/(c_2z+d_2)$에 대하여,

$$(T\circ S)(z)=\frac{a_2(a_1z+b_1)/(c_1z+d_1)+b_2}{c_2(a_1z+b_1)/(c_1z+d_1)+d_2}=\frac{(a_1a_2+c_1b_2)z+(b_1a_2+d_1b_2)}{(a_1c_2+c_1d_2)z+(b_1c_2+d_1d_2)}$$

이다. 그런데

$$a_1d_1-b_1c_1\neq 0 \quad \text{그리고} \quad a_2d_2-b_2c_2\neq 0$$

이므로

$$\begin{aligned}(a_1a_2+c_1b_2)&(b_1c_2+d_1d_2)-(b_1a_2+d_1b_2)(a_1c_2+c_1d_2)\\ &=a_1a_2d_1d_2+b_1b_2c_1c_2-a_1d_1b_2c_2-b_1c_1a_2d_2\\ &=(a_1d_1-b_1c_1)(a_2d_2-b_2c_2)\\ &\neq 0\end{aligned}$$

이다. 따라서 $T\circ S$는 선형분수변환이다. □

6.1.2 선형변수변환의 고정점

선형분수변환 S가 항등변환이 아니면서, 평형이동이거나 확대거나 회전이거나 반전인 경우에, S의 고정점은 한 개이거나 두 개이다. 그런데, 일반적인 선형분수변환에서도 같은 성질이 성립한다.

정리 6.3: 선형분수변환의 고정점

항등변환이 아닌 선형분수변환의 고정점은 한 개이거나 두 개이다.

증명 선형분수변환 $S(z) = (az+b)/(cz+d)$ $(ad-bc \neq 0)$를 생각하자.

$S(\infty) = \infty$인 경우: 무한대 ∞는 S의 고정점이다. 이제 복소평면 $\mathbb{C}$에 놓인 S의 고정점을 찾자. $S(\infty) = a/c$이므로 $a \neq 0$이고 $c = 0$이다. 또한 $ad - bc \neq 0$이므로, $d \neq 0$이다. 따라서 $S(z) = (a/d)z + b/d$이다. $a = d$이면, $S(z) = z + b/d$인데, S가 항등함수가 아니므로 $b/d \neq 0$이다. 이때, 복소평면 $\mathbb{C}$에는 S의 고정점이 존재하지 않으므로 S의 고정점은 ∞가 유일하다. $a \neq d$이면, $(b/d)/(1-a/d)$는 복소평면 $\mathbb{C}$에 놓인 S의 유일한 고정점이다. 따라서 S의 고정점은 ∞와 $(b/d)/(1-a/d)$이다.

$S(\infty) \neq \infty$인 경우: 무한대 ∞는 S의 고정점이 아니다. 이제 복소평면 $\mathbb{C}$에 놓인 S의 고정점을 찾자. $S(\infty) = a/c$이므로 $c \neq 0$이다. 평면에 놓인 S의 고정점은 방정식

$$az + b = z(cz + d)$$

의 근이다. 그런데 $c \neq 0$이므로 이 방정식은 2차 방정식이다. 대수학의 기본정리에 따라서 이 방정식의 근은 하나(중근인 경우)이거나 두 개이다. 따라서 S의 고정점은 하나이거나 둘이다. □

예제 6.1. 세 점 $z_1 = -1$, $z_2 = 0$, $z_3 = 1$을 각각 $w_1 = 1$, $w_2 = i$, $w_3 = -1$로 보내는 선형분수변환을 구하여라.

풀이 구하는 선형분수변환을

$$S(z) = \frac{az+b}{cz+d}$$

로 놓자. 그러면, $S(-1) = 1$, $S(0) = i$, $S(1) = -1$이므로

$$-a + b = -c + d, \tag{6.1}$$
$$b = id \tag{6.2}$$
$$a + b = -c - d \tag{6.3}$$

이다. 식 (6.1)과 (6.3)을 더하면

$$2b = -2c \tag{6.4}$$

이므로, $c=-b$이다. 식 (6.2)와 (6.4)를 식 (6.3)에 대입하면 $a=ib$이다. 따라서,

$$a=ib, \quad c=-b, \quad d=-ib$$

이고 $ad-bc\neq 0$이므로 $b\neq 0$이다. 따라서,

$$S(z)=\frac{ibz+b}{-bz-ib}=\frac{iz+1}{-z-i}$$

이다. □

위의 정리에 따라서 선형분수변환은 확장된 복소평면 $\mathbb{C}_\infty$ 위의 서로 다른 세 점의 함숫값에 따라서 결정된다는 것을 알 수 있다.

따름정리 6.4: 세 점에서의 함숫값에 따른 선형분수변환의 결정

선형분수변환 S와 T에 대하여,

$$S(z_1)=T(z_1), \quad S(z_2)=T(z_2), \quad S(z_3)=T(z_3)$$

인 서로 다른 세 점 z_1, z_2, z_3이 확장된 복소평면 $\mathbb{C}_\infty$에 존재하면, $S=T$이다.

풀이 선형분수변환 S와 T^{-1}의 합성 $T^{-1}\circ S$은 선형분수변환이다. 그런데 z_1, z_2, z_3가 $T^{-1}\circ S$의 서로 다른 고정점이므로, 정리 6.3에 따라서 $T^{-1}\circ S$는 항등변환이다. 따라서 $S=T$이다. □

선형분수변환 S는 확장된 복소평면에 놓인 서로 다른 세 점의 함숫값에 따라서 완전히 결정되는데, S를 나타내기 위하여

$$S(z)=\frac{az+b}{cz+d}$$

같이 a,b,c,d라는 4개의 계수가 사용하는 것은 이상할 수 있겠다. 이것은 S가 선형분수변환이기 위한 필요충분조건인 $ad-bc\neq 0$를 사용하여 설명할 수 있다. $ad-bc\neq 0$이므로, $a\neq 0$이거나 $c\neq 0$이다. $a\neq 0$이면

$$S(z)=\frac{az+b}{cz+d}=\frac{z+b/a}{(c/a)z+(d/a)}$$

이고, $c \neq 0$이면

$$S(z) = \frac{az+b}{cz+d} = \frac{(a/c)z + b/c}{z + (d/c)}$$

이다.

예제 6.2. 세 점 $z_1 = \infty$, $z_2 = 1$, $z_3 = -1$을 각각 1, 0, ∞로 보내는 선형분수변환을 구하여라.

풀이 선형분수변환 $S(z) = (z-1)/(z+1)$에 대하여, $S(1) = 0$이고 $S(-1) = \infty$이며 $S(\infty) = 1$이다. □

6.1.3 복비

확장된 복소평면 $\mathbb{C}_\infty$에 놓인 서로 다른 세 점 z_1, z_0, z_∞에 대하여,

$$S(z_1) = 1, \quad S(z_0) = 0, \quad S(z_\infty) = \infty$$

인 선형분수변환 S를 다음과 같이 구할 수 있다.

보조정리 6.3: 서로 다른 세 점 z_1, z_0, z_∞를 각각 1, 0, ∞로 보내는 선형분수변환

확장된 복소평면 $\mathbb{C}_\infty$에 놓인 서로 다른 세 점 z_1, z_0, z_∞에 대하여,

$$S(z) = \begin{cases} \dfrac{z_1 - z_\infty}{z_1 - z_0} \cdot \dfrac{z - z_0}{z - z_\infty} & z_1, z_0, z_\infty \in \mathbb{C}\text{일 때,} \\ \dfrac{z - z_0}{z - z_\infty} & z_1 = \infty\text{일 때,} \\ \dfrac{z_1 - z_\infty}{z - z_\infty} & z_0 = \infty\text{일 때,} \\ \dfrac{z - z_0}{z_1 - z_0} & z_\infty = \infty\text{일 때} \end{cases}$$

으로 놓으면 S는 선형분수변환이며

$$S(z_1) = 1, \quad S(z_0) = 0, \quad S(z_\infty) = \infty$$

이다.

풀이 $z_1, z_0, z_\infty \in \mathbb{C}$인 경우: 선형분수변환

$$S(z) = \frac{z_1 - z_\infty}{z_1 - z_0} \cdot \frac{z - z_0}{z - z_\infty}$$

에서, $(-z_\infty + z_0)(z_1 - z_\infty)/(z_1 - z_0) \neq 0$이므로, S는 선형분수변환이다. 또한 $S(z_0) = 0$, $S(z_\infty) = \infty$, $S(z_1) = 1$이다.

$z_1 = \infty$인 경우: 선형분수변환

$$S(z) = \frac{z - z_0}{z - z_\infty}$$

에서, $-1 \cdot z_\infty + z_0 \cdot 1 \neq 0$이므로, S는 선형분수변환이다. 또한 $S(z_0) = 0$, $S(z_\infty) = \infty$, $S(z_1) = S(\infty) = 1$이다.

$z_0 = \infty$인 경우: 선형분수변환

$$S(z) = \frac{z_1 - z_\infty}{z - z_\infty}$$

에서, $-(z_1 - z_\infty) \neq 0$이므로, S는 선형분수변환이다. 또한 $S(z_\infty) = \infty$, $S(z_1) = 1$, $S(z_0) = S(\infty) = 0$이다.

$z_\infty = \infty$인 경우: 선형분수변환

$$S(z) = \frac{z - z_0}{z_1 - z_0}$$

에서, $z_1 - z_0 \neq 0$이므로 S는 선형분수변환이다. 또한 $S(z_1) = 1$, $S(z_0) = 0$, $S(z_\infty) = S(\infty) = \infty$이다. □

확장된 복소평면 $\mathbb{C}_\infty$에 놓인 서로 다른 세 점 z_1, z_0, z_∞에 대하여, 보조정리 6.3에 따라서 $S(z_1) = 1$, $S(z_0) = 0$, $S(z_\infty) = \infty$인 선형분수변환 S가 존재한다. 또한 따름정리 6.4에 따라서, 이런 선형분수변환은 유일하다. 선형분수변환의 성질을 알아보기 위하여, 함수 S는 매우 중요한 구실을 한다. 이 함수를 다음과 같이 정의하자.

정의 6.3: 네 점의 복비

확장된 복소평면 $\mathbb{C}_\infty$에 놓인 서로 다른 세 점 z_1, z_0, z_∞와 $S(z_1) = 1$, $S(z_0) = 0$, $S(z_\infty) = \infty$인 선형분수변환 S에 대하여, $S(z)$를 z, z_1, z_0, z_∞의 **복비**라고 하고 (z, z_1, z_0, z_∞)로 나타낸다.

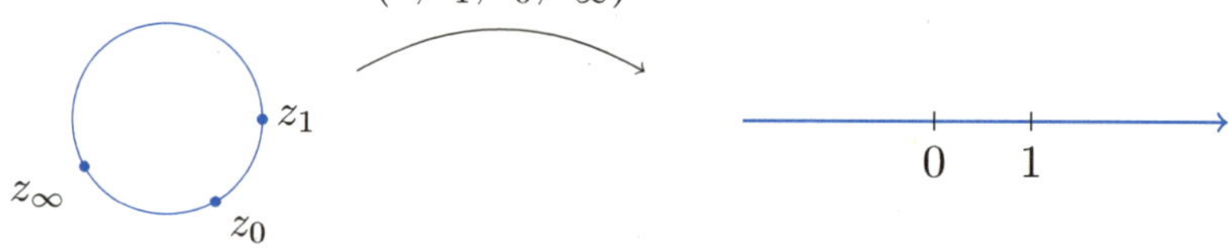

그림 6.1　선형분수변환 (z, z_1, z_0, z_∞)

복비 (z, z_1, z_0, z_∞)의 간단한 성질을 다음의 두 개의 보조정리들을 통하여 살펴보자.

보조정리 6.4: 복비와 켤레복소수

확장된 복소평면 $\mathbb{C}_\infty$에 놓인 서로 다른 세 점 z_1, z_0, z_∞에 대하여,

$$\overline{(z, z_1, z_0, z_\infty)} = (\overline{z}, \overline{z_1}, \overline{z_0}, \overline{z_\infty})$$

이다.

증명 $z_1 = \infty$이면

$$\overline{(z, z_1, z_0, z_\infty)} = \overline{\left(\frac{z - z_0}{z - z_\infty}\right)} = \frac{\overline{z} - \overline{z_0}}{\overline{z} - \overline{z_\infty}} = (\overline{z}, \overline{z_1}, \overline{z_0}, \overline{z_\infty})$$

이다. $z_0 = \infty$이면

$$\overline{(z, z_1, z_0, z_\infty)} = \overline{\left(\frac{z_1 - z_\infty}{z - z_\infty}\right)} = \frac{\overline{z_1} - \overline{z_\infty}}{\overline{z} - \overline{z_\infty}} = (\overline{z}, \overline{z_1}, \overline{z_0}, \overline{z_\infty})$$

이다. $z_\infty = \infty$이면

$$\overline{(z, z_1, z_0, z_\infty)} = \overline{\left(\frac{z - z_0}{z_1 - z_0}\right)} = \frac{\overline{z} - \overline{z_0}}{\overline{z_1} - \overline{z_0}} = (\overline{z}, \overline{z_1}, \overline{z_0}, \overline{z_\infty})$$

이다. $z_1, z_0, z_\infty \in \mathbb{C}$이면

$$\overline{(z, z_1, z_0, z_\infty)} = \overline{\frac{z_1 - z_\infty}{z_1 - z_0} \cdot \frac{z - z_0}{z - z_\infty}} = \frac{\overline{z_1} - \overline{z_\infty}}{\overline{z_1} - \overline{z_0}} \cdot \frac{\overline{z} - \overline{z_0}}{\overline{z} - \overline{z_\infty}} = (\overline{z}, \overline{z_1}, \overline{z_0}, \overline{z_\infty})$$

이다. □

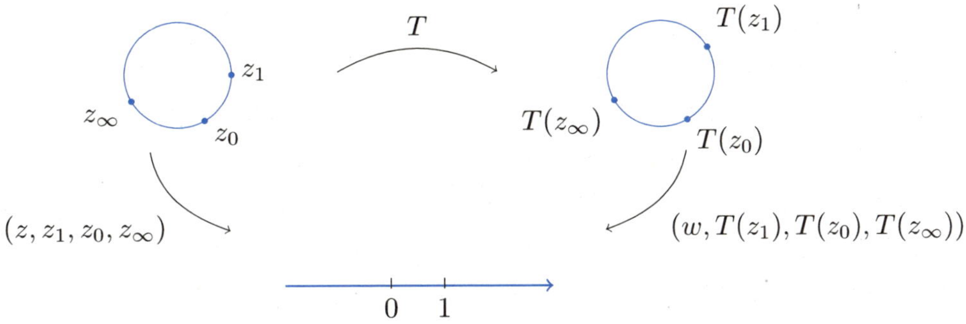

그림 6.2 $(z, z_1, z_0, z_\infty) = (T(z), T(z_1), T(z_0), T(z_\infty))$

보조정리 6.5: 복비와 선형분수변환

확장된 복소평면 $\mathbb{C}_\infty$에 놓인 임의의 서로 다른 세 점 z_1, z_0, z_∞와 임의의 선형분수변환 T에 대하여,

$$(z, z_1, z_0, z_\infty) = (T(z), T(z_1), T(z_0), T(z_\infty))$$

이다.

증명 $S(z) = (z, z_1, z_0, z_\infty)$와 $M(w) = (w, T(z_1), T(z_0), T(z_\infty))$로 놓자. 그러면 세 점 z_1, z_0, z_∞에 대하여

$$S(z_1) = 1 = (M \circ T)(z_1),\ S(z_0) = 0 = (M \circ T)(z_0),\ S(z_\infty) = \infty = (M \circ T)(z_\infty)$$

이므로, 따름정리 6.4에 따라서 $S = M \circ T$이다. 그러므로

$$(z, z_1, z_0, z_\infty) = (T(z), T(z_1), T(z_0), T(z_\infty))$$

이다. □

확장된 복소평면 $\mathbb{C}_\infty$에 놓인 서로 다른 세 점 z_1, z_0, z_∞에 대하여, 세 점 z_1, z_0, z_∞를 지나는 직선 또는 원은 유일하게 존재한다.

(가) 세 점 z_1, z_0, z_∞ 중 하나가 ∞인 경우: 이 세 점을 지나는 직선은, ∞가 아닌 다른 두 점을 지나는 직선이다.

(나) 세 점 z_1, z_0, z_∞가 모두 $\mathbb{C}$에 놓여 있고, $z_1 - z_0$의 편각이 $z_\infty - z_0$의 편각과 π의 정수배 차이가 나는 경우: 점 z_1과 z_0을 지나는 직선에 z_∞가 놓여 있어서, 이 직선이 세 점을 지나는 유일한 직선이다.

(다) 세 점 z_1, z_0, z_∞가 모두 $\mathbb{C}$에 놓여 있고, $z_1 - z_0$의 편각이 $z_\infty - z_0$의 편각과 π의 정수배 차이가 나지 않는 경우: 이 경우 세 점 z_1, z_0, z_∞는 한 직선에 놓여 있지 않다. 따라서 점 z_1과 z_0을 연결하는 선분의 수직이등분선과, 점 z_∞와 z_0을 연결하는 선분의 수직이등분선은 한 점 $w_0 \in \mathbb{C}$에서 만난다. 그리고 w_0에서 각각의 z_1, z_0, z_∞까지의 거리는 같다. 그러므로, 중심이 w_0이고 반지름이 $|z_0 - w_0|$인 원이 z_1, z_0, z_∞를 지나는 유일한 원이다.

정리 6.5: 복비와 원

확장된 복소평면 $\mathbb{C}_\infty$에 놓인 서로 다른 세 점 z_1, z_0, z_∞에 대하여, $(z, z_1, z_0, z_\infty) \in \mathbb{R}_\infty$인 것은 z가 z_1, z_0, z_∞를 지나는 원이나 직선에 놓여 있기 위한 필요충분조건이다.

증명 확장된 복소평면 $\mathbb{C}_\infty$에 놓인 서로 다른 세 점 z_1, z_0, z_∞에 대하여,

$$S(z) = (z, z_1, z_0, z_\infty)$$

로 놓자. 그러면

$$S(z) = \frac{az+b}{cz+d}, \quad ad - bc \neq 0$$

인 상수 $a, b, c, d \in \mathbb{C}$가 존재한다.

다음은 논리적으로 동치이다.

(가) $S(z) \in \mathbb{R}_\infty$,

(나) $S(z) = \infty$ 또는 $S(z) \in \mathbb{R}$,

(다) $z = z_\infty$ 또는 $\dfrac{az+b}{cz+d} = \dfrac{\overline{az}+\overline{b}}{\overline{cz}+\overline{d}}$,

(라) $z = z_\infty$ 또는 $(a\overline{c} - \overline{a}c)|z|^2 + (a\overline{d} - \overline{b}c)z + (b\overline{c} - \overline{a}d)\overline{z} + (b\overline{d} - \overline{b}d) = 0$.

따라서 (가)는 (라)이기 위한 필요충분조건이다. 그런데 $z = z_\infty$이면 z는 당연히 z_1, z_0, z_∞를 지나는 원이나 직선에 놓여 있다. $z \neq z_\infty$일 때는, 방정식

$$(a\overline{c} - \overline{a}c)|z|^2 + (a\overline{d} - \overline{b}c)z + (b\overline{c} - \overline{a}d)\overline{z} + (b\overline{d} - \overline{b}d) = 0. \tag{6.5}$$

이 z_1, z_0, z_∞를 지나는 원이나 직선의 방정식을 나타냄을 보이면 이 정리의 증명이 완성된다. 이것을 증명하여 보자.

$a\overline{c}$가 실수인 경우: $a\overline{c} - \overline{a}c = 0$이므로

$$\alpha = 2(a\overline{d} - \overline{b}c), \quad \beta = i(b\overline{d} - \overline{b}d)$$

로 놓으면 $0 = \mathrm{Im}(\alpha z) - \beta$ 즉,

$$\mathrm{Im}(\alpha z - i\beta) = 0 \tag{6.6}$$

인데 이것은 직선의 방정식이다. 이때 $S(z_1) = 1 \in \mathbb{R}$이고 $S(z_0) = 0 \in \mathbb{R}$이므로, 위의 결과에 따라서, z_1과 z_0은 식 (6.6)에 의해 정의된 직선에 놓여 있다. 또한 z_∞도 식 (6.6)에 따라 정의된 직선에 놓여 있음을 다음과 같이 확인할 수 있다. $c = 0$인 경우, $z_\infty = \infty$이므로, z_∞는 식 (6.6)에 의해 정의된 직선에 놓여 있다. 또한 $c \neq 0$인 경우, $z_\infty = -d/c$이며, 이때

$$\alpha z_\infty - i\beta = -2\frac{d}{c}(a\overline{d} - \overline{b}c) + (b\overline{d} - \overline{b}d) = -2\frac{a\overline{c}|d|^2}{|c|^2} + (b\overline{d} + \overline{b}d)$$

이므로 z_∞는 식 (6.6)에 의해 정의된 직선에 놓여 있다. 따라서 (6.6)는 z_1, z_0, z_∞를 지나는 직선의 방정식이다.

$a\overline{c}$가 실수가 아닌 경우: $a\overline{c} - \overline{a}c \neq 0$이므로,

$$\gamma = \frac{b\overline{c} - \overline{a}d}{a\overline{c} - \overline{a}c}, \quad \delta = \frac{\overline{b}d - b\overline{d}}{a\overline{c} - \overline{a}c}$$

로 놓으면, 식 (6.5)은 $|z|^2 + \overline{\gamma}z + \gamma\overline{z} - \delta = 0$ 즉,

$$|z + \gamma| = \left|\frac{ad - bc}{\overline{a}c - a\overline{c}}\right| \tag{6.7}$$

이다. 그런데 이것은 원의 방정식이다. 이때 $S(z_1) = 1 \in \mathbb{R}$이고 $S(z_0) = 0 \in \mathbb{R}$이므로, 위의 결과에 따라서, z_1과 z_0은 식 (6.7)에 따라 정의된 원에 놓여 있다. 또한 이때, $c \neq 0$이므로 $z_\infty = -d/c$이고,

$$z_\infty + \gamma = -\frac{d}{c} + \frac{b\overline{c} - \overline{a}d}{a\overline{c} - \overline{a}c} = \frac{\overline{c}(-ad + bc)}{c(a\overline{c} - \overline{a}c)}$$

이므로 $z_\infty = -d/c$도 식 (6.7)에 따라 정의된 원에 놓여 있다. 따라서 (6.7)는 z_1, z_0, z_∞를 지나는 원의 방정식이다. □

확장된 복소평면에 있는 직선은 원의 극한 형태로 이해할 수 있고, 리만 구면에서 보면 ∞를 지나는 원으로 이해할 수 있다. 특별한 구별이 없는 한, 앞으로 확장된 복소평면에 있는 직선을 원으로 생각한다.

6.1.4 선형분수변환과 원

선형분수변환은 원을 원으로 대응한다.

정리 6.6: 선형분수변환은 원을 원으로 대응한다.

확장된 복소평면에 놓인 원 Γ와 임의의 선형분수변환 S에 대하여, $S(\Gamma)$는 원이다.

증명 임의의 원 Γ와 선형분수변환 S에 대하여, $S(\Gamma)$가 원임을 보이자. 원 Γ에 놓인 임의의 서로 다른 세 점을 z_1, z_0, z_∞로 놓고

$$w_1 = S(z_1), \quad w_0 = S(z_0), \quad w_\infty = S(w_\infty)$$

로 놓자. $(z, z_1, z_0, z_\infty) \in \mathbb{R}_\infty$인 것은 z가 원 Γ에 놓여 있기 위한 필요충분조건이고, $(S(z), w_1, w_0, w_\infty) \in \mathbb{R}_\infty$인 것은 $S(z)$가 w_1, w_0, w_∞를 지나는 원에 놓여 있기 위한 필요충분조건이다. 그런데 임의의 점 $z \in \mathbb{C}_\infty$에 대하여

$$(z, z_1, z_0, z_\infty) = (S(z), S(z_1), S(z_0), S(z_\infty)) = (S(z), w_1, w_0, w_\infty)$$

이므로, $S(\Gamma)$는 w_1, w_0, w_∞를 지나는 원이다. □

복소평면 $\mathbb{C}$에 놓인 점들에 대한 복소켤레 관계를 일반화하여 원 Γ에 대한 대칭 관계를 정의할 수 있다. 원 Γ를 원 Γ'로 변환시키는 선형분수변환 S는 원 Γ에 대하여 대칭인 두 점을 원 Γ'에 대하여 대칭인 두 점으로 대응시킨다.

정의 6.4: 원에 대하여 대칭인 점

서로 다른 세 점 z_1, z_0, z_∞를 지나는 원 Γ에 대하여,

$$(\alpha^*, z_1, z_0, z_\infty) = \overline{(\alpha, z_1, z_0, z_\infty)}$$

이면 원 Γ에 대하여 점 α는 α^*와 **대칭**이라고 한다.

위의 정의에서 원 Γ에 대하여 α가 α^*와 대칭인 것을, 원 Γ에 대하여 정의하지 않고 점 z_1, z_0, z_∞에 대하여 정의한다. 그렇지만 원 Γ에 놓인 다른 서로 다른 세 점에 대해서도 위의 정의에 나온 식이 성립한다.

정리 6.7: 원에 대한 대칭의 원에 대한 종속성

원 Γ에 놓인 임의의 서로 다른 세 점 z_1, z_0, z_∞와 서로 다른 세 점 w_1, w_0, w_∞에 대하여,

$$(\alpha^*, z_1, z_0, z_\infty) = \overline{(\alpha, z_1, z_0, z_\infty)}$$

이면

$$(\alpha^*, w_1, w_0, w_\infty) = \overline{(\alpha, w_1, w_0, w_\infty)}$$

이다.

증명 $S(z) = (z, z_1, z_0, z_\infty)$로 놓으면

$$(z, w_1, w_0, w_\infty) = (S(z), S(w_1), S(w_0), S(w_\infty))$$

이다. 이때, S는 원 Γ를 $\mathbb{R}_\infty$로 대응시키고, w_1, w_0, w_∞가 모두 Γ에 놓여 있으므로 $S(w_1), S(w_0), S(w_\infty)$는 모두 $\mathbb{R}_\infty$에 놓여 있다. 따라서

$$(w, S(w_1), S(w_0), S(w_\infty)) = \frac{aw+b}{cw+d}$$

이고 $ad-bc \neq 0$인 실수 a, b, c, d가 존재한다. 그러므로 $(\alpha^*, z_1, z_0, z_\infty) = \overline{(\alpha, z_1, z_0, z_\infty)}$이면,

$$\begin{aligned}(\alpha^*, w_1, w_0, w_\infty) &= (S(\alpha^*), S(w_1), S(w_0), S(w_\infty)) \\ &= \frac{aS(\alpha^*)+b}{cS(\alpha^*)+d} \\ &= \frac{a\overline{S(\alpha)}+b}{c\overline{S(\alpha)}+d} \\ &= \overline{\left(\frac{aS(\alpha)+b}{cS(\alpha)+d}\right)} \\ &= \overline{(S(\alpha), S(w_1), S(w_0), S(w_\infty))} \\ &= \overline{(\alpha, w_1, w_2, w_3)}\end{aligned}$$

이다. □

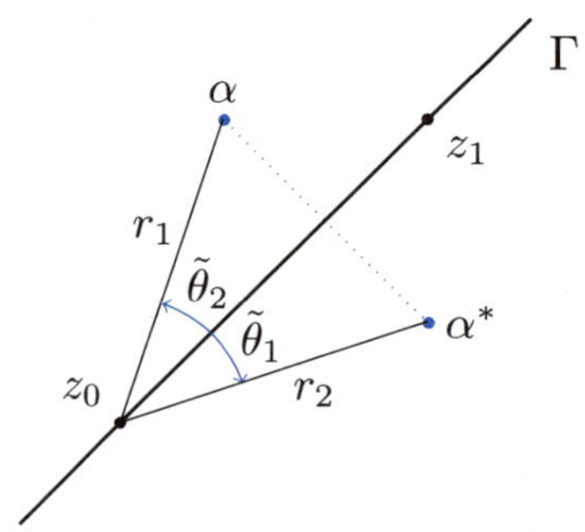

그림 6.3 직선에 대칭인 두 점

정리 6.8: 직선에 대하여 대칭인 두 점

직선 Γ에 대하여, 점 α와 α^*가 Γ에 대하여 대칭이면 직선 Γ는 두 점 α와 α^*를 연결하는 선분의 수직이등분선이다.

증명 점 α와 α^*가 Γ에 대하여 대칭이라고 가정하자. 직선 Γ에 놓인 서로 다른 점 $z_1, z_0 \in \mathbb{C}$를 택하고 $z_\infty = \infty$로 놓으면,

$$(\alpha^*, z_1, z_0, z_\infty) = \overline{(\alpha, z_1, z_0, z_\infty)}$$

이므로

$$\frac{\alpha^* - z_0}{z_1 - z_0} = \frac{\overline{\alpha} - \overline{z_0}}{\overline{z_1} - \overline{z_0}}$$

이다. 그림 6.3와 같이, $\alpha - z_0$와 $\alpha^* - z_0$와 $z_1 - z_0$의 극형식을

$$\alpha - z_0 = r_1 e^{i\theta_1}, \quad \alpha^* - z_0 = r_2 e^{i\theta_2}, \quad z_1 - z_0 = se^{i\eta}$$

로 놓고 $\tilde{\theta}_1 = \theta_1 - \eta$와 $\tilde{\theta}_2 = \theta_2 - \eta$로 놓으면,

$$\frac{r_2}{s} e^{i\tilde{\theta}_2} = \frac{\alpha^* - z_0}{z_1 - z_0} = \overline{\frac{\alpha - z_0}{z_1 - z_0}} = \frac{r_1}{s} e^{i(-\tilde{\theta}_1)}$$

이다. 따라서 $r_2 = r_1$이고 $\tilde{\theta}_2 = -\tilde{\theta}_1 + 2\pi k$인 정수 k가 존재한다. □

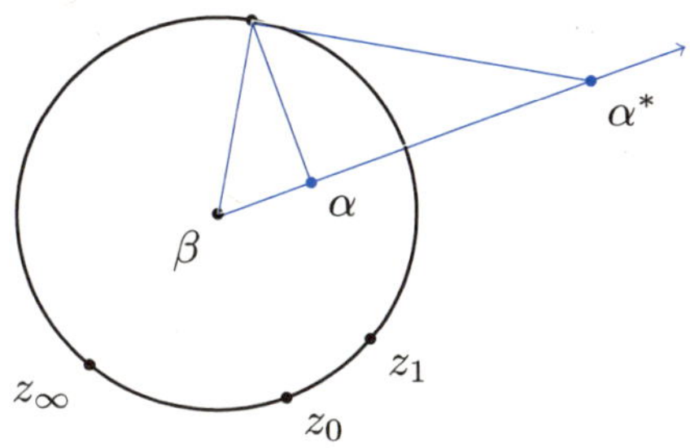

그림 6.4 원에 대칭인 두 점

원 Γ가 직선이 아닐 때는, Γ에 대한 대칭관계는 직선일 때보다 복잡하다.

정리 6.9: 원에 대하여 대칭인 두 점

원 $\Gamma = \{z \in \mathbb{C} : |z - \beta| = r_0\}$ $(\beta \in \mathbb{C},\ 0 < r_0 < \infty)$에 대하여, 점 α가 α^*에 대칭이면

$$\alpha^* - \beta = \frac{r_0^2}{|\alpha - \beta|^2}(\alpha - \beta)$$

이다.

증명 원 Γ에 놓인 서로 다른 세 점 z_1, z_0, z_∞를 택하자. 복소평면 $\mathbb{C}$에 놓인 두 점 α와 α^*에 대하여,

$$(\alpha^*, z_1, z_0, z_\infty) = \overline{(\alpha, z_1, z_0, z_\infty)}$$

이면

$$\begin{aligned}(\alpha^*, z_1, z_0, z_\infty) &= \overline{(\alpha, z_1, z_0, z_\infty)} \\ &= \overline{(\alpha-\beta, z_1-\beta, z_0-\beta, z_\infty-\beta)} \\ &= \left(\overline{\alpha}-\overline{\beta}, \frac{r_0^2}{z_1-\beta}, \frac{r_0^2}{z_0-\beta}, \frac{r_0^2}{z_\infty-\beta}\right) \\ &= \left(\frac{r_0^2}{\overline{\alpha}-\overline{\beta}}, z_1-\beta, z_0-\beta, z_\infty-\beta\right) \\ &= \left(\frac{r_0^2}{\overline{\alpha}-\overline{\beta}}+\beta, z_1, z_0, z_\infty\right)\end{aligned}$$

이다. 선형분수변환 $(\cdot, z_1, z_0, z_\infty)$는 일대일 대응이므로, $\alpha^* = \beta + r_0^2(\overline{\alpha}-\overline{\beta})^{-1}$ 또는 $(\alpha^*-\beta)(\overline{\alpha}-\overline{\beta}) = r_0^2$이다. 따라서

$$\frac{\alpha^*-\beta}{\alpha-\beta} = \frac{r_0^2}{|\alpha-\beta|^2} \quad \text{즉,} \quad (\alpha^*-\beta) = \frac{r_0^2}{|\alpha-\beta|^2}(\alpha-\beta)$$

이다. □

따라서, α_*가 반직선

$$\{\beta + t(\alpha-\beta) \,:\, 0 < t < \infty\}$$

에 놓여 있으며

$$|\alpha-\beta|\cdot|\alpha^*-\beta| = r_0^2$$

임을 알 수 있다. 위의 과정에서 α가 β에 접근하는 과정을 통하여, 원 γ에 대하여 β는 ∞에 대칭인 것을 알 수 있다.

선형분수변환 S가 원 Γ를 원 $S(\Gamma)$로 대응시키면, 선형분수변환 S은 원 Γ에 대칭인 두 점을 $S(\Gamma)$에 대칭인 두 점에 대응시킨다.

정리 6.10: 선형분수변환에 따른 원에 대한 두 점의 대칭성 보존

선형분수변환 S와 원 Γ에 대하여, 원 Γ에 대하여 점 α가 α^*에 대칭이면, 원 $S(\Gamma)$에 대하여 점 $S(\alpha)$는 $S(\alpha^*)$에 대칭이다.

증명 원 Γ에 대하여 점 α는 α^*에 대칭이라고 가정하자. 원 Γ에 놓인 서로 다른 점

z_1, z_0, z_∞를 택하면

$$\begin{aligned}(S(\alpha^*), S(z_1), S(z_2), S(z_\infty)) &= (\alpha^*, z_1, z_0, z_\infty) \\ &= \overline{(\alpha, z_1, z_0, z_\infty)} \\ &= \overline{(S(\alpha), S(z_1), S(z_0), S(z_\infty))}\end{aligned}$$

이므로, $S(z_1)$, $S(z_0)$, $S(z_\infty)$를 지나는 원 $S(\Gamma)$에 대하여 점 $S(\alpha^*)$는 점 $S(\alpha)$에 대칭이다. □

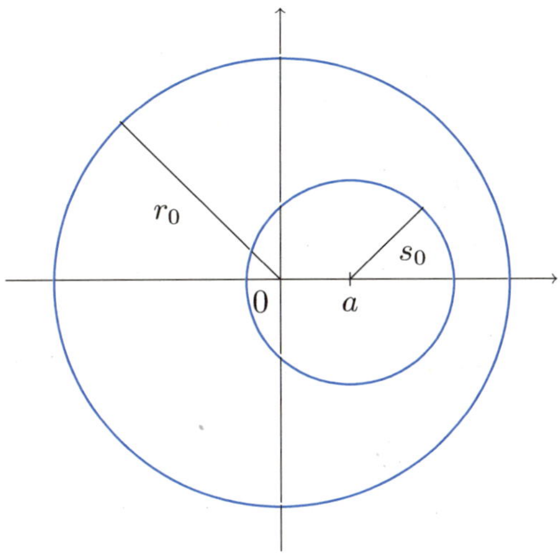

그림 6.5 두 원 C_1과 C_2

> **예제 6.3.** 그림 6.5와 같이 $a + s_0 < r_0$인 양의 실수 a, s_0, r_0에 대하여, 원 $C_2 = \partial D(a; s_0)$은 원 $C_1 = \partial D(0; r_0)$의 내부에 놓여 있다. 이 두 원을 중심이 같은 두 개의 원으로 대응시키는 선형분수변환 T를 구하여라.

풀이 이런 선형분수변환 T가 존재하면, 원 $T(C_1)$과 $T(C_2)$에 대한 공통된 중심 c의 대칭점 c^*는 ∞이다. 선형분수변환은 원에 대한 두 점의 대칭관계를 유지하므로, 원 C_1과 C_2에 대하여 $b = T^{-1}(c)$는 $b^* = T^{-1}(\infty)$에 대칭이다. 따라서 선형분수변환 T를 찾기 위해서는 원 C_1과 C_2에 대하여 대칭관계인 두 점 b와 b^*를 찾으면 된다.

이제 원 C_1과 C_2에 대하여 대칭관계인 두 점 b와 b^*를 찾아보자. 즉,

$$b^* = \frac{r_0^2}{|b|^2} b, \quad b^* - a = \frac{s_0^2}{|b-a|^2}(b-a) \tag{6.8}$$

인 점 b와 b^*를 찾아야 한다. 식 (6.8)은

$$b^* \cdot \bar{b} = r_0^2, \quad b^* \cdot \bar{b} - (b^* + \bar{b})a + a^2 = s_0^2$$

와 같다. 또한 이 식은

$$b + b^* = \frac{r_0^2 + a^2 - s_0^2}{a}, \quad b \cdot b^* = r_0^2$$

와 같다. 따라서 b와 b^*는 방정식

$$z^2 - \frac{r_0^2 + a^2 - s_0^2}{a} z + r_0^2 = 0$$

의 근이다. 그런데 이 2차 방정식의 판별식은

$$D = \left(\frac{r_0^2 + a^2 - s_0^2}{a}\right)^2 - 4r_0^2 = \frac{((r_0 + a)^2 - s_0^2)((r_0 - a)^2 - s_0^2)}{a^2} > 0$$

이므로, 서로 다른 두 실수가 이 방정식의 근으로서 b와 b^*이다. 여기서 $b < b^*$라고 가정하면

$$b = \frac{r_0^2 + a^2 - s_0^2 - \sqrt{(r_0^2 + a^2 - s_0^2)^2 - 4a^2 r_0^2}}{2a},$$
$$b^* = \frac{r_0^2 + a^2 - s_0^2 + \sqrt{(r_0^2 + a^2 - s_0^2)^2 - 4a^2 r_0^2}}{2a}$$

이다. 그리고 $T(z) = (z - b)/(z - b^*)$이다. □

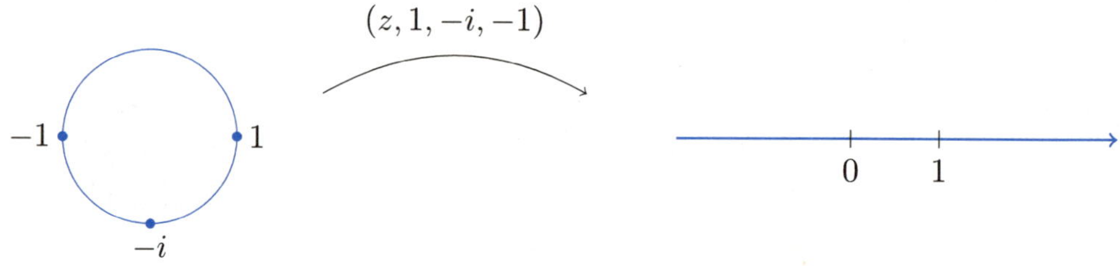

그림 6.6 선형분수변환 $(z, 1, -i, -1)$

예제 6.4. 단위원판 Δ의 경계점 $1, -i, -1$을 각각 $1, 0, \infty$로 대응시키는 선형분수변환 $S(z) = (z, 1, -i, -1)$와 그 역변환 S^{-1}를 구하여라.

풀이 단위원판 Δ의 경계점 $1, -i, -1$을 각각 $1, 0, \infty$로 대응시키는 선형분수변환

$$S(z) = (z, 1, -i, -1) = \frac{2}{1+i} \cdot \frac{z+i}{z+1}$$

은 단위원판 Δ를 위반평면 $\mathbb{H} = \{z \in \mathbb{C}\colon \operatorname{Im} z > 0\}$로 일대일 대응하는 해석함수이다. 그리고 S의 역함수

$$S^{-1}(z) = \frac{z - 2i/(1+i)}{-z + 2/(1+i)} = \frac{(1+i)z - 2i}{-(1+i)z + 2}$$

은 위반평면 $\mathbb{H}$를 단위원판 Δ로 일대일 대응한다. □

예제 6.5. 영역 $G = \{z \in \mathbb{C} : 0 < \operatorname{Im} z < \pi\}$에서 단위원판 Δ로 일대일 대응하는 해석함수를 구하여라.

풀이 지수함수 $f(z) = e^z$는 영역 G를 위반평면 $\mathbb{H}$로 일대일 대응한다. 그리고 예제 6.4에서의 선형분수변환 S^{-1}은 위반평면 $\mathbb{H}$에서 단위원판 Δ로 일대일 대응한다. 따라서 합성함수

$$h(z) = (S^{-1} \circ f)(z) = \frac{(1+i)e^z - 2i}{-(1+i)e^z + 2}$$

는 영역 G를 단위원판 Δ로 일대일 대응한다. □

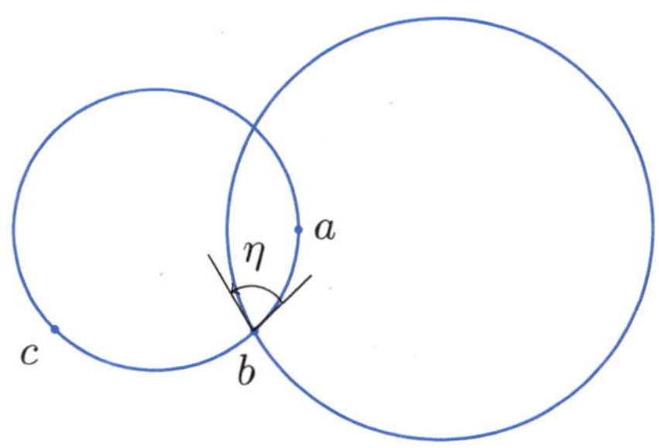

그림 6.7 두 원판의 교집합

예제 6.6. 그림 6.7에서와 같이 두 원판 $D(z_1; r_1)$과 $D(\alpha_2; r_2)$의 교집합 A가 공집합이 아닐 때, A에서 단위원판 Δ으로 일대일 대응하는 해석함수를 구하여라.

풀이 점 a, b, c와 각 η를 그림 6.7에서와 같이 놓자. 그러면 선형분수변환

$$S(z) = (z, a, b, c)$$

에 따라서 교집합 A는

$$B = \{re^{i\theta} : 0 < r,\, 0 < \theta < \eta\}$$

로 일대일 대응한다. 함수 $f(z) = z^{\pi/\eta}$은 영역 B를 위반평면 $\mathbb{H}$로 일대일 대응한다. 따라서 $h = f \circ S$는 영역 A를 위반평면 $\mathbb{H}$로 일대일 대응한다. □

6.2 단위원판에서의 선형분수변환

단위원판 Δ에 대하여, 일대일 대응인 해석함수 $f: \Delta \to \Delta$를 구하자. 이런 함수들은 모두 선형분수변환임을 확인할 수 있다.

일대일 대응인 해석함수 $f: \Delta \to \Delta$에 대하여, f의 역함수 f^{-1}는 해석함수이다.

보조정리 6.6: 일대일 대응인 해석함수

일대일 대응인 해석함수 $f: \Delta \to \Delta$에 대하여, 역함수 f^{-1}는 해석적이다.

증명 임의의 점 $z_1 \in \Delta$에 대하여,

$$\frac{df^{-1}}{dz}(z_1) = \lim_{z \to z_1} \frac{f^{-1}(z) - f^{-1}(z_1)}{z - z_1} = \lim_{z \to z_1} \frac{1}{\frac{f(f^{-1}(z)) - f(f^{-1}(z_1))}{f^{-1}(z) - f^{-1}(z_1)}} = \frac{1}{f'(f^{-1}(z_1))}$$

이다. □

해석함수 $f: \Delta \to \Delta$에 대하여, 다음의 슈바르츠의 보조정리가 매우 중요하다.

보조정리 6.7: 슈바르츠

해석함수 $f: \Delta \to \Delta$에 대하여, $f(0) = 0$이면

(가) 모든 $z \in \Delta$에 대하여 $|f(z)| \le |z|$이며

(나) $|f'(0)| \le 1$

이다. 또한 $|f'(0)| = 1$이거나, $|f(z)| = |z|$인 $z \in \Delta - \{0\}$가 존재하면,

$$f(z) = cz, \quad |c| = 1$$

인 상수 c가 존재한다.

증명 해석적인 함수 $f: \Delta \to \Delta$에 대하여 $f(0) = 0$이라고 가정하자. 함수 $g: \Delta \to \mathbb{C}$를

$$g(z) = \begin{cases} \dfrac{f(z)}{z} & z \ne 0, \\ f'(0) & z = 0 \end{cases}$$

로 정의하자. 그러면, 0이 아닌 점에서 g는 미분가능하며, 0이 f의 영점이므로, 0에서도 g는 미분가능하다. 따라서, 단위원판 Δ에서 g는 해석함수이다. 함수 g에 최대절댓값의 정리를 적용하면, $|z| \le r$인 z에 대하여 $|g(z)| \le r^{-1}$이다. 여기서 r을 1에 수렴시키면 모든 점 $z \in \Delta$에 대하여 $|g(z)| \le 1$, 즉 모든 z에 대하여 $|f(z)| \le |z|$이고 $|f'(0)| \le 1$이다. 만약 $|f(z)| = |z|$인 점이 $\Delta - \{0\}$에 존재하거나 $|f'(0)| = 1$이면 최대절댓값의 정리에 따라서 $g(z) = c$이고 $|c| = 1$인 상수 c가 존재한다. 따라서, $f(z) = cz$이다. □

단위원판 Δ에 놓인 점 a에 대하여 선형분수변환 ϕ_a를

$$\phi_a(z) = \frac{z-a}{1-\overline{a}z}$$

로 정의하자. 선형분수변환 ϕ_a의 역함수는

$$\phi_a^{-1}(z) = \frac{z+a}{1+\overline{a}z} = \frac{z-(-a)}{1-\overline{-a}z}$$

이므로, $\phi_a^{-1} = \phi_{-a}$임을 알 수 있다.

보조정리 6.8: 함수 ϕ_a의 성질

$|a| < 1$일 때,

(가) $\phi_a : \overline{\Delta} \to \overline{\Delta}$ 그리고 $\phi_a(\partial\Delta) = \partial\Delta$,

(나) $\phi_a(0) = -a$ 그리고 $\phi_a(a) = 0$,

(다) $\phi_a'(0) = 1 - |a|^2$ 그리고 $\phi_a'(a) = 1/(1-|a|^2)$

이다.

증명 (가) $|c| = 1$일 때

$$|\phi_a(c)| = \left|\frac{c-a}{1-\overline{a}c}\right| = \left|\frac{c-a}{\overline{c}-\overline{a}}\right| = 1$$

이므로, 선형분수변환 ϕ_a는 단위원을 단위원으로 대응시킨다. 즉, $\phi_a(\partial\Delta) = \partial\Delta$이다. 그리고 $\phi_a(0) = -a$이므로 단위원판 Δ에 대하여 $\phi_a(\Delta) = \Delta$임을 알 수 있다.

(나) $\phi_a(0) = \dfrac{0-a}{1-\overline{a}\cdot 0} = -a$이고 $\phi_a(a) = \dfrac{a-a}{1-\overline{a}\cdot a} = 0$이다.

(다) 함수 ϕ_a를 미분하면

$$\phi_a'(z) = \frac{(1-\overline{a}z)+\overline{a}(z-a)}{(1-\overline{a}z)^2} = \frac{1-|a|^2}{(1-\overline{a}z)^2}$$

이므로, $\phi_a'(0) = 1-|a|^2$이고 $\phi_a'(a) = 1/(1-|a|^2)$이다. □

슈바르츠의 보조정리와 함수 ϕ_a를 이용하면 보다 일반적인 정보를 알 수 있다.

보조정리 6.9: 단위원판에서 단위원판으로의 해석함수

해석함수 $f\colon \Delta \to \Delta$와 임의의 점 $a \in \Delta$에 대하여

$$|f'(a)| \leq \frac{1-|f(a)|^2}{1-|a|^2}$$

이다. 여기서 $f(z) = \phi_{-f(a)}(c\phi_a(z))$ 그리고 $|c| = 1$인 c가 존재함은 위의 부등식에서 등호가 성립하기 위한 필요충분조건이다.

증명 해석함수 $f\colon \Delta \to \Delta$에 대하여 $f(a) = \alpha$인 상수 $a, \alpha \in \Delta$를 고정하자. 그러면 함수

$$g = \phi_\alpha \circ f \circ \phi_{-a}$$

에 대하여,

$$\phi_{-a}(0) = a, \quad f(a) = \alpha, \quad \phi_\alpha(\alpha) = 0$$

이고

$$\phi_{-a}'(0) = 1-|a|^2, \quad \phi_\alpha'(\alpha) = \frac{1}{1-|\alpha|^2}$$

이므로 $g(0) = 0$이고

$$\begin{aligned} g'(0) &= \phi_\alpha'(\alpha)\cdot f'(a)\cdot \phi_{-a}'(0) \\ &= \frac{1}{1-|\alpha|^2}\cdot f'(a)\cdot(1-|a|^2) \\ &= \frac{1-|a|^2}{1-|\alpha|^2}\cdot f'(a) \end{aligned}$$

이다. 함수 g에 슈바르츠의 보조정리를 적용하면, $|g'(0)| \leq 1$이므로

$$|f'(a)| \leq \frac{1-|\alpha|^2}{1-|a|^2}$$

임을 알 수 있다. 여기서 등호가 성립할 때는 $|g'(0)| = 1$인 경우인데, 이 경우에는 슈바르츠의 보조정리에 따라서 $g(z) = cz$ $(|c| = 1)$임을 알 수 있다. 즉

$$f(z) = \phi_{-\alpha}(c\phi_a(z))$$

이다. □

이제 일대일 대응인 해석함수 $f\colon \Delta \to \Delta$를 찾아보자.

정리 6.11: 단위원판에서 단위원판으로의 일대일 대응인 해석함수

함수 $f\colon \Delta \to \Delta$에 대하여,

$$f(z) = c\phi_a(z), \quad |c| = 1, \quad |a| < 1$$

인 상수 c와 a가 존재함은 f가 일대일 대응인 해석함수이기 위한 필요충분조건이다.

증명 함수 f에 대하여 $f(z) = c\phi_a(z)$, $|c| = 1$, $|a| < 1$인 상수 c와 a가 존재한다고 가정하자. 그러면 $\psi(z) = cz$로 놓으면, $f = \psi \circ \phi_a$이고 ψ와 ϕ_a가 모두 단위원판 Δ에서 단위원판 Δ로의 일대일 대응인 해석함수이므로, f도 단위원판 Δ에서 단위원판 Δ로의 일대일 대응인 해석함수이다.

역으로 함수 f가 일대일 대응인 해석함수라고 가정하자. $f(a) = 0$인 $a \in \Delta$를 택하자. 함수 f의 역함수를 h라고 놓자. 그러면

$$|f'(a)| \leq \frac{1-|f(a)|^2}{1-|a|^2} = \frac{1}{1-|a|^2}, \quad |h'(0)| \leq \frac{1-|h(0)|^2}{1-|0|^2} = 1-|a|^2$$

이고 $1 = h'(0) \cdot f'(a)$이므로

$$|f'(a)| = \frac{1}{1-|a|^2}$$

이다. 그러면 $g = f \circ \phi_{-a}$에 대하여

$$g(0) = f(\phi_{-a}(0)) = f(a) = 0,$$
$$g'(0) = f'(a) \cdot \phi'_{-a}(0) = \frac{1}{1-|a|^2} \cdot (1-|a|^2) = 1$$

이므로, 슈바르츠의 보조정리에 따라서 $g(z) = cz$이고 $|c| = 1$인 상수 c가 존재한다. 그러므로

$$f(z) = c \cdot \phi_a(z), \quad |c| = 1$$

이다. □

6.3 리만의 사상정리

리만은 박사학위논문에서,

> '복소평면 $\mathbb{C}$의 진부분집합 D에 대하여, D가 단일연결영역이면, 영역 D에서 단위원판 Δ로의 일대일 대응인 해석함수가 존재한다'

라는 리만의 사상정리(정리 6.16)를 제시하였다. 실함수와는 다르게, 항등정리(정리 4.29)에서 볼 수 있는 것같이 해석함수는 매우 제한적인데도 불구하고, 리만의 사상정리가 성립한다는 것은 놀라운 결과이다. 이 절에서는 리만의 사상정리를 증명한다.

6.3.1 고르게 유계인 함수족

영역 D에 정의된 함수들을 원소들로 가지는 집합을 **함수족**이라고 한다. 리만의 사상정리를 증명하기 위하여, 먼저 함수족들의 성질을 알아보자.

함수족에 대한 다음의 유계성을 정의하자.

정의 6.5: 고르게 유계인 함수족

영역 D에 정의된 함수들로 이루어진 함수족 $\mathcal{F}$에 대하여,

$$\forall f \in \mathcal{F},\ \forall z \in D,\ |f(z)| \le M$$

인 양의 실수 M이 존재하면 함수족 $\mathcal{F}$는 **고르게 유계**라고 한다.

정의 6.6: 국소적으로 고르게 유계인 함수족

영역 D에 정의된 함수들로 이루어진 함수족 $\mathcal{F}$에 대하여,

> '임의의 점 $z_0 \in D$에 대하여, $D(z_0; r)$에서 $\mathcal{F}$가 고르게 유계인 양의 실수 r이 존재한다'

이면, 함수족 $\mathcal{F}$는 **국소적으로 고르게 유계**라고 한다.

단위원판 $\Delta = \{z \in \mathbb{C} : |z| < 1\}$에 정의된 선형분수변환

$$\phi_a = \frac{z-a}{1-\overline{a}z} \quad (a \in \Delta)$$

들의 집합 $\mathcal{F} = \{\phi_a \,|\, a \in \Delta\}$에 대하여,

$$\forall f \in \mathcal{F},\ \forall z \in \Delta,\ |f(z)| < 1$$

이므로, $\mathcal{F}$는 고르게 유계이다.

함수족 $\mathcal{F}$가 고르게 유계이면 국소적으로 고르게 유계이다. 그렇지만 그 역은 성립하지 않는다.

보기 6.4. 단위원판 $\Delta = \{z \in \mathbb{C} : |z| < 1\}$에서, 양의 정수 n에 대하여 함수 f_n을

$$f_n(z) = \frac{1}{1 - z^n}$$

로 정의하자. 그러면 함수족 $\mathcal{F} = \{f_n : n \in \mathbb{N}\}$은 국소적으로 고르게 유계인 함수족이지만 고르게 유계인 함수족은 아니다.

함수족이 임의의 옹골찬 부분집합에서 고르게 유계인 것은 이 함수족이 국소적으로 고르게 유계이기 위한 필요충분조건이다:

정리 6.12: 함수족이 국소적으로 고르게 유계이기 위한 필요충분조건

영역 D에 정의된 함수들로 이루어진 함수족 $\mathcal{F}$에 대하여, $\mathcal{F}$가 D의 임의의 옹골찬 부분집합에서 고르게 유계인 함수족임은 $\mathcal{F}$가 국소적으로 고르게 유계이기 위한 필요충분조건이다.

증명 함수족 $\mathcal{F}$가 국소적으로 고르게 유계인 함수족이라고 가정하자. 영역 D의 임의의 옹골찬 부분집합을 K라고 놓자. 함수족 $\mathcal{F}$가 국소적으로 고르게 유계이므로, K의 각 점 z에 대하여,

$$\text{열린 원판 } D(z; r_z)\text{에서 함수족 } F\text{가 고르게 유계이다}$$

인 양의 실수 r_z가 존재한다. 즉,

$$\forall w \in D(z; r_z) \quad \Rightarrow \quad |f(w)| \le m_z$$

인 양의 실수 m_z가 존재한다. 이때, $\mathcal{A} = \{D(z; r_z) : z \in D\}$는 K의 열린 덮개이다. 그런데 K는 옹골찬 집합이므로, K에 대한 A의 유한인 부분덮개

$$\mathcal{B} = \{D(z_1; r_{z_1}), D(z_2; r_{z_2}), \ldots, D(z_k; r_{z_k})\}$$

가 존재한다. 여기서 $m = \max\{m_{z_1}, \ldots, m_{z_k}\}$라고 놓으면, 모든 $w \in K$에 대하여 $|f(w)| \le m$이다. 즉, K에서 함수족 $\mathcal{F}$는 고르게 유계이다.

영역 D의 임의의 옹골찬 부분집합에서 함수족 $\mathcal{F}$가 고르게 유계라고 가정하자. 임의의 점 $z \in D$에 대하여, $\overline{D(z;r)} \subset D$인 양의 실수 r이 존재한다. 이때, $\overline{D(z;r)}$은 옹골찬 부분집합이므로,

$$\text{모든 점 } w \in \overline{D(z;r)}\text{에 대하여 } |f(w)| \le m_z\text{이다}$$

인 양의 실수 m_z가 존재한다. 그러므로, 모든 점 $w \in D(z;r)$에 대하여 $|f(w)| \le m_z$이다. 임의의 점 z에서 성립하므로 함수족 $\mathcal{F}$는 국소적으로 고르게 유계이다. □

해석함수들로 이루어진 함수족에 대하여, 국소적으로 고르게 유계성에 대한 다음의 성질이 있다.

정리 6.13: 해석함수의 함수족의 국소적으로 고르게 유계성

영역 D에 정의된 해석함수들로 이루어진 함수족 $\mathcal{F}$에 대하여, 함수족 $\mathcal{F}$가 국소적으로 고르게 유계이면, 임의의 양의 정수 n에 대하여 함수족

$$\mathcal{F}^{(n)} = \{f^{(n)} : f \in \mathcal{F}\}$$

도 국소적으로 고르게 유계이다. 여기서 $f^{(n)}$은 f의 n계 도함수이다.

증명 재귀적 논증에 따라서, $n = 1$인 경우만 증명하면 된다. 영역 D에 놓인 임의의 점 z_0을 택하자. 그러면 함수족 $\mathcal{F}$는 국소적으로 고르게 유계인 함수족이므로

$$\forall f \in \mathcal{F},\ |z - z_0| < r \quad \to \quad |f(z)| \le M$$

인 양의 실수 r과 M이 존재한다. 곡선 $\gamma(t) = z_0 + re^{it}$ $(0 \le t \le 2\pi)$에 대하여 $|z - z_0| < r/2$일 때,

$$f'(z) = \frac{1}{2\pi i}\int_\gamma \frac{f(w)}{(w - z_0)^2}\,dw$$

이므로

$$|f'(z)| \le \frac{1}{2\pi}\left(\frac{2}{r}\right)^2 \int_\gamma |f(w)|\,|dw| \le \frac{4M}{r}$$

이다. 따라서 함수족 $\mathcal{F}^1 = \{f' : f \in \mathcal{F}\}$은 국소적으로 고르게 유계이다. □

6.3.2 동등연속함수족

함수족에 대하여, 다음의 연속성을 정의하자.

정의 6.7: 동등연속인 함수족

영역 D에 정의된 함수들을 원소로 가지는 함수족 $\mathcal{F}$에 대하여,

임의의 양수 $\epsilon > 0$에 대하여,

$$f \in \mathcal{F},\ |z_1 - z_2| < \delta \quad \to \quad |f(z_1) - f(z_2)| < \epsilon$$

인 양의 실수 δ가 존재한다

이면, 함수족 $\mathcal{F}$는 **동등연속**이라고 한다.

함수 f가 동등연속함수족 $\mathcal{F}$에 속하면, 임의의 양수 $\epsilon > 0$에 대하여,

$$|z_1 - z_2| < \delta \quad \to \quad |f(z_1) - f(z_2)| < \epsilon$$

인 양의 실수 δ가 존재하므로 함수 f는 고르게 연속이다.

해석함수들로 이루어진 함수족에 대하여, 이 함수족이 국소적으로 고르게 유계이면 임의의 옹골찬 부분집합에서 동등연속이다.

정리 6.14: 해석함수들의 함수족에 대한 국소적으로 고르게 유계성과 동등연속성

영역 D에 정의된 해석함수들로 이루어진 함수족 $\mathcal{F}$에 대하여, 함수족 $\mathcal{F}$가 국소적으로 고르게 유계이면 함수족 $\mathcal{F}$는 영역 D의 임의의 옹골찬 부분집합에서 동등연속이다.

증명 영역 D에 정의된 해석함수들로 이루어진 함수족 $\mathcal{F}$에 대하여, 함수족 $\mathcal{F}$가 국소적으로 고르게 유계라고 가정하자. 영역 D의 임의의 옹골찬 부분집합을 K라고 놓자.

먼저 옹골찬 부분집합 K가 닫힌 원판이라고 가정하자. 정리 6.13에 따라서 함수족

$$\mathcal{F}^1 = \{f' : f \in \mathcal{F}\}$$

도 국소적으로 고르게 유계임을 알 수 있다. 그러면 정리 6.12에 따라서,

$$\forall f \in \mathcal{F}, \forall z \in K, \quad |f'(z)| \le M$$

인 양의 실수 M이 존재한다. 그러므로 임의의 $z_1, z_0 \in K$에 대하여

$$|f(z_1) - f(z_0)| = \left| \int_\gamma f'(z)\, dz \right| \le M|z_1 - z_0|$$

이다. 여기서 곡선 γ는 z_0에서 z_1까지 연결하는 최단곡선이다. 이제 함수족 $\mathcal{F}$가 옹골찬 부분집합 K에서 동등연속임을 보이기 위하여, 임의의 양의 실수를 ϵ이라고 놓자. 그러면 $\delta = \epsilon/M$으로 놓으면

$$\forall f \in \mathcal{F}, \ |z_1 - z_2| < \delta \quad \Rightarrow \quad |f(z_1) - f(z_2)| < \epsilon$$

이다. 따라서 함수족 $\mathcal{F}$는 옹골찬 부분집합 K에서 동등연속이다.

이제 K가 일반적인 옹골찬 부분집합라고 가정하자. 각 점 $z \in K$에 대하여, $D(z; 2r_z) \subset D$인 양의 실수 r_z가 존재한다. 그러면 함수족 $\mathcal{A} = \{D(z; r_z) \ : \ z \in K\}$은 K의 열린 덮개이고, K가 옹골찬 집합이므로, K에 대한 $\mathcal{A}$의 유한인 부분덮개

$$\mathcal{B} = \{D(z_1; r_{z_1}), D(z_2; r_{z_2}), \ldots, D(z_m; r_{z_m})\}$$

이 존재한다. □

6.3.3 정규족

복소평면의 옹골찬 부분집합에 놓인 임의의 수열에 대하여, 주어진 옹골찬 부분집합의 한 점으로 수렴하는 부분수열이 항상 존재한다. 이와같은 옹골찬 부분집합에 대한 성질에 비교되는 함수족의 다음의 성질을 정의하자.

정의 6.8: 정규족

영역 D에 정의된 함수들로 이루어진 함수족 $\mathcal{F}$에 대하여, 함수족 $\mathcal{F}$에 놓인 임의의 함수열 (f_k)에 대하여, D의 임의의 옹골찬 부분집합에서 고르게 수렴하는 부분함수열 (f_{k_n})이 존재하면, 함수족 $\mathcal{F}$를 **정규족**이라고 한다.

단위원판 $\Delta = \{z \in \mathbb{C} : |z| < 1\}$에서, 양의 정수 n에 대하여 함수 f_n을

$$f_n(z) = z^n$$

으로 놓자. Δ의 임의의 옹골찬 부분집합에서 함수열 (f_n)은 영함수로 균등수렴하므로, 함수족 $\mathcal{F} = \{f_n : n \in \mathbb{N}\}$은 정규족이다.

보기 6.5. 양의 정수 n에 대하여,

$$a_n = 1 - \frac{1}{n}, \quad \phi_n(z) = \frac{z - a_n}{1 - a_n z}$$

이라고 놓자. 그러면 단위원판 $\Delta = \{z \in \mathbb{C} : |z| < 1\}$에 정의된 함수들로 이루어진 함수족 $\{\phi_n : n \in \mathbb{N}\}$은 정규족이다.

임의의 옹골찬 부분집합에서 균등수렴하는 함수열에 대한 보조정리를 보자:

보조정리 6.10: 국소적으로 고르게 유계인 함수열의 균등수렴성

영역 D에 정의된 함수들로 이루어진 함수열 (f_n)에 대하여,

(가) 영역 D에서 함수열 (f_n)이 국소적으로 고르게 유계이고

(나) 영역 D의 조밀한 부분집합 E의 모든 점 z에서 수열 $(f_n(z))$가 수렴한다

이면, 영역 D의 임의의 옹골찬 부분집합에서 함수열 (f_n)은 균등수렴한다.

증명 영역 D에 정의된 함수들로 이루어진 함수열 (f_n)에 대하여,

(가) 영역 D에서 함수열 (f_n)이 국소적으로 고르게 유계이고

(나) 영역 D의 조밀한 부분집합 E의 모든 점 z에서 수열 $(f_n(z))$가 수렴한다

라고 가정하고, 영역 D의 임의의 옹골찬 부분집합을 K라고 놓자. 이제 옹골찬 부분집합 K에서 함수족 (f_n)이 균등수렴한다는 것을 보이자.

임의의 양의 실수를 ϵ이라고 놓자. 영역 D에서 함수열 (f_n)이 국소적으로 고르게 유계이므로, 정리 6.14에 따라서, 옹골찬 부분집합 K에서 함수열 (f_n)은 동등연속이다. 따라서

$$\forall n \in \mathbb{N}, \forall z_1, z_2 \in K, |z_1 - z_2| < \delta \quad \to \quad |f_n(z_1) - f_n(z_2)| < \frac{\epsilon}{3}$$

인 양수 $\delta > 0$가 존재한다. K가 옹골찬 집합이므로 반지름이 $\delta/2$인 p개의 열린 원판으로 K를 덮을 수 있다. 이들 각각의 p개의 열린 원판과 집합 E의 교집합 부분에서 점 z_k $(k = 1, 2, \ldots, p)$를 택하자. 그런 다음 모든 $k = 1, 2, \ldots, p$에 대하여

$$n, m \geq N \quad \rightarrow \quad |f_n(z_k) - f_m(z_k)| < \frac{\epsilon}{3}$$

인 자연수 N을 택하자. 그러면 $z \in K$와 $n, m \geq N$에 대하여

$$\begin{aligned}|f_n(z) - f_m(z)| &\leq |f_n(z) - f_n(z_k)| + |f_n(z_k) - f_m(z_k)| + |f_m(z_k) - f_m(z)| \\ &< \epsilon\end{aligned}$$

인 z_k이 존재한다. 그러므로 함수열 (f_n)은 옹골찬 부분집합 K에서 코시 균등수렴한다. 그러므로 함수열 (f_n)은 균등수렴한다. □

해석함수들로 이루어지 함수족에 대하여, 이 함수족이 국소적으로 고르게 유계이면 이 함수족은 정규족이다.

정리 6.15: (몬텔) 국소적으로 고르게 유계인 해석함수 함수족의 정규성

영역 D에 정의된 해석함수들로 이루어진 함수족 $\mathcal{F}$에 대하여, 함수족 $\mathcal{F}$가 국소적으로 고르게 유계이면 함수족 $\mathcal{F}$는 정규족이다.

증명 함수족 $\mathcal{F}$가 국소적으로 고르게 유계라고 가정하자. 함수족 $\mathcal{F}$에 놓인 임의의 함수열을 (f_n)이라고 놓자. 영역 D의 임의의 옹골찬 부분집합에서 (f_{n_k})이 균등수렴하는, 함수열 (f_n)의 부분수열 (f_{n_k})이 존재함을 보이면 된다. 이것을 보이기 위해서는, 보조정리 6.10에 따라서, 영역 D의 조밀한 임의의 집합 $\{z_k : k \in \mathbb{N}\}$에서 수렴하는 부분수열 (f_{n_k})를 찾으면 된다.

함수족 $\mathcal{F}$는 국소적으로 고르게 유계이므로, 수열 $(f_n(z_1))$의 상은 유계이다. 그러므로 $(f_{n_k}(z_1))$이 수렴하는, (f_n)의 부분함수열 $(f_{n,1})$이 존재한다. 위의 방법을 점 z_2에 적용하면 $(f_{n,2}(z_2))$가 수렴하는, $(f_{n,1})$의 부분함수열 $(f_{n,2})$이 존재한다. 모든 자연수 m에 대하여, 위와 같은 방법으로 (f_n)의 부분함수열 $(f_{n,m})$이 존재한다. 그러면, 모든 자연수 m에 대하여, 수열 $(f_{n,n}(z_m))$은 수렴한다. 그리고, 보조정리 6.10에 따라서, 영역 D의 임의의 옹골찬 부분집합에서 함수열 $(f_{n,n})$은 균등수렴한다. □

연속함수들로 이루어진 함수열 (f_n)이 함수 f로 균등수렴하면, 극한함수 f도 연속함수이다.

보조정리 6.11: 연속함수 함수열의 균등수렴 극한의 연속성

영역 D에서 정의된 연속함수들로 이루어진 함수열 (f_n)에 대하여, 영역 D의 임의의 옹골찬 부분집합에서 (f_n)이 함수 f로 균등수렴하면 f는 연속함수이다.

증명 영역 D에서 정의된 연속함수들로 이루어진 함수열 (f_n)에 대하여, 영역 D의 임의의 옹골찬 부분집합에서 (f_n)이 함수 f로 균등수렴한다고 가정하자. 임의의 점 $z_0 \in D$에서 f가 연속이라는 것을 보이자. 임의의 양의 실수를 ϵ이라고 놓자. 영역 D는 열린 집합이므로, $D(z_0; 2\delta_1) \subset D$인 양의 실수 δ_1가 존재한다. 그러면 $\overline{D(z_0;\delta_1)}$는 D의 옹골찬 부분집합이므로, $\overline{D(z_0;\delta_1)}$에서 (f_n)은 f로 균등수렴한다. 즉,

$$n \geq N \quad \rightarrow \quad \forall z \in D(z_0;\delta_1),\ |f_n(z) - f(z)| < \frac{\epsilon}{3}$$

인 양의 실수 N이 존재한다. 함수 f_N이 연속함수이므로,

$$|z - z_0| < \delta_2 \quad \rightarrow \quad |f_N(z) - f_N(z_0)| < \frac{\epsilon}{3}$$

인 양의 실수 δ_2가 존재한다. $\delta = \min\{\delta_1, \delta_2\}$로 놓자. 그러면 $|z - z_0| < \delta$이면

$$\begin{aligned} |f(z) - f(z_0)| &\leq |f(z) - f_N(z)| + |f_N(z) - f_N(z_0)| + |f_n(z_0) - f(z_0)| \\ &< \frac{\epsilon}{3} + \frac{\epsilon}{3} + \frac{\epsilon}{3} = \epsilon \end{aligned}$$

이다. □

보조정리 6.11에서,

$$\lim_{n\to\infty} f_n(z) = f(z), \quad \lim_{z\to z_0} f_n(z) = f_n(z_0)$$

이다. 따라서 z_0에 대하여,

$$\lim_{z\to z_0}\left(\lim_{n\to\infty} f_n(z)\right) = \lim_{n\to\infty}\left(\lim_{z\to z_0} f_n(z)\right)$$

는 f가 z_0에서 연속이기 위한 필요충분조건이다.

해석함수들로 이루어진 함수열 (f_n)이 함수 f로 균등수렴하면, 극한함수 f도 해석함수이다.

보조정리 6.12: 해석함수 함수열의 균등수렴 극한의 해석성

영역 D에 정의된 해석함수들로 이루어진 함수열 (f_n)에 대하여, 영역 D의 임의의 옹골찬 부분집합에서 (f_n)이 f로 균등수렴하면, f는 해석함수이다.

증명 영역 D에 정의된 해석함수들로 이루어진 함수열 (f_n)에 대하여, 영역 D의 임의의 옹골찬 부분집합에서 f_n이 f로 균등수렴한다고 가정하자. 보조정리 6.11에 따라서 함수 f는 연속함수이다.

이제 모레라 정리를 적용하여, 함수 f가 해석함수임을 보이자. 영역 D의 임의의 점 z_0에서 함수 f가 미분가능하다는 것을 보이기 위하여 $\overline{D(z_0;r)} \subseteq D$인 양의 상수 r을 택하자. 영역 $D(z_0;r)$에 놓인 임의의 삼각 곡선 γ에 대하여,

$$\lim_{n\to\infty} \int_\gamma f_n(z)\,dz = \int_\gamma \left(\lim_{n\to\infty} f_n(z)\right)\,dz = \int_\gamma f(z)\,dz$$

이고,

$$\text{모든 양의 정수 } n\text{에 대하여} \quad \int_\gamma f_n(z)\,dz = 0$$

이므로, $\int_\gamma f(z)\,dz = 0$이다. 그러므로 모레라의 정리에 따라서 f는 점 z_0에서 미분가능하다. □

일대일 해석함수들로 이루어진 함수열 (f_n)이 함수 f로 균등수렴하면, 극한함수 f도 일대일 해석함수이다.

보조정리 6.13: 일대일 해석함수 함수열의 균등수렴 극한의 일대일 해석성

영역 D에 정의된 일대일 해석함수들로 이루어진 함수열 (f_n)에 대하여, 영역 D의 임의의 옹골찬 부분집합에서 함수열 (f_n)이 함수 f로 균등수렴하면 함수 f는 영역 D에서 일대일 해석함수이거나 상수함수이다.

증명 영역 D에 정의된 일대일 해석함수들로 이루어진 함수열 (f_n)에 대하여, 영역 D의 임의의 옹골찬 부분집합에서 함수열 (f_n)이 함수 f로 균등수렴한다고 가정하자. 함수 f가 해석함수인 것은 보조정리 6.12에서 보였으므로, 함수 f가 일대일 함수이거나 상수함수임을 보이자.

함수 f가 상수함수가 아니라고 가정하자. 이제 f가 일대일 함수임을 보여야 한다. 귀류법을 적용하기 위하여 함수 f가 일대일 함수가 아니라고 가정하자. 그러면

$f(z_1) = w_0 = f(z_2)$인 서로 다른 복소수 z_1과 z_2가 영역 D에 존재한다. 각각의 점 z_1과 z_2를 중심으로 하고 서로 만나지 않는 원 C_1과 C_2를 생각하자. 이때, 필요하다면 반지름을 줄여서, 원 C_1과 C_2 위에는 $f - w_0$의 영점이 없다고 가정할 수 있다. 이제

$$A = \min\{|f(z) - w_0| : z \in C_1 \cup C_2\}$$

으로 놓자. 그리고 옹골찬 집합 $C_1 \cup C_2$의 모든 점 z에서 $|f_m(z) - f(z)| < A$인 함수 f_m을 택하자. 그러면 $C_1 \cup C_2$ 위의 모든 점 z에서

$$|(f_m(z) - w_0) - (f(z) - w_0)| = |f_m(z) - f(z)| < A \le |f_m(z) - w_0| + |f(z) - w_0|$$

이다. 따라서 루셰의 정리에 따라서 C_1 또는 C_2의 내부에 존재하는 $f_m - w_0$의 영점의 개수와 $f - w_0$의 영점의 개수는 같다. 그런데 가정에 따라서 $f - w_0$는 원 C_1와 C_2의 내부에 각각 원점을 가지므로, 원 C_1 또는 C_2의 내부에 $f_m - w_0$의 영점이 2개 이상 존재한다. 이것은 함수 f_m이 일대일 함수라는 것에 모순이다. 그러므로 함수 f는 일대일 함수이다. □

이제 리만의 사상정리를 정확하게 나타내고, 이것을 증명하여 보자.

정리 6.16: 리만의 사상정리

복소평면 $\mathbb{C}$에 놓인 영역 D에 대하여, 영역 D가 $\mathbb{C}$의 진부분집합이며 단일연결 영역이라면, 임의의 $z_0 \in D$에 대하여,

(가) $f(z_0) = 0$이고

(나) $f(z_0) > 0$

인 일대일 대응인 해석함수 $f : D \to \Delta$가 유일하게 존재한다. 여기서 $\Delta = \{z \in \mathbb{C} : |z| < 1\}$이다.

증명 복소평면 $\mathbb{C}$에 놓인 영역 D에 대하여, 영역 D가 $\mathbb{C}$의 진부분집합이며 단일연결 영역이라고 가정하자. 점 $z_0 \in D$를 고정하자.

먼저 함수 f의 유일성을 증명하자. 일대일 대응인 해석함수 $f_1 : D \to \Delta$와 $f_2 : D \to \Delta$에 대하여

$$f_1(z_0) = 0 = f_2(z_0), \quad 0 < f_1'(z_0), \quad 0 < f_2'(z_0)$$

이라고 가정하자. 그러면 합성함수 $\psi = f_2 \circ f_1^{-1}$은 단위원판 Δ에서 자신으로 사상하는 일대일 대응하는 해석함수이고

$$\psi(0) = 0, \quad \psi'(0) = f_2'(z_0) \cdot f_1^{-1\prime}(0) = \frac{f_2'(z_0)}{f_1'(z_0)} > 0$$

이다. 따라서 정리 6.11에 따라서 $\psi(z) = cz$이고 $|c| = 1$인 상수 c가 존재한다. 그런데 $c = \psi'(0) > 0$이므로 $c = 1$이다. 즉 ψ는 항등함수이고, $f_1 = f_2$이다.

이제 함수 f의 존재성을 보이자. 함수족 $\mathcal{F}$를

$$\mathcal{F} = \{g\colon D \to \Delta \mid g\text{는 일대일 해석함수, } g(z_0) = 0,\ g'(z_0) > 0\}$$

으로 놓자.

먼저 $\mathcal{F} \neq \emptyset$임을 보이자. 영역 D가 복소평면 $\mathbb{C}$의 진부분집합이므로 $z_1 \in \mathbb{C} - D$가 존재한다. 영역 D가 단일연결 영역이고 모든 $z \in D$에서 $z - z_1 \neq 0$이므로, 정리 4.13에 따라서, $\phi(z)^2 = z - z_1$인 해석함수 $\phi\colon D \to \mathbb{C}$가 존재한다.

(가) 함수 $\phi(z)$는 일대일 함수이다. 왜냐하면 $\phi(z_2) = \phi(z_3)$이면

$$z_2 - z_1 = \phi(z_2)^2 = \phi(z_3)^2 = z_3 - z_1$$

이므로 $z_2 = z_3$이다.

(나) 또한 0이 아닌 복소수 w_0에 대하여, w_0와 $-w_0$가 동시에 $\phi(D)$에 속할 수 없다. 왜냐하면, $\phi(z_2) = w_0$이고 $\phi(z_3) = -w_0$이면,

$$z_2 - w_0 = \phi(z_2)^2 = w_0^2 = \phi(z_3)^2 = z_3 - w_0$$

이므로, $z_2 = z_3$ 즉, $w_0 = \phi(z_2) = \phi(z_3) = -w_0$이어서 $w_0 = 0$이기 때문이다.

이제 $D(w_1; r) \subset \phi(D)$이 성립하는 w_1와 양의 실수 r을 택하자. 그러면

$$D(-w_1; r) \subset \mathbb{C} - \phi(D)$$

이므로, 선형분수변환 $S(w) = r/(w + w_1)$는 $\phi(D)$를 단위원판 Δ로 사상한다. 그러면 합성함수 $h = T \circ S \circ \phi\colon D \to \Delta$에 대하여 $h(z_0) = 0$이고 $h'(z_0) > 0$인 선형분수변환 T가 존재한다. 그러면 $h \in \mathcal{F}$이므로 $\mathcal{F} \neq \emptyset$이다.

함수족 $\mathcal{F}$는 고르게 유계이므로 몬텔의 정리에 따라서 $\mathcal{F}$는 정규족이다. 이제

$$A = \sup\{g'(z_0) : g \in \mathcal{F}\}$$

으로 놓자. 그리고 $\lim_{n\to\infty} g_n'(z_0) = A$인, $\mathcal{F}$에 놓인 함수열 (g_n)을 택하자. 함족족 $\mathcal{F}$가 정규족이므로, 영역 D의 임의의 옹골찬 부분집합에서 해석함수 f로 수렴하는, 함수열 (g_n)의 부분수열 (g_{n_k})이 존재한다. 이때 $f'(z_0) = A$이며, 보조정리 6.13에 따라서 $f \in \mathcal{F}$이다.

이제 위의 해석함수 f가 전사함수임을 보이면 증명이 완성된다. 해석함수 f가 전사함수가 아니라고 즉, $w_0 \in \Delta - f(D)$가 존재한다고 가정하자. 그러면 함수

$$(\phi_{w_0} \circ f)(z) = \frac{f(z) - w_0}{1 - \overline{w_0} f(z)}$$

의 영점이 존재하지 않으므로

$$F(z)^2 = \frac{f(z) - w_0}{1 - \overline{w_0} f(z)}$$

인, 해석함수 $F : D \to \mathbb{C}$가 존재한다. 이때, F는 일대일 해석함수이고 $F(D) \subset \Delta$이다. 이제

$$G(z) = \frac{|F'(z_0)|}{F'(z_0)} \frac{F(z) - F(z_0)}{1 - \overline{F(z_0)} F(z)}$$

으로 놓으면, $G(z_0) = 0$이고 $G'(z_0) > 0$이므로, $G \in \mathcal{F}$이다. 한편

$$G'(z_0) = \frac{|F'(z_0)|}{1 - |F(z_0)|^2}$$

이다. 이때, $|F(z_0)|^2 = |-w_0| = |w_0|$이고,

$$2F(z)F'(z) = \frac{f'(z)(1 - \overline{w_0} f(z)) + (f(z) - w_0)\overline{w_0} f'(z)}{(1 - \overline{w_0} f(z))^2}$$

로부터 $2F(z_0)F'(z_0) = f'(z_0)(1 - |w_0|^2)$이므로

$$G'(z_0) = \frac{1 + |w_0|}{2\sqrt{|w_0|}} A > A = f'(z_0)$$

이다. 이것은 f의 선택에 모순이다. 그러므로 f는 전사함수이다. □

6.4 연습문제

1. 선형분수변환 $M(z) = (z-1)/(2z+3)$의 역변환을 구하여라.

2. 선형분수변환 M에 대하여, ∞가 M의 유일한 고정점이면

$$\text{모든 } z \in \mathbb{C}_\infty \text{에 대하여 } M(z) = z + b$$

인, 0이 아닌 복소수 b가 존재함을 보여라.

3. 선형분수변환 M에 대하여, 0과 ∞가 M의 고정점이면

$$\text{모든 } z \in \mathbb{C}_\infty \text{에 대하여 } M(z) = az$$

인, 0이 아닌 상수 a가 존재함을 보여라.

4. 선형분수변환 M에 대하여, 점 1과 -1이 M의 고정점들일 때 물음에 답하여라.

(가) 선형분수변환 M을 구하여라.

(나) $M'(1) = 1/M'(-1)$임을 보여라.

5. 선형분수변환 M에 대하여, 0이 M의 고정점이면

$$\text{모든 } z \in \mathbb{C}_\infty \text{에 대하여 } M(z) = \frac{z}{cz+d}$$

인, 상수 c와 d가 존재함을 보여라.

6. 선형분수변환 M에 대하여, 복소수 a와 b가 M의 서로 다른 고정점들이면

$$\frac{M(z)-a}{M(z)-b} = c\frac{z-a}{z-b}$$

인 0이 아닌 상수 c가 존재함을 보여라.

7. 점 $z_1 = 0$, $z_2 = i$, $z_3 = -i$를 각각 점 $w_1 = i$, $w_2 = -i$, $w_3 = 0$으로 사상하는 선형분수변환을 구하여라.

8. 실수축을 실수축으로 사상하고 순허수축을 원 $|z-1|=1$로 사상하는 선형분수 변환을 구하여라.

9. 단위원판 $\Delta = \{z \in \mathbb{C} : |z| < 1\}$에서 위반평면 $\mathbb{H} = \{z \in \mathbb{C} : \operatorname{Im} z > 0\}$으로 일대일 대응하는 해석함수를 구하여라.

10. 단위원 $C = \{z \in \mathbb{C} : |z| = 1\}$에 대하여, C에 대한 점 $1/2$의 대칭점을 구하여라.

11. 단위원판 $\Delta = \{z \in \mathbb{C} : |z| < 1\}$에 정의된 해석함수 $f : \Delta \to \Delta$에 대하여, $f(a) = 0$이면

$$|f'(a)| \le \frac{1}{1-|a|^2}$$

임을 보여라.

12. 영역 $D = \{z : |z| < 1, \operatorname{Re} z > 0\}$와 단위원판 Δ에 대하여, D에서 Δ으로 일대일 대응하는 해석함수 $f : D \to \Delta$를 찾아라.

13. 단위원판 $\Delta = \{z \in \mathbb{C} : |z| < 1\}$에서 Δ로의 모든 해석함수 $f : \Delta \to \Delta$를 원소로 가지는 함수족 $\mathcal{F}$에 대하여, $\mathcal{F}$에 놓인 함수열 (f_n)이 Δ의 임의의 옹골찬 부분집합에서 함수 $f : \Delta \to \overline{\Delta}$로 고르게 수렴하면 함수 f는 해석함수임을 보여라.

14. 양의 정수 n에 대하여, 함수 $f_n : D \to \mathbb{C}$를

$$f_n(z) = nz$$

으로 정의할 때, 함수족

$$\mathcal{F} = \{f_n \,|\, n\text{은 양의 정수}\}$$

는 고르게 유계이지 않음을 보여라.

15. 양의 정수 n과 단위원판 $\Delta = \{z \in \mathbb{C} : |z| < 1\}$에 대하여, 함수 $f_n : \Delta \to \mathbb{C}$를 $f_n(z) = z^n$으로 정의할 때, 함수족

$$\mathcal{F} = \{f_n \,|\, n\text{은 양의 정수}\}$$

는 정규족임을 보여라.

16. 영역 D에서 영역 $G = \{z \in \mathbb{C} : \operatorname{Re} z > 0\}$으로의 모든 해석함수들의 집합은 정규족임을 보여라.

17. 영역 $D = \{z \in \mathbb{C} : |z| < R\}$에서 해석적인 함수 f의 거듭제곱급수가

$$f(z) = \sum_{n=0}^{\infty} a_n z^n$$

일 때, 양의 정수 n에 대하여 $f_n(z) = \sum_{k=0}^{n} a_k z^k$이면 영역 D의 임의의 옹골찬 부분집합에서 함수열 (f_n)은 함수 f로 균등수렴함을 보여라.

18. 영역 D에 정의된 해석함수들로 이루어진 함수족 $\mathcal{F}$에 대하여, $\mathcal{F}$가 정규족이면 함수족

$$\mathcal{F}' = \{f' : f \in \mathcal{F}\}$$

도 정규족임을 보여라.

19. $0 < r < R$일 때, 영역 $D = \{z \in \mathbb{C} : 0 < |z| < 1\}$와 $G = \{z \in \mathbb{C} : r < |z| < R\}$에 대하여, 일대일 대응인 해석함수 $f\colon D \to G$가 존재하지 않음을 보여라.

20. 영역 $D = \{z \in \mathbb{C} : |z| < 1, \operatorname{Re} z > 0, \operatorname{Im} z > 0\}$에서 단위원판 $\Delta = \{z \in \mathbb{C} : |z| < 1\}$으로의 일대일 대응인 해석함수 $f = g_4 \circ g_3 \circ g_2 \circ g_1$를 구하려고 한다. 아래에서 일대일 대응인 해석함수들 g_1, g_2, g_3, g_4를 구한 후에, f를 구하여라.

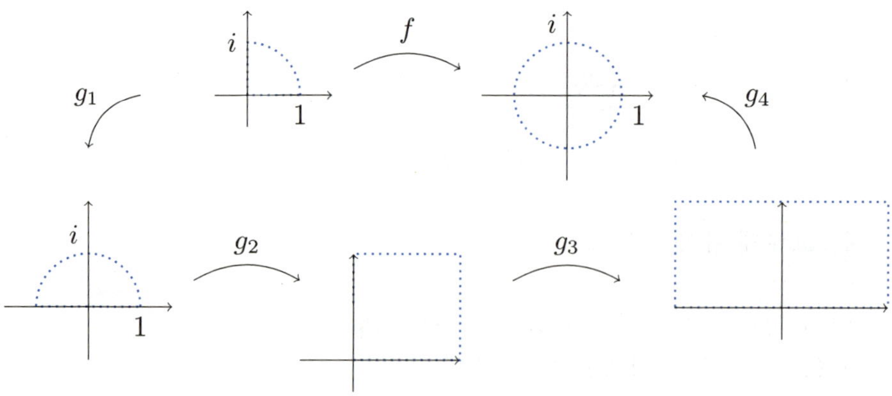

참고문헌

[1] 고석구, **복소해석학개론**, 경문사, 2005.

[2] 제임스 브라운과 루엘 처칠, 허민과 오혜영 옮김, **복소 함수론과 그 응용 (제8판)**, 경문사, 2012.

[3] Lars V. Ahlfors, *Complex Analysis (Third Edition)*, McGraw-Hill Book Company, 1979.

[4] Tom M. Apostol, *Mathematical Analysis*, Addison-Wesley Publishing Company, 1974.

[5] Ruel V. Churchill and James W. Brown, *Complex Variables and Applications (Fifth Edition)*, McGraw-Hill Publishing Company, 1990.

[6] John B. Conway, *Functions of One Complex Variables (Second Edition)*, Springer-Verlag, 1978.

[7] Jerrold E. Marsden, *Basic Complex Analysis*, W. H. Freeman and Company, 1973.

[8] Tristan Needham, *Visual Complex Analysis*, Oxford University Press, 1997.

[9] Walter Rudin, *Real and Complex Analysis*, McGraw-Hill Book Company, 1987.

[10] Murray R. Spiegel, *Complex Variables with an introduction to Conformal Mapping and its application*, Schaum's Outline Series, McGraw-Hill Book Company, 1981

찾아보기

복소함수론 제2판

지은이 이선홍
펴낸이 조경희
펴낸곳 경문사
펴낸날 2019년 11월 15일 2판 1쇄
등 록 1979년 11월 9일 제 313-1979-23호
주 소 04057, 서울특별시 마포구 와우산로 174
전 화 (02)332-2004 팩스 (02)336-5193
이메일 kyungmoon@kyungmoon.com
facebook facebook.com/kyungmoonsa

값 28,000원

ISBN 979-11-6073-323-5

경문사 홈페이지에 오시면 즐거운 일이 생깁니다.
http://www.kyungmoon.com

한국과학기술출판협회 회원사